博士论丛

中国建筑业职业安全规制研究

A Study of Occupational Safety
Regulation in China's Construction Industry

张 强 著

U0352084

中国建筑工业出版社

图书在版编目（CIP）数据

中国建筑业职业安全规制研究／张强著. —北京：中国建筑工业出版社，2012.3
（博士论丛）
ISBN 978-7-112-14028-2

Ⅰ.①中… Ⅱ.①张… Ⅲ.①建筑业－劳动安全－规章制度－研究－中国 Ⅳ.①TU714

中国版本图书馆 CIP 数据核字（2012）第 018232 号

本书主要从政府规制理论的视角分析研究中国建筑业职业安全问题。主要内容包括导论、建筑业职业安全规制正当性分析、中国建筑业职业安全规制历史变迁分析、中国建筑业职业安全规制现状及绩效分析、中国建筑业职业安全规制问题分析、中国建筑业职业安全规制改革对策分析等部分。全书逻辑清晰，内容翔实，分析透彻，对于从事建筑业职业安全研究的人员具有较强的参考价值。

*　　　*　　　*

责任编辑：常　燕

博士论丛
中国建筑业职业安全规制研究
张　强　著
*
中国建筑工业出版社出版、发行（北京西郊百万庄）
各地新华书店、建筑书店经销
北京国民图文设计中心制版
北京京丰印刷厂印刷
*
开本：787×1092毫米　1/16　印张：12½　字数：301千字
2012年5月第一版　　2012年5月第一次印刷
定价：**30.00**元
ISBN 978-7-112-14028-2
（22072）

序

职业安全风险始终与现代工业化和城镇化发展的进程相伴行。在众多经济社会行业中，建筑业的职业安全风险一直排在前列。随着建筑业规模的日益扩大，职业安全事故频发，令很多建筑工人失去宝贵生命，同时也造成了巨大的经济损失，成为影响社会和谐稳定的不利因素。由于建筑业职业安全问题具有强烈的外部性、内部性等市场失灵现象，仅凭市场机制难以达到有效控制和降低风险的目的。因此，政府规制作为重要的外部纠正机制应当对职业安全进行干预。

我国党和政府高度重视建筑业职业安全规制，在法律法规和技术标准建设、监督执法机制建设方面取得了长足进展，建筑业职业安全事故得到了一定的控制。但总体看，规制绩效还不尽如人意，规制效益不高，规制行为引发的社会成本过大。面对规制失灵问题，不能简单地主张放松规制，更为明智的做法是去改革规制、完善规制，发展长效、持续的风险控制机制。

政府规制尤其是职业安全规制等社会性规制，一直是学术研究的前沿课题。张强的这部专著将政府规制理论与建筑行业有机结合起来，探讨建立有效的建筑业职业安全规制体系，理论价值和现实应用价值都很突出。全书结构可以用"五个分析"来概括，即规制正当性分析、历史变迁分析、现状绩效分析、存在问题分析和改革对策分析，逻辑清晰，内容翔实，论述有力，分析透彻。本书的特点或新意主要有：

第一，借助政府规制理论分析建筑业职业安全问题，这是一个新的视角。本书聚焦建筑行业，提供和发展了一个分析具体行业职业安全规制的路径，有助于推动其他行业规制问题的研究。

第二，运用了大量珍贵资料，比较全面系统地对中国建筑业职业安全规制的变迁历程和模式等进行了研究，同时对现行规制体系、规制存在问题等提出了不同于以往研究的归纳和表征方法。

第三，构建了一个分析职业安全规制问题和对策的"相关者—过程—环境"的框架，对于提高规制分析的系统性和有效性很有帮助。

最后，也是最重要的。本书在借鉴西方国家经验和把握政府治理模式发展趋势的基础上，系统地提出了改革现有建筑业职业安全规制的整体建议，这对于相关政府部门而言具有非常重要的参考价值。

当然，本书尚有一些需要完善和深入的地方，比如对于规制相关者之间的互动和博弈分析不够；多采用定性分析和一般的统计分析，利用相关工具进行定量分析不够；对于一些存在问题背后的成因分析还可以进一步加强等，这都需要作者继续深入研究。但瑕不掩瑜，本书的研究整体上还是非常富有成效的。

张强具有工学、法学、管理学等多学科背景，同时也有十分丰富的实际工作经验，多有研究成果问世。作为他的博士生指导教师，作为这本著作的第一读者，我为他学术上和工作上的成绩感到由衷的高兴，并希望他百尺杆头，再进一步，为国家经济社会发展作出自己的贡献。

是为序。

中国行政体制改革研究会副会长
国家行政学院政治学教研部主任、教授 刘　峰

2011 年 12 月 8 日

目　录

图表索引

第一章 导 论

本章讨论研究的基本背景、主要问题，界定重要概念，综述评析国内外研究状况，确定研究方法，安排篇章结构。

一、问题的提出及研究意义

（一）问题的提出

美国法学家约翰·法比安·维特在其名著《事故共和国——残疾的工人、贫穷的寡妇与美国法的重构》中写道："美国经济从 19 世纪中期到晚期的工业化过程，所引发的不仅是新机器与工业的迅速发展，还包括了工业事故率的飙升"，"和平时期的工业经济造成的伤亡已经超过了此前的战争浩劫"[①]。美国的情况不是特例。据研究分析，工业化发展阶段与工业事故之间具有一定的规律性。前工业化阶段的事故率很低；到了工业化初期，事故率开始呈现快速上升趋势；工业化中期，事故处于高发时期，事故率在高位波动；在工业化后期，事故率开始不断下降；等到了后工业化阶段，事故率又变得很低并维持较为稳定的水平[②]。当前，我国总体上属于工业化中期阶段。前面提到的规律在我国似乎也得到了验证：在工业化创造了经济奇迹的同时，也伴随着非常严重的安全事故。进入 21 世纪以来，我国每年生产安全事故造成的死亡人数都在 10 万人左右。各类煤矿瓦斯爆炸、列车脱轨、大桥垮塌等事故时常见诸媒体。安全生产事故不仅剥夺了工人的生命，也造成了巨大的经济损失，并成为影响社会和谐稳定的一大因素。

我国的建筑业是一个在快速发展的同时，也付出了人的生命代价的典型行业。作为最早市场化的行业之一，建筑业是我国国民经济的支柱性产业，是固定资产投资转化为生产能力的必经环节，为扩大投资需求和增加社会就业发挥了重要作用。尤其是近年来，我国建筑业发展十分迅猛，建筑业规模逐年递增（参见图 1-1）。2009 年全社会固定资产投资达 224845.6 亿元，比上年增长 30.1%；建筑业实现增加值 22333 亿元，比上年增长 18.2%[③]，占当年 GDP 的 6.6%。建筑业从业人员近 4000 万人。可以预见，随着工业化和城镇化进

---

① ［美］约翰·法比安·维特著. 事故共和国—残疾的工人、贫穷的寡妇与美国法的重构. 田雷译. 上海三联书店，2007：38-40.

② 黄群慧等著. 中国工业化进程与安全生产. 中国财政经济出版社，2009：18.

③ 国家统计局. 中华人民共和国 2009 年国民经济和社会发展统计公报. http://www.stats.gov.cn/tjgb/ndtjgb/qgndtjgb/t20100225_402622945.htm.

程的不断加快，我国工程建设规模还将以惊人的速度日益增大，建筑业将发挥更加重要的作用。

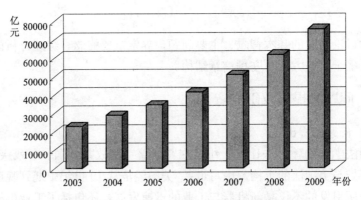

图 1-1　2003～2009 年我国建筑业总产值变化趋势

　　然而，与建筑业蓬勃发展相伴行的，是严峻的安全生产形势。据统计，2007 年全国建筑业共发生伤亡事故 2278 起、死亡 2722 人，同比分别上升 2.2％和 6.9％[①]，平均每天发生事故 6 起、死亡 7 人。2008 年，建筑业事故虽然有所下降（起数和死亡人数分别下降 0.5％和 0.7％），但是仍然是所有行业中唯一没有实现年初安全生产控制指标的领域[②]。2009 年，建筑业事故又发生反弹，事故起数和死亡人数分别为 2330 起和 2760 人，同比分别上升 2.8％和 2.1％[③]。从具体事故案例看，近年来一些重大、特大事故[④]频繁发生，造成建筑工人群死群伤和公私财产巨大损失。如 2003 年上海地铁 4 号线事故，经济损失达 5 亿元人民币；2004 年河南安阳信益烟囱事故，21 人死亡；2007 年湖南凤凰堤溪沱江大桥事故，64 人死亡；2008 年浙江杭州地铁事故，17 人死亡；湖南长沙"上海城"工程事故，18 人死亡；2009 年重庆涪陵剑峰工业集团事故，12 人死亡；天津塘沽渤化永利热电公司事故，12 人死亡；2010 年吉林梅河口爱民医院事故，11 人死亡；内蒙古满都拉地区包满线事故，11 人死亡。

　　建筑业安全事故多发，固然与建筑业工作环境恶劣、技术装备水平差、从

---

　　① 国家安全生产监督管理总局监管二司．建筑业安全生产形势分析及对策建议．http：//www. anquan. com. cn/Wencui/talk/200803/74455. html.

　　② 国家安全生产监督管理总局．安全生产统计简报（2008 年第 12 期）．http：//www. chinasafety. gov. cn/newpage/ndtigb/Contents/Channel_6478. htm/2009/0408/56330/content_56330. htm.

　　③ http：//zhidao. baidu. com/question/179911989. htm.

　　④ 根据《生产安全事故报告和调查处理条例》，我国安全事故分为四个等级：一般事故：死亡 3 人以下；较大事故：死亡 3 人以上 1 人以下；重大事故：死亡 10 人以上 30 人以下；特别重大事故：死亡 30 人以上。

业人员素质低和企业安全管理薄弱紧密相关，但透过这些事实，也反映了我国政府建筑业职业安全规制的有效性问题。依据现代文明社会的法治理念，人民有权充分享受安全的工作环境，而政府对此负有重大的保障和增益职责。对建筑业实行职业安全规制正是政府履行上述职责的重要途径。职业安全规制属于日益兴起的社会性规制的一种，从国际来看，自 20 世纪 70 年代以来，西方主要国家掀起了一场旷日持久的放松规制运动，但主要针对的是经济性规制，对于包括建筑业职业安全规制在内的社会性规制不但没有放松反而有加强的趋势。与西方国家规制的起点不同，我国的规制兴起于计划经济的终结。随着市场化改革的推进，国家计划虽然逐步让位于市场力量，但政府仍然以规制的方式积极介入经济社会事务管理，治理模式由全能型政府向新型的规制型政府演变。创造安全工作环境、保障工人生命安全的建筑业职业安全规制正是规制型政府的重要职责之一。

我国政府高度重视建筑业职业安全规制，近年来采取了一系列措施，试图遏制建筑业安全事故频发的态势，如颁布施行《建设工程安全生产管理条例》，出台建筑施工安全作业标准，开展建筑施工安全专项整治、隐患排查等专项活动，严格对施工现场进行监督检查，依法对事故责任单位和责任人进行处罚等，这些措施对于促进建筑安全形势好转起到了一定作用。以房屋建筑和市政工程领域[①]为例，从 2003 年到 2007 年，事故起数和死亡人数分别下降了 33.5% 和 33.6%[②]。但是，从整个建筑业来看，事故多发的态势尚未得到有效控制。一是事故总量依然较大，我国的建筑安全事故死亡人数仅次于交通和煤矿行业，占工矿商贸领域事故死亡总数的 20%[③]。二是较大及以上事故依然频繁发生，这些事故往往由于群死群伤而受到广泛关注，也成为社会怀疑政府规制能力的直接动因。三是建筑安全事故死亡率指标居高不下，我国建筑行业十万人死亡率约是美国的 6 倍[④]。总的来看，虽然我国建筑业职业安全规制取得了一定成效，但是仍需进一步提高。与此同时，规制效益不高，规制成本以及由此引发的社会总体成本过大。

严峻的建筑业安全生产形势和不尽如人意的职业安全规制效果促使我们反思和发问：应如何准确理解和认识现有的建筑业职业安全规制体系？究竟是哪些因素制约规制绩效？应如何去实施规制改革以有效遏制建筑业安全事故频发势头？这正是本书试图集中研究的问题。

---

① 我国按工程的不同类型由不同部门实施安全规制，如房屋和市政工程由建设主管部门负责，铁路、公路和水利工程等则分别由铁道、交通、水利等主管部门负责。

② 根据建设部历年《全国建筑施工安全生产形势分析报告》测算。

③ 国家安全生产监督管理总局监管二司. 建筑业安全生产形势分析及对策建议（2007）. http://www.anquan.com.cn/Wencui/talk/200803/74455.html.

④ 根据我国和美国的建筑安全事故和建筑从业人员数据估算。

（二）研究意义

研究我国建筑业的职业安全规制问题，具有较强的现实意义和理论意义。

1. 现实意义。党中央、国务院高度重视人的生命安全和安全生产工作。十六届四中、五中、六中全会和十七大，都强调要坚持安全发展，强化安全生产管理和监督，有效遏制重特大安全事故。历年政府工作报告，也都把安全生产作为重要议题。研究建筑业职业安全规制，契合执政党的执政理念和政府的工作重点，具有显著的应用价值。建筑业安全事故的多发给人民生命财产安全带来重大损失，也对政府职业安全规制能力提出了挑战。随着工程建设规模不断加大，以及工程投资主体多元化、建筑企业所有制形式多样化等变化趋势，建筑业安全规制将面临更多考验。因此，研究中国建筑安全规制也有着紧迫的现实需要。本书将详细梳理和分析现有建筑业职业安全规制体系存在的主要问题，并针对问题，在借鉴西方国家经验和把握政府治理模式发展趋势的基础上，系统地提出改革现有建筑业职业安全规制的整体建议，以期为决策者提供有益参考，为促进我国建筑业安全生产形势根本好转探索出路。

2. 理论意义。政府规制已经渗透到公民生活和企业生产经营的各个方面，在调整政府与市场、公权与私权、公共利益与私人利益的关系方面扮演着重要角色。规制现象越来越成为学术研究的热门和前沿课题。20世纪六七十年代开始发展起来的政府规制理论融入了行政学、经济学、行政法学等多学科的分析方法，是研究政府规制现象的有力理论工具。本书研究的理论意义有三。第一，借助规制理论研究建筑业职业安全问题的成果较不常见，本书将二者有机结合，将丰富和创新建筑业职业安全领域的研究方法，提升研究的理论层次。第二，目前学界对于经济性规制的研究较多，而对包括职业安全规制在内的社会性规制研究相对较少。本书选取建筑业为具体研究对象，深入探讨建筑安全规制的需求、变迁、绩效、失灵和改革等，有助于丰富和完善社会性规制的一般性理论。同时，通过构建分析建筑业问题的框架，为分析其他具体行业规制问题探索研究路径、积累研究经验。第三，通过对建筑业职业安全规制这一案例的分析，还可以探寻中国由全能型政府向规制型政府迈进的兴起、发展和运作过程，研究中国规制型政府与西方国家所处的不同背景和本质差异。

二、相关概念阐释与界定

研究中国建筑业职业安全规制，首先需要明确相关概念的内涵和范围。本书主要涉及"建筑业"、"职业安全"、"规制"等概念。

（一）建筑业

建筑业的概念有狭义和广义之分。狭义的建筑业是指建筑产品的生产活动，即只涉及施工过程。根据我国《国民经济行业分类标准》GBT 4754—2011，建筑业属于20个门类中的第5门类，并被分为房屋建筑业、土木工程建筑业、建筑安装业、建筑装饰和其他建筑业四个大类（参见表1-1）。同时，该标准将工程管理服务、工程勘察设计、规划管理等相关服务列入"科学研究和技术服务业"门类中。由此可见，该标准中的建筑业概念即是狭义概念。此外，联合国制定的《国际标准产业分类》（ISIC，Rev. 3.1）中，把全部产业分为17大类，建筑业是其中的第6大类，具体包括施工场地准备、全套或部分建筑的建造、建筑物安装、建筑物修饰等。此处的建筑业也是狭义的概念。

《国民经济分类标准》中建筑业的分类　　　　　　　　　　表 1-1

分　类	解　释
房屋建筑业	指房屋主体工程的施工活动；不包括主体工程施工前的工程准备活动
土木工程建筑业	指土木工程主体的施工活动；不包括施工前的工程准备活动。 1. 铁路、道路、隧道和桥梁工程建筑。2. 水利和内河港口工程建筑。3. 海洋工程建筑：指海上工程、海底工程、近海工程建筑活动，不含港口工程建筑活动。4. 工矿工程建筑：指除厂房外的矿山和工厂生产设施、设备的施工和安装。5. 架线和管道工程建筑：指建筑物外的架线、管道和设备的施工活动。6. 其他土木工程建筑
建筑安装业	指建筑物主体工程竣工后，建筑物内各种设备的安装活动，以及施工中的线路敷设和管道安装活动；不包括工程收尾的装饰，如对墙面、地板、顶棚、门窗等处理活动。1. 电气安装：指建筑物及土木工程构筑物内电气系统（含电力线路）的安装活动。2. 管道和设备安装：指管道、取暖及空调系统等的安装活动。3. 其他建筑安装业
建筑装饰和其他建筑业	1. 建筑装饰业：指对建筑工程后期的装饰、装修和清理活动，以及对居室的装修活动。2. 工程准备活动：指房屋、土木工程建筑施工前的准备活动。3. 提供施工设备服务：指为建筑工程提供配有操作人员的施工设备的服务。4. 其他未列明建筑业：指上述未列明的其他工程建筑活动

广义的建筑业则涵盖了建筑产品的生产及与生产相关的所有服务内容，包括规划、勘察、设计、建筑材料与产品及半成品的生产、施工及安装、建成环境的维护及管理、相关的咨询和中介服务等等，同时涉及了第二产业和第三产业的内容。广义的建筑业概念反映了建筑业的真实经济活动空间，符合建筑业的发展趋势，是行业管理和产业政策取向的重要参照。

本书使用的建筑业概念总体上是狭义的概念。根据国际通行做法和我国的实际状况，建筑业职业安全规制主要是为了防止在建筑产品生产过程中即施工过程中出现伤亡事故。本书并不涉及广义建筑业概念涵盖的其他环节的职业安全情况。但在具体分析过程中，本书会将分析视野扩大。因为一些建筑业安全事故的发生，很可能是由于其他环节出现了问题引起的。

为了经济核算的需要，建筑业可以按前面提及的《国民经济分类标准》再作分类。但在我国的建筑业管理实践中，建筑业又通常按照工程性质和所属部门分为房屋建筑和市政基础设施工程、交通工程、水利工程、铁路工程、信息产业工程、民航工程等①。由于资料获取途径的原因，本书在分析过程中主要使用房屋建筑和市政基础设施工程方面的案例或数据。另外，"建筑业"、"建设工程"、"建筑工程"、"工程"等概念之间虽有一定差异，但不影响本书的阐述和分析，因此，本书将对上述概念不加区分的使用。

（二）职业安全

职业安全（occupational safety）通常与职业健康（occupational health）共用为职业安全健康（occupational safety and health，又译职业安全卫生）。安全重在强调保护工人的生命，健康则强调保护工人的身体健康。因为本书主要探讨如何通过有效的规制防止伤亡事故的发生，所以单独使用职业安全的概念。根据国家标准《职业安全卫生术语》GB/T 15236—94，职业安全是指以防止职工在职业活动过程中发生各种伤亡事故为目的的工作领域及在法律、技术、设备、组织制度和教育等方面所采取的相应措施。

与职业安全相关的概念还有劳动保护和安全生产。劳动保护是我国引入职业安全概念之前经常使用的概念，指在劳动过程中对劳动者的安全所采取的措施和组织管理工作的总称②，与职业安全概念基本相同。根据《安全科学技术词典》，安全生产被定义为：企业事业单位在劳动生产过程中人身安全、设备安全和产品安全，以及交通运输安全等③。职业安全与安全生产既有区别又有联系④。职业安全主要以人为对象，突出以人为本；安全生产则同时包括人的安全和物（如财产、设备）的安全，注重生产过程。与此同时，安全生产是实现职业安全的前提和保障，而职业安全是安全生产的终极目的。

职业安全的补集是职业安全事故。美国人伯克霍夫（Berckboff）对事故的定义比较著名，他认为事故就是人（个人或集体）在为实现某种意图而进行的活动过程中，突然发生的、违反人的意志的、迫使活动暂时或永久停止的事件⑤。职业安全事故则指工人在从事职业工作过程中，由于人的不安全行为、物的不安全状态或者环境因素造成工人死亡或受伤的事件。要说明的一点是，在本书中，"职业安全事故"、"安全事故"、"安全生产事故"、"生产安全事故"、"工伤事故"、"伤亡事故"等概念均为同一涵义。

（三）规制

"规制"一词来源于英文"regulation"，由日本经济学家首先使用。国内

---

① 可以参见住房城乡建设部、交通运输部、水利部、铁道部、工业和信息化部等部门的"三定"规定。

② 鲁顺清，冯志斌．关于职业安全卫生有关概念的探讨，中国安全科学学报，2004，1：51．

③ http：//www.52data.cn/anquan/aqzs/200803/35354.html．

④ 尚春明，方东平．中国建筑职业安全健康理论与实践．中国建筑工业出版社，2007：2．

⑤ http：//www.cn-safe.cn/ketang/guanli/guanli/c2/jie1/392_5.html．

也有将"regulation"译作"管制"、"监管"的。本书认为，规制、管制和监管的英文来源相同，虽然字面有所区别，但内涵基本一致。使用"规制"，更能体现"regulation"依"规"而"制"的实质[①]。

关于规制的定义则是众说纷纭，正如美国经济学家史普博（Spulber）所言："一个具备普遍意义的可有效使用的规制定义仍未出现。"[②]植草益认为，规制是社会公共机构依照一定规则对构成特定社会的个人和构成特定经济的经济主体的活动进行限制的行为[③]。史普博认为：规制是行政机构制定并执行的直接干预市场机制或间接改变企业和消费者供需决策的一般规则或特殊行为[④]。OECD将规制界定为政府控制私人经济行为的各种工具，包括正式的法规和非正式的指导[⑤]。上述定义虽然各不相同，但也具有一些共同之处，从而揭示了规制的内涵：一是规制都是由政府等公共机构实施的，体现了规制的公共性；二是实施主体都要借助法规的制定和执行来行使规制权力，体现了规制的强制性；三是规制的作用都是对个人或企业的某些行为作出限制，体现了规制对市场的干预性。

根据不同的标准，规制有多种分类方法[⑥]。最常见和最得到广泛认同的分类，是把规制分为经济性规制和社会性规制两种。经济性规制是对存在自然垄断和信息偏在的行业，以防止无效资源配置发生和确保需要者对产品服务公平利用为主要目的的，政府机关通过许可和认可等手段，对企业的进入和退出、价格、服务的数量和质量、投资财务会计等有关活动所进行的规制。主要目标是克服市场失灵，实现公平竞争，提高经济效益，促进经济发展。社会性规制是以保障劳动者或消费者的安全、健康、卫生、环境保护、防止灾害为目的，对产品和服务的质量以及随之而产生的各种活动制定一定标准，并禁止、限制特定行为的规制[⑦]，主要目标是促进社会公平正义和和谐稳定。有学者将经济性规制和社会性规制的具体区别归纳如表1-2所示[⑧]：

---

① 著名学者朱绍文在日本植草益所著的《微观规制经济学》一书的译后记中对"规制"一词做了详尽解释，他认为regulation的含义是有规定的管理，或有法规条例的制约。如将其翻译成"管制"、"管理"、"规定"、"调控"等都不符合原意。

② ［美］丹尼尔·史普博著. 管制与市场. 余晖等译. 上海三联书店，1999：28.

③ ［日］植草益著. 微观规制经济学. 宋绍文等译. 中国发展出版社，1992：1.

④ ［美］丹尼尔·史普博著. 管制与市场. 余晖等译. 上海三联书店，1999：45.

⑤ 经合组织国家规制改革报告. http：//www.oecd.org/dataoecd/40/41/39219442.pdf.

⑥ 如根据规制主体不同，可以分为公的规制和私的规制；根据规制方式不同，可以分为直接规制和间接规制；根据规制内容不同，可以分为经济规制、社会规制和行政规制等。

⑦ ［日］植草益著. 微观规制经济学. 中国发展出版社，1992：27-28.

⑧ Lester M. Salamon eds.. The Tools of Government：A Guide to the New Governance. Oxford, New York：Oxford University Press，2002：117-186. 转引自傅蔚冈、宋华琳. 规制研究—转型时期的社会性规制与法治. 10.

	经济性规制	社会性规制
理论基础	纠正市场失灵	克服法制过于机械的缺点、规避社会风险
政策目标	确保竞争性的市场条件	限制可能直接危害到公共健康、公共安全或社会福利的行为
政策工具	市场进入控制、价格调控、产量调控等	制度设置、确立标准、奖惩机制、执行系统
政策对象	公司企业行为	个人、公司企业以及低层级地方政府的行为
案例	电信、航空、邮政等网络型产业	药品食品安全、控制环境污染、生产安全

本书探讨的建筑业职业安全规制，即属于社会性规制中的一个重要内容。它可以被定义为：政府为了保障建筑工人在建筑工程施工过程中的生命安全，在法律、技术、组织体系、教育、文化等各方面采取的措施。建筑业职业安全规制在规制谱系中的位置可以用图1-2描述。

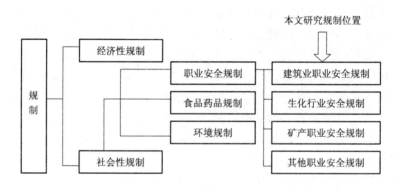

图1-2　建筑业职业安全规制在规制谱系中的位置

三、国内外研究述评

本部分首先简要回顾规制的基础理论，然后重点梳理与本书主题密切相关的建筑业职业安全规制的研究成果。关于职业安全规制的一般性（不针对特定行业）研究成果很丰富，很多论文已经做了很好的综述和评价①，本部分不再赘述。

---

① 如辽宁大学王磊的博士论文《中国职业安全规制改革研究》（2009年）、辽宁大学张秋秋的博士论文《中国劳动安全规制体制改革研究》（2007年）都对国内外职业安全规制的研究情况做了较为全面的综述。

（一）规制的基础理论①

政府规制理论关注的核心问题是：规制代表谁的利益？为何会发生规制？如何规制？围绕这些问题，规制理论主要形成了规制公共利益理论、规制俘获理论和规制经济理论三大学派。

规制公共利益理论。规制公共利益理论产生的直接基础是市场失灵和外部性的存在。市场经济一般会在垄断、外部效应、信息不对称等领域出现失灵情况，在此情况下，政府规制便具有潜在合理性。在自然垄断情况下，进入规制只允许一个厂商进行生产，这符合生产效率的要求，而价格规制能约束厂商制定出社会最优价格，这符合资源配置效率，所以对自然垄断的价格和进入规制有可能获得资源配置和生产双重效率。在外部性存在情况下，增加对消极外部性的税收征收，补贴积极外部性，都可能导致倾向社会偏好的资源配置状态。总之，当市场失灵出现时，从理论上讲，规制有可能带来社会福利提高。如果自由市场在有效配置资源和满足消费者需求方面不能产生良好绩效，则政府将规制市场以纠正这种情形。

规制俘获理论。从规制的历史经验来看，规制是朝着有利于生产者的趋势发展的，规制提高了产业内厂商的利润。经验证据导致规制俘获理论的产生和发展。与规制公共利益理论完全相反，规制俘获理论认为：规制的提供正适应产业对规制的需求（即立法者被规制中的产业所控制和俘获），而且规制机构也逐渐被产业所控制（即规制者被产业所俘获）。规制俘获理论的基本观点是：不管规制方案如何设计。规制机构对某个产业的规制实际是被这个产业"俘虏"，其提高了产业利润而不是社会福利。尽管有许多证据支持规制俘获理论，使之显得比规制公共利益理论更具说服力，但仍有一些经验规则与之相矛盾。例如，现实生活中存在许多不被产业支持的规制，产业利润水平因为规制反而下降了，包括石油天然气价格规制，对环境、产品安全、工人安全的社会规制。

规制经济理论。规制经济理论产生的直接基础是国家控制资源、各种利益主体具有最大化效用理性。1971年，施蒂格勒发表《经济规制论》，首次尝试运用经济学基本范畴和标准分析方法来分析规制的产生，从而开创了规制经济理论，他认为，确立政府规制的立法机关或政府规制机构仅仅代表某一特殊利益集团的利益，而非公共利益。规制经济理论的基本观点是：规制由产业谋取，并主要根据其利益来设计和运作。支撑该理论有三个模型，施蒂格勒模型、佩尔兹曼模型、贝克尔模型。头两个模型都是以规制者和立法者选择实现

---

① 本部分对于规制公共利益理论和规制俘获理论的描述引自雷华．规制经济学理论研究综述，当代经济科学，2003，6：85-86．对于规制经济理论的描述引自北京大学在线课件：公共经济学．http：//219.151.4.130/guochen2/zhengfujingjixue/contents/fra07_01_02_03.htm.

政治支持最大化的规制政策为基础，认为规制通常偏向于使组织良好的利益集团获益；而第三个模型更关注利益集团之间的竞争，认为规制主要是用来提高更有影响和势力的利益集团的福利。

（二）建筑业职业安全规制研究综述及简要评价①

1. 国外研究情况

国外学界对于建筑业职业安全规制的研究起始时间较早，从 20 世纪六七十年代就已经开始了。从研究的内容来看，主要可以划分为两大类，第一类着眼于规制者，从法律和管理等宏观视角，分析和评估建筑业职业安全规制的法规和模式。第二类着眼于被规制者，运用统计分析、案例分析等方法，从微观角度研究影响施工企业安全绩效的因素，以及其他相关主体对于安全绩效的贡献。从研究数量来看，第一类的研究相对较少，第二类的研究则占大多数。

对建筑业职业安全规制的法规、模式的研究—规制者视角

对于规制者应该建立什么样的规制体系，才能获得最佳的规制绩效，一直是国外学者研究的重点内容。职业安全法规是规制体系的重要外在表现形式，也是规制者在施行规制活动时的主要工具。国外学者对于职业安全法规的研究和分析比较细致，涉及到法规制定、执行等多个方面。

Haupt T C 和 Coble R J（2001）总结了国际上建筑职业安全法规发展的两大趋势：一是从传统的规范性法规向新的以绩效为基础的法规发展；二是从承包商负责到业主、规划设计人员以及住户等所有相关各方都要承担安全责任。Coble R J 和 Haupt T C（1999）还研究指出应该在全世界建筑业中建立一种最低的安全法规标准，并且讨论了法规标准应该达到的严格程度。Ebohon O J 等人（1999）分析了建筑安全法规不被重视的原因，比较了强制性法规与经济手段作为政策工具时各自的优劣。

Martin Loosemore 等人（2006）在分析澳大利亚 2001 年的建筑安全法规时，指出安全法规虽然是自我规制和绩效导向的，但是分包商在贯彻执行法规过程中遇到了很多障碍，其中最重要的是成本问题，其次是教育、语言和过度竞争问题。为解决这些问题，可以规定行业内所有有资格的单位都必须提供符合一定标准的培训课程，同时可以在招标时将安全费用列入非竞争项目，并加大监督、处罚力度。Arie Gottfried 等人（2006）分析得出结论，意大利的222/03 总统令之所以规定建筑安全费用的测算是出于一种"社会"本性。安全费用的测算和确认必须在设计阶段就开始。承包商的市场竞争主要是生产要素、产品质量的竞争，而并不是降低安全费用的竞争。Baxendale T 和 Jones O（2000）描述和分析了英国在实施《建筑（设计与管理）条例》时遇到的问

---

① 为行文简洁起见，对于建筑业职业安全规制研究的综述，采用作者（年份）的形式，所引文献全部列入本书"参考文献"当中，而不再在相关页面的脚注中出现。

题，并且推荐了一些解决办法来增强业主和设计师的参与。Dominic Mak（2006）指出，香港的建筑职业安全规制正在由强制执行向主动安全管理转变。规制当局正在建立一个包括法定机构、商业协会、开发商、专家学者在内的伙伴合作关系。工作场所的安全应该由产生风险的人和最适合的人来管理。

MacCollum D V（1990）指出，美国与建筑安全相关的公共政策必须进行一些根本性转变，并从安全专家、建筑企业领导层、建筑业实践、建设合同、劳工补偿制度等各个方面进行了分析。在《施工安全计划》一书中，MacCollum D V（1995）认为美国建筑活动相关利益主体很不重视安全，并总是试图规避安全责任。同时，政府依靠协商一致的标准来制定规制标准太耗费时间，与快速发展的科技水平不相适应。政府安全监察也是无效率的，因为政府不可能有足够的安全监察员去监督每一个施工现场。为了使得各方主体都能参与到建筑安全管理中来，并且克服政府规制的上述弊病，政府应该建立一个安全信息高速公路，纳入所有施工现场可能出现的危险情景及其预防办法。这样建筑业就可以利用丰富的安全信息实现自我规制。

对施工企业及其他相关主体安全绩效的研究—被规制者视角

对被规制者的行为特征、绩效状况等进行深入分析，可以确定影响被规制者的主要因素，从而有利于改进规制者的规制方法和规制手段，推动取得更好绩效。国外学者对于被规制者的研究，有力地帮助了规制者的规制体系设计和规制政策制定，是规制研究中不可或缺的一个重要组成部分。

施工企业是建筑产品的直接生产者，所以它也是建筑业职业安全规制的最重要被规制者。对于施工企业的研究，代表人物是美国著名建筑安全管理专家Hinze J W，他从 20 世纪 70 年代即开始对这一问题进行了一系列研究，并取得了积极成果。Hinze J W（1978）通过对新工人和工人流动率对安全的影响、增加工作中的监控与改善安全状况的关系、安全监理的作用、安全计划的作用、分包方控制等方面的调查研究，得出结论：承包商雇佣一个工人的时间超过一年，工人的安全表现会大大提高，时间越长越安全；施工现场距离总部近的安全状况较好；现场安全监理的情绪和权限对事故的发生呈正比关系；安全计划会导致事故率降低。Hinze J W 和 Figone L A（1988）一起分别研究了大型工程和中小型工程中总承包商对分包商的安全状况的影响，最后得出结论：在大型工程中，总包单位是否专门召开现场安全会议、是否雇佣专门的安全管理人员等因素与项目安全状况紧密相关；在中小型工程中，公司总部是否派人进行现场安全检查、公司领导层是否关注安全管理与项目安全状况紧密相关；与进度计划相吻合的工程更加安全，仅仅追求利润最大化的项目安全状况则较差一些。Hinze J W（2006）通过研究证实，以下 9 个方面对于建筑施工企业安全绩效的提高具有关键作用：（1）表明管理层的承诺；（2）配备安全管理人员；（3）制定安全计划；（4）安全培训教育；（5）工人参与；（6）认同和奖赏；（7）分包商管理；（8）药品和酒精检测；（9）事故报告和监督检查。

其他学者也对影响建筑施工企业安全状况的因素等进行了深入探讨。Kevin S. Breg（2006）识别出建筑安全健康管理体系成功的 10 个关键元素，分别是承诺和领导、策略和目标、组织和资源、风险管理、计划、能力和行为管理、与顾客一起工作、与分包商共同工作、执行和监督、审计和评估。Levitt R E（1993）指出，施工企业和项目管理人员往往为了保证工期和质量目标的实现而牺牲安全工作，甚至抱着侥幸心理盲目降低安全经济投入。Smallwood J 和 Haupt T C（2000）认为除了建筑业一些普遍认同的特点外，还有两个特点会导致安全受到影响。一是建筑业中工人与管理人员的比例过高。在大多数项目中，工人与管理人员的比例远远超出了最优值 2.7∶1。二是建筑业生产的离散性。由于建筑业参与各方都有不同的目的、技术能力和专业水平，往往造成成本增加和生产率降低等。Paulson B C（2000）认为，管理和控制人的行为因素，应在不同管理层级进行，包括最高领导层、现场项目经理和管理人员、班组长和工人等。其中对班组长和工人的安全管理和他们在安全管理中的地位尤其重要。Edwin Sawacha 等人（1999）从大量的事故样本中总结发现，与现场安全生产相关的前 5 种重要因素是：（1）施工安全交底；（2）安全手册提供；（3）安全装备提供；（4）安全环境提供；（5）合格的安全管理专职人员。Allan St John Holt（2001）认为在建筑工业中，主要存在三个层次的培训。第一层次是手工艺及技能培训，目的是使工人获得实际工作中所需的某种专项技能，并且其中必须包括有关环境、健康和安全方面的培训。第二层次是就职培训，是由业主依照法律规定对即将进场的新员工进行的。《工作健康与安全管理条例》规定业主必须向员工提供常规性健康与安全培训。第三层次是现场开工前培训，针对特定的工作场所或特定项目的工作人员，通常采用入场前的培训方式。Gloria I. Carvajal 等人（2006）建立了一个"风险—事故"循环模型，即通过政府规制—教育培训—风险评估—风险预防—事故分析的循环过程，来有效的避免事故发生。

随着研究的深入，人们越来越意识到提高建筑安全绩效不单单是施工企业一个被规制者的事情，建筑活动各方主体都应该负有安全责任，都应纳入被规制者范畴，都应为规制体系所覆盖。Ngowi A B 等人（1997）指出，在建筑业中把安全和健康仅仅看作是承包商的责任的想法已经被视为事故频发的一个主要原因。Blair E H（1996）认为，从全面安全管理的角度看，所有人都对安全问题负有责任：业主、设计单位、分包商、政府以及保险公司。Hinze J W（2006）也指出，要想实现世界一流的建筑安全水平，业主、设计单位、各级分包商、供应商必须都来积极地参与安全管理。Samelson N M 和 Levitt R E（1982）对业主如何选择承包商进行了研究，发现主动仔细挑选安全水平高的承包商的业主的工程项目更加安全；注重安全的业主通常会采取一些措施，如要求承包商在现场管理人员中指定安全监理，检查现场安全会议，参与事故调查等。Allan St John Holt（2001）指出，施工中的安全问题始于设计阶段，设计中所作的某些根本性决定可能对工程的建设、维护，以及建成后运营人员的健康产生深远的影响。某些情况下，设计者是唯一能够实现从源头上消除危险的人，而这也是消除可预见风险的最佳控制措施。

2. 国内研究情况

国内学界对于建筑安全监管①这一主题的关注，主要是从 20 世纪 90 年代中后期开始的。到了新世纪，随着国家对安全生产工作的日益重视和建筑安全事故的频发，关于建筑安全监管的研究成果也逐渐增多起来。从研究范围来看，既有对中国建筑安全监管现状、问题和改进措施的研究，也有对美国、英国、日本等发达国家以及我国香港特别行政区建筑安全监管经验介绍。从研究人员来看，既有高等院校、科研院所的研究人员，也有广大工作在建设行政主管部门和建筑施工企业的实务工作者。从研究方法来看，以对问题的写实性描述和对建议的经验型分析为主，少数学者运用经济、管理等理论工具对建筑安全监管的机理、阻滞因素、改进路径进行了分析。下面从 4 个方面来归纳国内研究情况。

首先，是对于建筑安全监管的体系性研究，即全面分析现状、问题，借鉴国际先进经验，最后提出相关政策建议。目前，国内持这一研究导向、开展较多研究的是清华大学的方东平等人。在《建筑安全监督与管理—国内外的实践与进展》一书中，方东平等人（2005）详细介绍了国外和我国香港地区的建筑安全监管经验，分析了中国建筑安全监督与管理的现状和问题，并从建筑安全监管目标、策略、手段三个方面构建了中国建筑安全监管的基本模式。在另一本《中国建筑业事故原因分析及对策》中，方东平等人（2007）梳理了四个层面 32 项建筑业事故多发原因，提出了落实企业安全管理责任、落实政府监管职能和落实安全法律法规的对策建议。另外，张强（2006）从法律维度审视了中国建筑安全生产法规体系存在的五大主要缺陷，并从指导思想、主要任务和重点内容三个方面对完善我国建筑安全生产法规体系提出了政策建议。孙艳（2009）认为处于转型期的中国，之所以事故发生率高于世界平均水平，根本原因在于以"缺位"和"缺失"共存为特征的中国建筑安全规制体制，并给出了完善规制体制的建议。

其次，还有很多研究人员的研究是问题导向性的，即针对建筑安全监管领域的某一具体问题进行深入探讨，得出相应结论。从这一研究导向的内容来看，可以粗略归纳为以下三个重点：

---

① 国内学界多用"建筑安全监管"，而较少使用"建筑业职业安全规制"。为叙述方便，本部分在回顾国内研究情况时使用后者。

建筑安全监管目标。制定科学合理的目标，对于实现良好的建筑安全生产监管绩效具有关键作用。方东平（2005）认为，对于建筑安全管理的目标要从三个层次理解。第一，最终目标应该定位于保护每个建筑工人的安全与健康；第二，在制裁、赔偿和事故预防三种方式中，应将事故预防列为安全管理的主要任务；第三，我国政府进行安全管理的直接目标应该是通过各种手段，促使承包商能够采取适当的管理制度和管理措施来预防建筑事故的发生。张仕廉等（2005）在分析了我国目前建筑安全管理目标现状后提出，死亡人数、事故起数等数值性目标虽然可以用来检验一定阶段建筑安全管理成果，但对具体管理工作的操作指导意义并不强，容易造成工作过程和目标脱节。需要制定能够体现安全管理思想、体现法律对人的生命和健康保护的严肃性以及利于实际操作的目标。王刚（2002）等人建立了未来几年我国建筑安全管理的目标体系，包括给予建筑安全管理应有的社会地位、完善建筑安全管理体系、加强建筑安全管理专业人才培养、建立全国性建筑安全管理信息网络等。

建筑安全监管方法。建筑安全监管通常包括法律、科技、经济、文化、行政等方法手段。方东平（2005）提出，随着政府职能的转变，政府在进行安全管理时，应该尽量减少对各种市场行为的直接行政干预，应综合运用法规、经济、文化和科技手段来规范和引导建筑市场各方的安全文化和行为。同时强调，在我国现阶段应当首先加强经济手段来提高建筑安全水平。崔淑梅等（2008）重点对经济手段进行了探讨，得出建筑企业投保费率要和安全业绩挂钩、确保建筑工程安全防护和文明施工措施费用、建立对承包商的安全奖惩制度等结论。牛凯（2008）提出应用建筑工程远程监控系统，可以使建设主管部门由过去现场监督逐步转变为远程视频监控，实现安全生产零距离监管。除具体监管手段外，一些研究人员还从系统角度出发，探讨建筑安全生产的系统性方法。如陈章海（1994）运用系统理论，分析了施工安全生产系统和行政管理系统的内涵，认为施工安全生产系统是主体控制系统，行政管理系统是强化控制系统，必须科学立法和严格执法才能充分发挥强化控制系统的最大功能。何永权（2001）认为建筑安全监管是一个整体系统，包括预测与计划、信息与决策、检查与执行、反馈与调控等4个部分。乌云娜（2007）将全面质量管理中的PDCA循环方法引入建筑安全管理，分析了策划、实施、检查、总结等各个环节的具体工作任务。

建筑安全监管存在问题和改进建议。这方面是国内对于建筑安全监管领域研究的主体内容。如王刚（2002）从宏观角度和微观角度提出了发展我国建筑安全管理的构想和建议。宏观方面包括完善法律法规、设立建筑安全管理基金、建立建筑安全网络、加强高校建筑安全学科建设等，微观方面包括在项目管理组织中设立安全经理、利用支付条款落实建筑安全管理措施等。田元福（2003）在分析了我国建筑安全监管在责任划分、执法检查、发挥市场机制方面不足的基础上，认为重点要完善安全生产责任制和监督机制，完善建筑安全事故的记录、检查、申报制度，同时充分发挥市场经济杠杆对安全的调节作用。朱奇桓（2007）对我国建筑领域普遍存在的"包工头"问题进行了分析，认为包工头问题是我国现阶段建筑施工安全管理的难点，应该重点加强对其监管，如实行承包劳务许可证制度、进驻市场登记制度等。郝生跃（2006）认为我国建筑安全监管机构存在管理职能分散、职能转变滞后、管理机构之间关系和职能不清等问题，并建议要加强政府对建筑安全生产和职业卫生的统一监管。另外，很多建筑安全实务工作者都结合工作实际，提出了自己的见解，如曹书平（1995）、高建军（1996）、刘少华（1996）、董群忠（2003）、汤彬（2006）、王力争（2006）、刘明等（2007）、付京辉（2007）、王勇胜（2008）、蒋长城等（2008）、鲍玉德（2008）等。他们多从领导重视程度、机构设置、经费投入、执法水平等方面查找政府监管方面的原因，提出的改进建议主要包括落实政府监管责任和企业主体责任、严肃事故查处、健全培训教育制度、完善法律法规体系、强化监督执法队伍建设等。

第三，从研究过程对于理论工具的使用角度来看，目前国内大多数研究文章都是简单的写实性描述和经验性总结，少数研究人员则利用相关理论工具对建筑安全监管的有关问题进行了分析。一是制度变迁理论。如袁海林（2006）对我国建筑安全制度变迁模式进行了研究，认为变迁模式是中央政府机构在确立基础性制度框架中发挥主导作用；同时积极鼓励地方政府、建筑企业及劳动者等在政府确立的基础性制度框架范围内，积极开展自主性的诱致性制度创新活动。同时，还提出我国建筑安全制度变迁要遵循稳定、整体利益、官民互动等基本原则。二是博弈理论。张飞涟等人（2002）在施工单位具备相当高的安全管理水平的假设下，构建了建设项目安全监察机关和施工单位之间的安全管理博弈模型。通过博弈分析，得出国家有关部门在确定施工单位的施工标准度时，既要保证施工安全需要，也要结合施工单位安全现状和安全效益的结论。曹东平等（2007）通过博弈分析，推论出政府应加大处罚和推广先进安全生产技术。袁海林等（2006）除分析了政府与企业间的博弈外，还分析了企业与企业之间的博弈，提出解决企业之间因徒困境的唯一途径是介入政府外力。三是绩效评估理论。如辜峥（2005）构建了一个多层次的建筑安全监管指标体系，包括事故指标和预防指标等两大部分，其中设计了针对政府管理的指标部分。张强（2008）在分析既往建筑安全监管评价方法缺陷的基础上，构建了一个包括工作指标和业绩指标在内的建筑安全监管绩效评估指标体系，工作指标主要关注监管过程，业绩指标主要关注监管结果。黄钟谷（2008）重点针对政府建筑安全管理层级监督，设计了一套包含三个层级和三级分类的考核指标体系。

第四，除对中国的建筑安全监管进行研究外，国内研究人员还重点对主要发达国家和中国香港特别行政区建筑安全监管模式和经验进行了介绍，并得出了对我国建筑安全生产管理的有益启示。这方面的研究成果也很多。如方东平等人（2001）、孟延春等人（2008）对美国职业安全法规和安全监督检查模式进行了介绍。冯远飞等（2006）对英国施工行业职业健康安全管理进行了述评。欧文（2003）介绍了德国建筑安全管理体制。吴晓宇（2007）对日本建筑安全管理情况进行了专题分析研究。黄吉新等人（2003）重点介绍了香港建筑安全管理的历史和现状。

3. 简要评价

国外学者的研究以对被规制者施工企业的微观研究为主。虽然不是直接从规制者的角度出发的，但这些研究的结论对于合理确定规制对象、规制目标和规制方法等都非常有帮助。国外对具体国家的建筑业职业安全法规和模式的评述和分析，虽然与对被规制者的研究相比数量较少，但是问题分析往往比较深入，改进建议也比较具体。国内的研究集中于对中国建筑安全管理现状、问题、改进措施的描述分析，以及对发达国家和地区建筑安全监管经验的介绍。有的学者对这一领域研究得比较全面、系统，为后续研究奠定了非常好的基础。一些建筑安全实务工作者积极参与建筑安全管理的研究，他们从实践角度出发，提出的问题更加符合实际情况。还有一些学者，运用博弈论、制度理论和绩效评估等理论工具来分析建筑安全问题，提高了分析的理论水平，也为其他研究人员深化使用这些工具启发了思路。

但现有研究也存在一些不足，主要体现在：一是现有研究大多都是对实际经验的简单总结或对国外实践的概要介绍，缺乏足够的理论支持和深入细致的系统分析。部分研究人员的研究虽然具有一定理论深度，但是他们的研究多基于工程管理、事故因果等理论，而对于行政学、经济学、政治学方面的理论应用较少。二是现有研究很少运用规制理论研究建筑业职业安全规制问题。规制不仅仅是一种行政现象，而且逐步成为专门的学科。规制经济学即已经形成体系并引起广泛关注，公共管制学[①]也正在探讨建立之中。规制理论是分析建筑业职业安全规制的有力工具，现有研究在这方面的不足不得不说是一大缺憾。三是现有研究利用的规制实践和事故材料比较局限，不能准确反映建筑业安全职业规制的历史发展轨迹和规制现状，不利于科学分析规制体系、提出改革建议。四是很多研究只是就安全论安全，而忽视了安全规制所处的外部环境，如相关制度环境、文化环境、转轨期特点等，从而难以真正揭示建筑业职业安全规制面临的困境、成因及解决办法。五是现有的部分研究提出的政策建议比较零散，政策建议之间的协调性不足，没有形成全面的、系统的体系，不便于规制者参考和采纳。

本书的研究工作将重点在弥补上述研究不足方面做出相应努力，如应用政

---

① 刘小兵编著．公共管制学．上海财经大学出版，2009.

府规制理论研究建筑业职业安全问题，查阅大量反映建筑业职业安全规制历史和现状的珍贵文献资料，注重规制环境分析，系统提出政策建议等。

四、研究方法和结构内容

（一）研究方法

本书除采取规范与实证分析相结合、历史与逻辑分析相统一的基本研究方法外，还将重点采取以下分析工具：

1. 制度分析方法。制度分析方法是社会科学经常运用的一种研究方法，主要特点是动态化、具体化、综合性和系统性。其核心在于将行动与互动纳入一种有规则和结构的开放系统中，分析行动与互动的逻辑可能性、规则、结构性位置、可能后果、运行机制。主要体现在结构分析、规则分析、远期后果或长时段分析、规则变迁路径分析等①。本书将基于制度分析方法，主要应用制度变迁理论，考察中国建筑业职业安全规制变迁的路径、动力等，以期找出影响规制绩效的因素，并从制度创新角度提出改革建议。

2. 统计和案例分析方法。对观点和理论的检验，一种是通过收集数据，对数据和资料进行统计分析达到检验和验证命题的目的；另一种方法是通过观察和分析特定的事实或案例对生成的理论进行检验②。这就是统计分析方法和案例分析方法。本书将综合使用上述两种方法。首先，梳理和统计分析事故数据，反映建筑业职业安全规制现状，评价建筑业职业安全规制绩效。同时，较多的提供具体事故案例，通过事故原因的分析，反思规制政策中的缺陷和漏洞，同时用以佐证和引出相关观点。

3. 系统分析方法。系统分析方法着眼于整体与部分、整体与功能层次、系统与环境等方面的相互联系和相互作用，以特定问题为重点，综合地、动态地对相关要素进行考虑和分析，最后得出综合分析意见③。职业安全问题具有典型的系统性，需要从多个方面、多个环节、多个过程、多个主体认真研究分析，采取综合治理的方法加以解决。本书将建筑业职业安全规制活动看成一项系统工程，采用系统分析方法，对规制的主体、客体、工具、过程等进行综合分析，既考察内部因素，又考察外部环境，力争实现分析的全面性和针对性。

4. 归纳和演绎方法。归纳和演绎方法是分析方法之源。归纳分析方法是从具体的事实概括提炼一般原理，而演绎分析方法与之相反，是通过一般的规则导出在特殊情况下的结论。本书对于这两种方法都将集中使用。通过对大量纷繁复杂的政府规制实践资料的分析，梳理出诸如建筑业职业安全规制发展阶

---

① 邹吉忠．论制度思维方式与制度分析方法．哲学动态．2003，7：19.
② 孟延春，吴伟著．转轨时期的政府规制：理论、模式与绩效．经济科学出版社，2008：21.
③ 莫勇波著．公共政策执行中的政府执行力问题研究．中国社会科学出版社，2007：18.

段、规制工具体系、规制变迁路径等一般性的规律。同时，也将在充分借鉴国外发达国家规制改革经验规律和政府治理模式发展趋势的基础上，提出在中国语境下改进建筑业职业安全规制体系的思路对策。

（二）结构内容

本书共六章。除本章导论外，其余章节的具体内容如下：

第二章是建筑业职业安全规制正当性分析。首先分析建筑业的生产方式和产业特征，为规制提供需求基础。然后，从纠正市场失灵和维护社会正义、和谐等角度阐述规制的经济和非经济正当性。最后，介绍发达国家的规制绩效，总结建筑业职业安全规制的国际经验，借以说明规制目标的可达成性。

第三章是中国建筑业职业安全规制的历史变迁分析。分析中国建筑业职业安全规制的发展历程，总结演进阶段。利用制度变迁理论，分析建筑业职业安全规制变迁的主体、变迁的路径及特征，总结规制变迁的正负动力因素。最后，得出可能对进一步变迁产生启发作用的几点启示。

第四章是中国建筑业职业安全规制的现状及绩效分析。利用规制者、规制工具、规制执行等三个子系，概括和描述现行规制体系。在对大量职业安全事故资料进行统计整理的基础上，分析现行规制体系的绩效情况。

第五章是中国建筑业职业安全规制问题分析。首先构建一个分析中国建筑业职业安全规制问题的基本框架，即"相关者—过程—环境"框架，将规制的相关主体、规制过程和规制环境等因素整合进这一框架。然后利用这个框架，分析中国建筑安全规制的失灵表现和成因。

第六章是中国建筑业职业安全规制改革对策分析。借鉴发达国家经验，提出改革的总体思路和原则。仍然按照上一章构建的框架体系，针对规制存在问题，系统提出改进中国建筑业职业安全规制的整体方案，主要包括重构规制相关者、改良规制过程、优化规制环境等。

第二章 建筑业职业安全规制正当性分析

根据美国联邦大法官布雷耶的分析模式[①]，研究规制必须首先探讨规制的正当性问题，包括经济的或非经济的正当性。先是对市场进行分析，检测市场产生的结果是否与经济相符。当市场不能以有效方式运行时，政府为了纠正市场失灵而干预市场，经济正当性就得以出现。非经济正当性则与社会通过其政治体系以宪法和法律形式所设定的社会价值体系有关。政府既可以根据这些价值准则事先设定市场运行的规范，也可以在市场运行方式与这些价值准则不符时，迫使市场运作遵循这些价值，此时政府即获得了规制的非经济正当性。

本章即是对建筑业职业安全规制的正当性分析。因为研究对象是建筑业这一具体的特定行业，所以首先对建筑业的生产方式和产业特征进行分析，由此导出建筑业的职业安全规制需求。然后，分析建筑业可能出现的不利于职业安全的市场失灵，提供规制的经济正当性，同时阐述规制的非经济正当性。此外，本章还将对建筑业职业安全规制的国际经验进行归纳和总结，试图说明规制目标的可达成性。这也可以视为正当性分析的一部分。

一、建筑业的生产方式和产业特征[②]

建筑业的职业安全规制需求与建筑产品的特征，以及由此带来生产方式的特点和建筑业产业特性密切相关。认识和分析建筑业的上述特性，是研究建筑业职业安全规制的起点和基础。

（一）建筑产品与生产方式的技术经济特征

建筑产品是建筑业生产活动的最终产品，包括各类土木工程、建筑工程、线路管道和设备安装工程及装修工程。建筑产品与一般工业产品有很大不同，产品特点和生产方式都有其特殊性。

1. 建筑产品的复杂性和生产的交互性。每个建筑产品都是一个复杂的系统工程，涉及到空间与平面的有机组合、设备与材料的恰当使用，以及产品本身与环境的和谐相处等。受到当地经济、政治、社会、文化、科技、风俗以及传统等因素的综合影响，建筑产品的式样、规模、功能、艺术风格、结构、材

---

① 陈富良著．放松规制与强化规制．上海三联书店，2001：27-33.
② 本部分对建筑业生产方式和产业特征的考察，主要根据范建亭著．中国建筑业发展轨迹与产业组织演化．上海财经大学出版社，2008．姚兵编著．建筑管理学研究．北方交通大学出版社，2003．方东平等编著．工程建设安全管理（第二版）．中国水利水电出版社，知识产权出版社，2005．以及 http://www.studa.net/Constructs/080910/14543571.html 的相关资料重新整理而成。

19

料等可能呈现出很大差异。建筑产品的复杂性带来了其生产方式的交互性。一是人与人的交互。从生产力量来看，施工现场包括各个承包方、工种、班组的施工人员，在作业过程中他们既要各司其职，又要相互配合；从市场主体来看，现场有建设单位、监理单位、总包施工单位、分包施工单位、设备租赁安装单位、材料供应单位等各个单位的工作人员，管理层次较多，管理链条交叉。二是人与物的交互。施工现场的物主要包括起重机、物料提升机、施工电梯、混凝土搅拌车等施工设备和机具，钢筋、水泥、木材等建筑材料和生产过程中的建筑产品。在项目建设中，施工人员必须正确使用施工机具，充分发挥建筑材料的性能，实现人与物的协调，才能完成好施工任务。三是人与环境的交互。建筑产品大都在露天建设，施工活动受到施工现场的地理条件和气象条件的影响很大。因此，建筑产品的生产环境或作业条件通常十分恶劣，如高温、低温、刮风、下雨、夜间施工照明不足等等。项目管理方面必须根据天气情况合理安排施工方案，最大限度降低环境的不利影响。

2. 建筑产品的固定性和生产的流动性、离散性。建筑产品一般由自然地面以下的基础和自然地面以上的主体两部分组成。任何建筑产品都是在选定的地点上建造和使用，与选定地点的土地不可分割，从建造开始直至寿命终结均不能移动。所以，建筑产品的建造和使用地点在空间上是固定的。此外，在一般工业部门，产品是在工厂内部制造完成的，生产设备固定，员工的工作岗位相对稳定，而作为加工对象的产品在不同的车间和生产线上流动。同时，生产加工地点可以事先选择，或是接近原料地、或是接近运输中转地、或是接近消费市场。与此不同，建筑产品由于与土地相连固定不动，施工人员、机械、设备、材料等施工资源是围绕着同一建筑产品上下、左右、内外、前后地变换位置和流动，而且是在不同地区，或同一地区不同项目，或同一项目不同单位工程，或同一单位工程的不同部位之间流动。以上的考察是以建筑产品生产的时序为基础。如果在某一时点，即在建筑产品生产过程中的某一时刻，施工人员又分散于施工现场的各个部位，这就是建筑产品生产的离散性。如在同一时间，有的人员可能在某一层绑扎钢筋，有的人员可能在另一层输送物料，还有的人员可能在地面搅拌混凝土。分散作业的特点，要求施工人员必须不断适应人—机—环境系统，尽管有各项规章制度和操作规程的规定，但他们仍然需要依靠自己的独立判断来应对各种具体的生产问题。

3. 建筑产品的个体性和生产的单件性。一般的工业产品可以按照同一种设计图纸、工艺方法、生产流程进行批量生产。而每个建筑产品则都应在国家或地区的统一规划内，根据其使用功能要求的不同和地理环境的客观条件，在选定的地点上单独设计和单独施工。即使是同一类工程，选用标准设计、通用构件或配件，由于建筑产品所在地区的自然、技术、经济条件的不同，最终建筑产品的结构或构造、建筑材料、施工组织和施工方法等也要因地制宜加以修改。因此，建筑产品从设计到施工的生产过程具有突出的单件性，没有一个工程项目的具体施工过程、组织方式是完全一样的。建筑产品无法和一般工业部门一样实行大批量生产，具有"非机械化操作"的生产特性。即使建筑产品生产达到了高度的工业化水平的时候，也只能在工厂内生产部分的构件或配件，仍然需要在施工现场内进行总装配后才能形成最终建筑产品。

4.建筑产品的高价值、大体积性和生产的长期性、间断性与不可逆性。建筑产品是由大量的建筑材料、制品和设备构成的实体，与一般工业产品相比体积庞大，造价也相对较高。有的大型工程甚至可达近百层、近百万平方米和数亿元造价，需要消耗大量的材料、资金和劳动力。同时，建筑产品的生产全过程还要受到工艺流程和生产程序的制约，使各专业、工种间必须按照合理的施工顺序进行配合和衔接。又由于建筑产品地点的固定性，使施工活动的空间具有很大的局限性。所以，建筑产品的生产周期一般较长，有的甚至长达几十年，远远超过一般工业产品的生产周期。另外，建筑产品无法和工业产品一样在室内组织生产，易受气候等自然条件影响，在不利于施工的季节或时间段只能暂停，是一种间断性生产的特殊方式。正是由于建筑产品的高造价和长周期，以及生产过程中的间断曲折，所以建筑产品一旦竣工，难以返工和重新制作，否则就要承担极大的经济损失和机会成本。这也使得建筑产品的生产具有一定的不可逆性。

（二）建筑业的产业特征

建筑业是一个综合性强、内涵丰富的产业。从狭义角度来看，建筑业属于第二产业；从广义角度来看，建筑业又涉及工程管理、工程咨询等服务内容，因而又包含了第三产业的相关特征。从建筑业规模性、严密性的生产组织方式来看，它接近工业生产；但从其劳动密集、露天作业、离散生产的特点来看，它又与农业生产有相似之处。建筑业主要具有以下产业特征：

1.支柱性和社会性。建筑业在国民经济中具有举足轻重的地位，是重要的支柱性产业。建筑业为绝大部分的产业提供了必要的生产设施、办公条件和设备安装，为城乡建设和社会生活提供了各类民用建筑和市政公用设施，创造了经济和社会发展的重要物质技术基础。同时，建筑业关联度大，带动力强，促进了相关产业的健康发展。据统计，建筑产品生产中物料消耗占成本的60%～70%，建筑业与建材、冶金、机械、化工、纺织、轻工、电子、木材、金属结构、制品、化学等产业50个以上的工业部门联系密切。建筑业的影响力系数①和感应度系数②均体现出建筑业的基础和支柱地位（参

---

① 影响力系数是指当一个产业部门增加一个单位的最终需求时，对国民经济各个部门所产生的生产需求波及程度。影响力系数大于1，表明该产业度其他产业部门所产生的波及影响程度超过社会平均影响水平。

② 感应度系数是指各产业部门均增加一个单位的最终需求时，某个产业因此而受到的需求感应程度。感应度系数小于1，说明该产业的需求感应度低于各产业平均水平，即受其他产业影响度较小。

见表 2-1①）。建筑业创造的建筑产品是构成社会环境的重要因素，这使得建筑业还表现出较强的社会性。一些有重要特征的建筑，有着特定的地理历史背景，成为珍贵的文化资源。居住性建筑、公共性建筑、生产性建筑等各类建筑都关系到人民生命财产安全和生活的幸福安康。建筑产品的选址和施工过程，还会对城乡规划、道路交通布局和环境生态保护产生重要影响。此外，建筑产品生产过程中涉及较多的各方利益，各个市场主体都要在利润和社会责任之间达成平衡；建筑产品的生产还要接受建设行政主管部门、市政管理部门、公安消防部门、环保部门等政府部门的监督检查，还与建筑工地周边的企业和居民等发生经常性关系。

建筑业的影响力系数和感应度系数   表 2-1

年　份	影响力系数	感应度系数
1981	1.07	0.49
1983	1.08	0.48
1987	1.12	0.46
1990	1.13	0.45
1992	1.14	0.43
1995	1.13	0.42
1997	1.22	0.45
2000	1.17	0.46

2. 突出的劳动密集性。劳动密集型产业即生产主要依靠大量使用劳动力，而对技术和设备的依赖程度低的产业。建筑业是典型的劳动密集型产业，即使是在工业发达国家也不例外。从施工方式来看，当前科学技术发展水平很快，一般工业产品生产过程中科技含量很高，很多通过电子操作和自动化生产线完成。但由于建筑业工种工序繁多，构件部件规格不一，推行大批量生产方式、实施建筑技术标准化和施工机械化难度很大。在施工现场，还有大量的人抬、肩扛这样的原始方式，很多情况下是靠延长工作时间、增加体力消耗来加快工作进度，增长方式依然十分粗放。从施工企业构成来看，由于建筑产品具有固定性、生产具有流动性，所以施工企业的业务分布具有点多、线长、面广、地域分散的行业特点，这也导致建筑业中存在为数众多的中小企业，建筑市场竞争很大。从劳动力构成来看，正因为建筑业机械化和自动化程度不高，施工过程中手工劳动所占比例较大，以及生产条件的局限性和特殊性，建筑产品的生产需要大量的劳动力，而且包括相当数量的临时性劳动者。所以，建筑业中不但包括成建制企业中的固定职工，还存在大量的个体劳动者。这也为建筑业吸

---

① 范建亭著．中国建筑业发展轨迹与产业组织演化．上海财经大学出版社，2008：21.

纳了大量的社会就业提供了需求基础。无论在国际还是国内,建筑业都是重要的劳动就业部门(参见表 2-2[①])。

世界部分发达国家建筑业就业状况　　　　　　表 2-2

	建筑业就业人数(万人)				占全社会就业人数(%)			
	1993	1996	1999	2001	1993	1996	1999	2001
美国	751	794	899	958	6.1	6.3	6.7	7.1
日本	639	670	657	632	9.9	10.3	10.2	9.9
德国	209	347	315	290	7.1	9.7	8.6	7.9
英国	180	182	193	206	7.1	6.9	7.0	7.3
意大利	164	161	158	171	8.2	8.1	7.5	7.9
加拿大	66	72	77	84	5.3	5.3	5.3	5.6

3. 经营管理的复杂性。建筑业生产方式的特殊也直接导致了建筑业的经营管理与一般工业管理大不相同且非常复杂。一是经营管理环境处于经常变化之中。建筑施工经常要面对不同的施工地点、工程地质、气候条件,而当地政策、物资供应、道路运输、协作条件等社会环境也会对经营管理产生很大的影响。这就需要建筑业经营管理者善于适应环境,能够根据变化特点采取有针对性的应对措施。二是需要根据工程项目优化人财物等资源组合。建筑业企业通常没有固定的生产对象,而是需要通过建筑市场承揽工程业务,因而建筑业是一种项目导向型的经营管理模式。企业通常在项目所在地成立一个一次性的项目管理组织,由项目负责人全权管理建筑产品的生产过程。施工企业和项目管理组织在一定程度上具有分离性。所以,企业必须构建强有力的管理方式和企业文化,合理分配和组织优质资源,才能将有效的管理延伸至项目。三是管理关系繁复。建筑产品从勘察、设计到施工、竣工,涉及到多方主体,施工过程也涉及到总包、劳务分包、专业分包等不同的协作单位,而且政府各有关部门也要在建筑产品设计生产过程中发挥重要作用。这对建筑业经营管理提出了很高的综合技术能力和协作生产能力要求。四是不可预见因素多。建筑产品复杂多样、体积庞大、生产周期较长,在施工过程中,容易受到各种不确定因素或无法事先预见因素的影响,如建设用地征地拆迁受阻、工程进度款不到位、建筑材料价格上涨等,从而导致建筑产品不能如期完成或增加施工成本。这也对建筑业的经营管理提出了挑战。

4. 工程承包方式的多层次性。建筑业不像工业企业那样能够自主地组织生产,而是根据用户需求,主要以承包和发包形式来组织生产。建筑产品复杂

---

① 范建亭著. 中国建筑业发展轨迹与产业组织演化. 上海财经大学出版社,2008:24.

多样且配套性强，每项建筑建筑工程都是各种专业工程的综合体，而一般情况下单个建筑业企业很难配备所有专业的机械设备和劳动力。因此，层层分包制是建筑业所特有的生产形式，总承包企业在承包工程后，通常是将工程中的特定内容分包给专业工程承包企业。由此，总承包企业可以有效地减少因收集市场信息、指导现场施工等而产生的交易费用，同时，各级专业分包企业也可以享受到分工协作带来的规模效益。所以，专业化施工和协作生产体系是建筑业发挥分包制优越性的关键所在。建筑生产一方面要合理地进行专业分工，另一方面要根据建筑产品社会化大生产的需求实行协作生产。建筑业承发包体系见图 2-1[①]。

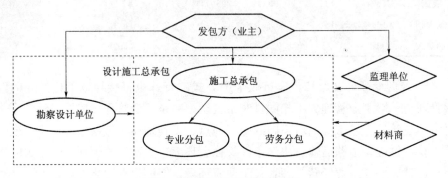

图 2-1　建筑市场承发包体系

5. 行业发展的波动性。建筑业通常被视作国民经济的晴雨表，因为建筑业的发展与国民经济的发展具有很大的联动性。当国民经济快速增长时，固定资产投资的增加和住宅消费需求的旺盛能够有力地促进建筑业的发展；国民经济呈下行趋势时，投资需求的减退将直接致使建筑业步入低谷。而且，从时间上看，建筑业的萧条一般先于国民经济的不景气，其复苏又滞后于整个经济的全面回升。所以，建筑业的兴衰是判断国民经济盛退的重要指标。正因为建筑业具有这一特点，政府经常把调控建筑业作为国民经济宏观调控的基本政策工具之一。在经济过热时，可以通过压缩公共投资规模等措施抑制建筑业增长，同时将调控效应延展至其他关联产业，从而实现经济的平稳健康发展；在经济下滑时，则可以通过扩大基础设施和公共事业投资，刺激建筑业及其相关产业发展，从而缓解经济衰退，拉动经济增长。另外，当城镇化进程快速推进、各类房屋需求增大时，作为为发展提供物质基础的建筑业也将迅猛发展；反之亦然。所以，建筑业的发展在很大程度上取决于国家的经济周期和经济政策，从而具有明显的波动性。这种波动虽然对于宏观调控可能是必要的，但对于建筑业发展是不利的。这要求政府提高驾驭市场经济的能力和对经济调控的预见

① 范建亭著．中国建筑业发展轨迹与产业组织演化．上海财经大学出版社，2008：316.

性，实现建筑业总需求和总供给的基本平衡，最大限度熨平波动，促进建筑业稳定健康和可持续的发展。

（三）由建筑业生产方式和产业特征引致的职业安全规制需求

建筑业特殊的生产方式和产业特征是其需要政府职业安全规制的重要前提。

从建筑业的生产方式来分析，这种与一般工业生产不同的方式使得建筑业成为一个高危行业，极易发生职业安全事故。交互性的特点使得建筑产品施工现场成为一个人—机—物—环境交叉的大系统。这一系统的安全性和可靠性不仅取决于施工人员的行为，还取决于各种设备、材料等物的状态。一般来说，人的不安全行为和物的不安全状态是造成事故的直接原因。而施工现场因为各类生产要素交互，可能导致事故的风险因素非常多，如不能及时有效排除，极易造成人身伤亡。建筑产品的建造通常需要进行高处作业、交叉作业、手工作业，这种非机械化的作业方式本身就增加了事故发生几率。建筑产品主要是在露天建造，不利的作业环境更埋藏了大量的危险源，使得工人产生生理或心理疲劳，造成注意力不集中，为事故发生造成隐患。生产的流动性、离散性使得工人需要不断面对变化了的施工环境，不断遭受新的风险的威胁，增加了他们采取不安全行为或因为周边不安全因素导致事故的风险。而生产的单件性要求施工人员完成一个建筑产品后，又不得不转到新的地区参与下一个建设项目的施工，不但作业环境发生变化，而且还要适应当地的气候、风俗和政策变化等，这导致项目的事故风险类型和预防重点出现差异，非常容易由于不熟悉情况不了解风险而在安全防护措施上面做得不足，从而引发事故。至于建筑产品生产的长期性、间断性和不可逆性，更是增加了施工过程中的不可预见性因素和事故风险，增添了保证工人职业安全的难度。克服建筑业生产方式对职业安全的不利影响，采取措施确保生命财产安全，固然是建筑业企业应该承担的重要责任。但由于企业以追求利润最大化为最终目标，加大安全投入、提高防护水平将增加成本且不易在短期内发生效果，所以在没有外部力量介入的情况下，企业往往缺乏职业安全管理的主动性和积极性。这就需要政府使用规制工具，制定工人作业的安全标准、施工现场的防护要求和对企业不履行安全责任的处罚措施，并加强监督检查，激励和督促企业强化职业安全管理。

从建筑业的产业特征来分析，对建筑业实行职业安全规制也很必要。建筑业具有很强的社会性。建筑产品生产过程中发生事故，不但使工人丧失了宝贵的生命，还令工人家属遭受痛苦，令工程项目遭受经济损失，甚至会影响社会和谐和稳定。政府作为公共利益的代表，维护工人生命权利和社会公平正义是其价值目标所在，采取规制措施加强建筑业职业安全管理是其重要职责之一。建筑业的劳动密集性特点决定了建筑业技术含量偏低，进入门槛不高。很多劳动力未经全面的职业培训和严格的安全教育即涌入建筑业成为建筑工人。他们很多人安全操作技能差、安全防护意识薄弱，一旦管理措施不当，就会酿成事故。另外，建筑业的经营管理十分复杂，在工程项目的生产过程中，施工企业和工程项目管理组织是分离的，企业的安全管理并不容易延伸到施工现场，可能存在一定程度的失控和架空，从而使得企业制定的规章制度和操作规程得不到很好的执行。建筑业涉及到各方利益主体，他们对职业安全的价值偏好不尽一致，职业安全管理很难形成合力。而建筑业多层次的工程承包体制，一方面解决了一个施工主体难以承担专业化生产的问题，但也同时导致施工总包单位难以协调管理各个分包方的安全管理，造成管理标准不一，事故隐患大量存在。最后，建筑业的发展受政府宏观经济调控的影响，一旦政府为应对经济衰退而增加公共投资，工程建设规模就会迅速增大，企业就会增加招募更多的劳动力从事建筑施工活动。这无疑给施工现场职业安全管理提了很大的挑战。建筑业产业特征所带来的职业安全管理难题，已经超越了企业所能够解决的范围，需要政府从整个行业发展的角度出发，提供规制供给和服务，为不同地区的建筑施工活动提供统一的基本的职业安全规范，规定各方利益主体的安全义务，同时，提倡和引导安全发展理念，避免建筑业的发展以工人的生命和鲜血为代价。对建筑业生产方式、产业特征以及职业安全规制需求的整理归纳见表2-3。

建筑业生产方式、产业特征与职业安全规制需求　　　　　　表2-3

	建筑业特征	对职业安全影响	规制需求
生产方式	交互性	各类生产要素交互、非机械化作业和露天环境提高事故几率	企业缺乏足够动力改善安全状况，需要政府制定作业安全标准、现场防护要求和处罚措施，并加强监督检查
	流动性、离散性	工人需要不断面对施工环境变化，不断遭受新的风险威胁	
	单件性	不同项目风险类型和预防重点差异大，安全措施容易滞后	
	长期性、间断性、不可逆性	施工过程中的不可预见性因素和事故风险增多	
产业特征	支柱性、社会性	关乎工人生命安全、家属幸福和社会稳定，对职业安全要求高	企业难以解决某些职业安全问题，需要政府提供统一规范，规定各方主体安全义务，促进建筑业安全健康发展
	劳动密集	进入门槛低，很多建筑工人操作技能差、安全防护意识低	
	经营管理复杂	企业管理不易延伸至工程项目。各方难以形成安全管理合力	
	承包方式多层	总包单位难以协调管理各分包单位，安全管理分散	
	行业发展波动	扩大建设规模，增加人力、物力，进度要求高，安全管理难度大	

二、规制正当性的理论分析

建筑业特殊的生产方式和产业特征固然为政府对这一产业实施职业安全规制提供了需求的基础，但这更多是一种价值上的判断或者说是一种直观的认识。我们还需要从理论上分析建筑业职业安全规制的正当性。

（一）经济正当性分析

从根本上说，政府规制的目的是纠正市场失灵，即"规制是对市场失灵的回应"[①]。建筑业职业安全规制也是为了解决建筑业职业安全领域的市场失灵问题。

1. 外部性与建筑业职业安全规制

外部性（externality）是指在缺乏任何相关交易的情况下，一方所承受的、由另一方的行为所导致的后果[②]。如果后果有利，使承受方成本减少、收益增加，则为正外部性，反之则为负外部性。外部性尤其是负外部性的存在，使得市场对资源的配置出现失效，市场均衡没有实现整个社会福利的最大化，因而成为政府规制的重要理由。负外部性存在时导致的效率损失分析可以参见图2-2[③]。图中，S_E 是负外部性曲线[④]，反映了负外部性造成的边际成本随产出增加而上升。无负外部性时，供给曲线为 S，与需求曲线 D 相交于 E 点，最优产出水平为 Q。当存在外部性时，

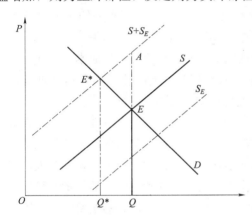

图 2-2　负外部性存在时导致的效率损失

真实供给曲线不再是 S 而是 $S+S_E$，反映了负外部性导致供给的真实成本上升。此时，真实的供给曲线与需求曲线相交于 E^* 点，最优产出水平为 Q^*。从图中可见 $Q^*<Q$，即存在负外部性的最优产出水平小于没有负外部性时的最优产出水平。负外部性导致的效率损失即为图中三角形 AEE^* 的面积。

建筑业职业安全事故即具典型的负外部性，即事故虽然发生在施工现场，却对施工现场以外的某些人群产生了巨大的负面影响，而这些人群和施工方并无直接联系。第一，与本章第一节提及的建筑业的社会性相联系，建筑安全事

---

①　[美]罗杰·弗朗茨著.X效率：理论、证据和应用.上海译文出版社，1993：26.

②　[美]丹尼尔·F·史普博著.管制与市场.余晖等译.上海人民出版社，1999：56.

③　王俊豪主编.管制经济学原理.高等教育出版社，2007：208.

④　负外部性曲线一般用成本函数曲线表示，表明负外部性随着施与方行为水平的增加而呈递增的趋势。

故的发生不仅造成施工人员伤亡，而且给工人家庭、亲友带来严重的经济和精神创伤。第二，建筑安全事故发生后，工程项目通常会停工开展事故调查处理、隐患检查等，施工队伍、机械设备、工程材料等均处于待工阶段，施工进度将被耽搁，从而造成不小的经济损失，甚至还会带来合同履约等问题。第三，政府、企业等有关方面势必要大量投入财力、物力，调动救援和医疗队伍抢救受伤人员，对于死亡者还要进行一定数额的经济赔偿，而这些非生产性支出通常不能直接带来社会财富增加。最后，还涉及到一个伦理问题，即人们对于生命价值与尊严的评价可能随着事故的频发而降低，导致对社会价值观的腐蚀①。可见，建筑业职业安全事故带来的负面损失难以内部化，导致工人家庭、社会、公众、政府等相关成本无谓增加，因此需要政府的职业安全规制供给，以减少或消除这种负外部性。

2. 内部性与建筑业职业安全规制

内部性即交易者所经受的但没有在交易条款中说明的成本和收益②。与外部性一样，内部性也分为正内部性和负内部性。和规制相关的主要是负内部性，即交易双方在合同条款中未能充分预计合同所带来的损失。负内部性主要由耗费在交换活动中的资源，包括谈判、签约、履约等交易成本所造成。这些交易成本由于没有在合同中清晰地预测和载明，无法使承担者得到补偿，因此，需要政府的规制部门直接对私人交易和合约协议进行干预。

根据史普博的研究，造成负内部性的交易成本主要有三类。这三类在建筑业职业安全领域都有明显的体现。第一类是在存在风险的条件下签订意外性合约的成本。为预防在施工现场中可能出现的意外事件，施工企业和工人应正式签订详细的合同，载明施工企业应作出的防范措施和对工人的保护、赔偿等条款。但这需要企业和工人花费很多时间和精力达成共识，甚至要穷尽施工现场可能造成的事故情形，因此签订上述合同的谈判成本很高，而合同执行的延缓也会引起很高的监督与强迫合约执行的费用。事实上，由于工人在谈判中经常处于劣势地位，有利于工人的合同通常不能签订。这就需要政府规制供给保护工人权益。第二类是当合约者行为不能完全观察到时所发生的观察或者监督成本。如建筑安全防护知识缺乏的工人有可能做出一些违反安全操作规程的不安全行为，但施工企业安全监督人员不可能实时监测到每一个工人的所有行为。另外，工人也难以观察到施工企业的行为，因此施工企业也可能存在"败德行为"，即不愿意投入安全防范措施和费用。由于企业和工人谨慎水平的不可观察性，政府应该实施职业安全规制。第三类是交易者收集他人信息和公开自身所占有的信息时发生的成本，即信息不对称问题。施工企业或项目管理组织通

① 王鹏．煤炭行业的政府规制．见刘恒主编．典型行业政府规制研究．北京大学，2007：243.
② ［美］丹尼尔·F·史普博著．管制与市场．余晖等译．上海人民出版社，1999：64.

常对于本单位生产风险程度和安全设施状况占有信息优势，而建筑工人尤其是临时工则处于信息劣势地位。在不完善的市场约束和追求利润的驱动下，施工企业或项目管理组织很可能会隐瞒风险信息，将事故预防成本转嫁到工人身上。阿罗指出，如果信息不完备或信息很昂贵，政府通过许可证或信息生产对劳务或产品市场的干预就是必须的[①]。由于工人搜集建筑施工风险信息成本太大，这就为政府实施安全规制创造了条件。

3. 劳动力市场均衡与建筑业职业安全规制

当劳动力市场处于供需均衡状态时，厂商可以根据经营情况在市场上选择招募合格的工人，工人也可以就工资水平和作业环境的安全水平与厂商讨价还价，如图 2-3 中曲线 B 所示[②]。但当劳动力市场供求关系失衡时，厂商和工人就工资和安全水平的博弈格局就会发生变化。受国家经济调控政策影响，建筑业劳动力市场经常会发生供求失衡现象。第一种情况是供过于求。由于建筑业进入门槛较低，尤其是在快速城镇化和工业化阶段，农村大量剩余劳动力将选择在建筑业就业。在这种情况下，建筑业劳动力市场形成买方垄断局面，施工企业占有绝对的优势，即只提供一个既定

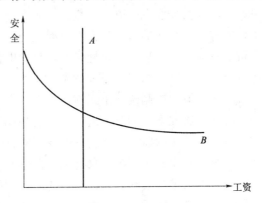

图 2-3　供过于求状态下的安全—工资效用曲线

工资水平就可以在市场上任意挑选工人。而工人迫于生存压力，加之处于谈判劣势，只能接受现有的工资水平和安全水平，因为在他身后还有无数的人等待就业。这种情况下工人的安全水平—工资水平效用曲线将由 B 转变为 A，如图 2-3。第二种情况是供不应求。如在我国近些年出现的"民工荒"现象。在这种情况下，施工企业必须提供更高水平的工资才能招募到建筑工人，工人要求更高安全水平的议价能力也将提高。但是，此时施工企业已经提供了超出均衡水平的工资，从降低成本、提高利润角度考虑，施工企业再加大安全投入的积极性明显不高，很可能选用价低质次的防护用品，反而更加埋下事故隐患。由上述分析可见，在建筑业劳动力市场供求严重失衡的条件下，工资补偿对建筑业职业安全将不再发挥调节作用，仅仅依靠市场机制不可能改善建筑工人的安全状况。政府此时进行职业安全规制尤显重要。

① 肖兴志，宋晶主编. 政府监管理论与政策. 东北财经大学出版社，2006：300.
② 肖兴志等著. 中国煤矿安全规制经济分析. 首都经济贸易大学出版社，2009：22.

4. 公共产品、价值物品与建筑业职业安全规制

根据现代西方经济学理论，公共产品的判断标准主要是非排他性和非竞争性。非排他性指在技术上不能将不付费的受益者排除在外或虽然技术可行但成本昂贵导致经济不可行。非竞争性则指增加一个消费者给供给者带来的边际成本为零，而且每个消费者的消费都不影响其他消费者的消费数量和质量。公共产品的上述特性，使得以市场方式配置公共产品出现失灵，因而必须由政府供给。建筑业的职业安全规制即是一种典型的公共产品①。从非排他性来看，建筑业职业安全规制通常以行政法规和技术标准为基本制度载体，一经颁布，所有施工企业以及相关市场主体都需要遵守，不能将任何一个规则限定范围之内的企业排除在外。另外，某一施工企业的工人可能会因为工作安全条件差，而采取游说等方式要求政府出台相关工作安全条件标准。只要这个标准制定实施了，所有施工企业的所有工人都将因此受益，尽管他们并没有为这个标准的出台付出任何成本。从非竞争性来看，政府出台建筑业职业安全规制政策，通常经过调研、讨论、初拟、征询意见、调整、正式公布等过程，需要承担一定的立法成本。但当规制政策正式施行之后，不管施工企业增加多少，都不会再增加政府的立法成本。同时，由于既定的规制政策可以零成本提供给所有企业，政府对一个企业的监管范围和程度并不会影响对其他企业的监管效果。

建筑业职业安全规制也具有价值物品的特征。价值物品是指政府强制人们消费的、能增进社会和私人利益的物品②。从某个角度来说，建筑业职业安全规制的一些规定实际上是限制了工人的个人偏好，比如工人必须严格按照国家标准和行业标准规定的程序和流程进行作业、工人必须强制佩戴安全帽、安全带、施工现场不得吸烟等。这些价值物品虽然限制了个人偏好，但是对于保障工人安全却具有重要意义，因此政府应采取规制方式提供这些价值物品。

5. 非理性风险认知与建筑业职业安全规制

人类处在一个充满风险的社会之中。这些风险不仅有人们无法或不易控制的客观因素，如自然灾害、安全事故等，也有人们可以控制的主观因素，如个人的行为方式和生活习惯等。但是人们对风险的认知通常会存在非理性的现象，即个人倾向于过高估计一些出现概率较低的风险，而对一些概率较高的风险往往估计较低。图2-4③描述了人们觉察到的死亡风险与实际死亡风险之间的关系。从图2-4中可见，人们对于食物中毒、龙卷风、洪水等导致死亡的感觉估计较高，却对癌症、心脏病和中风等有较高风险的死因估计不足。所以，

---

① 本处的分析不仅适用于建筑业职业安全规制，也适用于包括经济性规制和社会性规制在内的其他规制。

② 王健等著．中国政府规制理论与政策．经济科学出版社，2008：193.

③ ［美］W. 吉帕·维斯库斯、约翰 M. 弗农、小约瑟夫 E. 哈林顿等著．反垄断与管制经济学．陈甫军等译．机械工业出版社，2004：378.

任由市场机制来调节人们的风险交易行为，必将导致社会对风险处理上的资源配置失灵。政府有责任对风险进行必要规制，弥补因非理性风险认知带来的市场失灵。

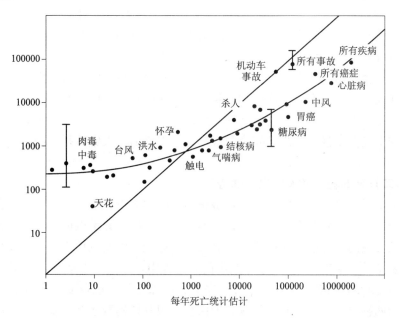

图 2-4　与实际死亡风险相对的觉察死亡风险

　　建筑产品生产现场是一个风险无处不在的工作场所。建筑工人在施工现场也会对存在的风险出现辨识误差现象。很多工人未经严格的安全培训和教育就匆忙上岗，他们连一般的危险源也分不清楚，这更导致工人对风险认识的无知。另外，让工人对其工作所承担的全部风险有完全准确的了解也是不可能的，一是因为风险本身就是不确定的，此时的安全状态下一时刻可能就会转化为危险状态，如正常作业的工人可能会因为他人的违章导致伤亡；二是因为一些施工企业可能会隐瞒某些风险信息。在这种情况下，有必要对建筑业进行职业安全规制。

　　6. 工人集体行动的困境与建筑业职业安全规制

　　曼瑟尔·奥尔森指出，"除非一个集团中人数很少，或者除非存在强制或其他某些特殊手段使个人按照他们的共同利益行事，有理性的、寻求自我利益的工人不会采取行动以实现他们共同的或集团的利益"[1]。"如果由于某个个人活动使整个集团状况有所改善，可以假定个人付出的成本与集团获得的收益是等价的，但付出成本的个人却只能获得其行动收益的一个极小份额。在一个集

---

　　① ［美］曼瑟尔·奥尔森著. 集体行动的逻辑. 陈郁等译. 上海三联书店，上海人民出版社，2007：2.

团范围内，集团收益是公共性的，即集团中每一个成员都能共同且均等地分享它，而不管他是否为之付出了成本。集团收益的这种性质促使集团每个成员都想搭便车而坐享其成。所以，经济人或理性人都不会为集团的共同利益采取行动"①。建筑施工企业中的工人通常几十人或上百人，他们之中便存在着集体行动困境问题。每个人都希望其他人出面与雇主谈判以改善工作场所安全条件，但可能每个人都不愿意由自己出面，因为不但自己付出的成本与受益悬殊太大，还会有因为成为"出头鸟"而被雇主解雇或报复的风险。由于每个人都是理性人，所以无人会出面谈判，导致工作场所安全条件根本得不到改善，从而又给每个人增添了事故发生几率。所以，政府应供给职业安全规制，规定雇主的安全义务，督促其制定安全防范措施，以抵消工人集体行动困境带来的不利后果。

（二）规制较之私人诉讼的优势

上文对建筑业职业安全规制经济正当分析的逻辑在于，市场存在的自身难以克服的短期缺陷为政府干预提供了前提条件。但这并不能证明政府干预是解决市场失灵问题的唯一途径或者最有效率的途径，因而也形不成职业安全规制的充要条件。事实上，"在经济工业化的过程中，走向工业风险的降低并非只有唯一正确的道路"②。为纠正市场失灵、保障建筑业职业安全，人们通常可以选择两种方式。一是政府干预，即由公共规制机构直接干预施工企业的生产经营活动。二是私人诉讼。即通过以合同法和侵权法为基础的普通法系发挥作用。建筑工人可以因为事故伤害起诉施工企业。当施工企业在事故防范上存在失职时，法院就可以裁决施工企业对工人进行赔偿。私人诉讼的方式向来为传统的自由论者所推崇，他们认为通过司法途径，法官可以相对独立地处理案件，有效和迅速的解决问题。约翰·法比安·维特甚至认为正是由初审律师推动的诉讼和行政赔偿组成的事故法推动了美国法治向前发展③。

本书并不否认私人诉讼途径在促进建筑业职业安全方面可以发挥的重要作用。私人诉讼途径的成功必须建立在完善良好的法律秩序和司法裁判能力的基础之上。但是在现实生活中，尤其是在经济转轨国家，司法诉讼的方式并非完满。首先是这种途径赖以运行的法律体系并不完备，尤其是在事故责任划分方面更不尽如人意。其次，"在司法过程中，强势集团和利益集团等非正义方可能通过金钱或政治力量影响正义的途径。合法的手段包括影响法庭和法官的机制，可以是雇佣好的律师、拖延案件的审理和寻求政府部门的援助等形式；非

---

① 参见上页脚注书籍译者前言。

② ［美］约翰·法比安·维特著. 事故共和国—残疾的工人、贫穷的寡妇与美国法的重构. 田雷译. 上海三联书店，2007：6.

③ ［美］约翰·法比安·维特著. 事故共和国—残疾的工人、贫穷的寡妇与美国法的重构. 田雷译. 上海三联书店，2007：6.

法的手段包括用金钱、利益以及贿赂等形式向法官寻租，甚至用暴力威胁抵制强势集团的法官等。在这种情况下，私人诉讼并没有消除反而加深了社会无序。"①

政府建筑业职业安全规制的途径可能在以下几个方面较之私人诉讼途径具有优势：（1）动机优势。规制机构往往是为了一个特定的规制目标而设，整个规制机构的使命和任务就是为了实现这个目标。因此，规制者通常要比法官更有强烈的动机去调查并证实违法现象，这关乎到规制者职业生涯的提升。（2）专业优势。规制机构的官员比法官对建筑业的职业安全业务更为熟悉，因为他们要针对建筑安全问题制定专业的行政和技术法规，还要不断地到施工现场进行巡察。建筑业职业安全规制的基层执法人员通常需要具备专业的技术资格才能就职。（3）预防优势。这是规制途径和诉讼途径的最大区别，也是规制途径的最大优势。诉讼途径通常是在建筑工人发生伤亡以后，才开始进行损害赔偿，但这时工人伤亡已经发生不可回复。而规制要求施工企业提前做好安全措施防范、事故风险监测、事故隐患消除等工作，重在预防事故发生，从而可以避免更多工人伤亡。（4）灵活优势。私人诉讼的一个特点是不告不理，如果死亡工人家属与施工企业私下达成协议，施工企业就得不到应有的处罚。规制者则可以主动的对照标准检查施工企业的安全防范行为，一经查实企业存在违法违规现象，就可以对企业施行罚款、停工等处罚措施。（5）抗俘优势。规制者在国家的激励下实施社会政策，原则上与独立的法官相比，他们更难被劝诱或被腐蚀②。

当然规制途径也并非永远是最优选择，也会出现规制成本过大、规制寻租等规制失灵现象，需要进行改革完善。对于职业安全问题而言，尽管可能同时需要其他途径来补充，但规制途径恐怕仍然是最为重要的一种途径。

（三）非经济正当性分析

以上我们主要从纠正市场失灵的角度讨论了政府供给建筑业职业安全规制的经济正当性。实际上，政府管理活动的目标通常是多元的，除了经济理由外还有政治、社会等考量因素。同样，政府施行包括建筑业职业安全规制在内的规制也有更深层次的动因。一是保障人的生命权。生命是神圣不可剥夺的，生命权是人的一项最基本自然权利。国家有义务保护公民的生命权。行政机关与立法机关、司法机关相比，具有权力领域广泛、权力运作灵活、专业优势明显等特点，因此承担了维护与促进生命权的重要责任。建筑业职业安全规制的最直接目的就是为了保障施工人员的生命安全。二是维护公平正义。追求公平和正义是政府永恒的价值取向。建筑业的职业安全是整个社会公平正义的一个组

---

① 孟延春等著．转轨时期的政府管制：理论、模式与绩效．经济科学出版社，2008：235-236.
② 孟延春等著．转轨时期的政府管制：理论、模式与绩效．经济科学出版社，2008：236.

成部分。对建筑业进行职业安全规制，能够帮助处于弱势的建筑工人争取自身的安全权益，作为平等主体与施工企业谈判、商讨、参与、合作有关职业安全活动，科学、合理、公平地在企业和工人之间分配安全责任和义务，尤其是使施工企业依法承担起职业安全保障责任。三是促进社会和谐稳定。包括建筑业事故在内的各类事故多发，已经成为影响社会和谐稳定的一个不良因素，成为公众高度关注的热点话题。因此采取有效措施，遏制事故高发态势，是政府义不容辞的职责。强化建筑业职业安全规制，对于控制和减少建筑安全事故发生，提高社会的安全度具有重要意义。四是推动可持续发展。弗雷德里克森指出，公共行政精神的一个重要内容就是维护代际公平①，换句话说就是促进经济社会的可持续发展。建筑业的发展不能走简单和粗放扩张的道路，而是要走内涵式发展和可持续发展的途径，这其中安全就是一个重要的发展指标。对建筑业实行科学有效的职业安全规制，可以避免重蹈煤炭行业"带血的 GDP"覆辙，促进建筑业安全健康可持续的发展。五是巩固政府合法性。政府只有向公众提供安全、稳定的生活和工作环境，使人们放心的去生活和工作，才能够维护和巩固政府的权威性和合法性。建筑安全事故的发生不但对社会的和谐稳定形成破坏和威胁，还会使人们对政府的执政能力产生质疑。政府有动力也有义务采取职业安全规制等方式向公众证明自身存在的必要性和合理性，使人们打消疑虑，继续拥护和支持政府。

三、建筑业职业安全规制的国际经验

现在我们把目光由理论投向实践，在国际范围内考察获得了规制正当性的政府，是否通过采取科学合理的规制措施—当然也包括其他主体的共同努力、其他非规制手段的综合运用—真正取得了降低建筑业事故、保障职业安全的合意结果。换句话说，就是建筑业职业安全规制目标的可达成性是否有历史实践的证明。这对于像中国等仍然处于工业化中期的国家，决定是否采取建筑业职业安全规制工具，以及选用什么样的规制工具，具有重要的先例参照价值。因而，本节对国际经验的分析也属于建筑业职业安全规制正当性分析的组成部分。

（一）主要发达国家和地区（香港）建筑业职业安全规制绩效

对建筑业实施职业安全规制，是主要发达国家的通行做法。建筑业职业安全也是这些国家实施社会性规制的重点领域之一。发达国家在工业化的进程中，都经历了包括建筑业事故在内的工业事故由少到多，再由多变少，最后达致基本稳定的过程。在这其中，政府规制的积极作为发挥了极其重要的作用。下面简单对美国、英国、德国、日本和中国香港特别行政区实施建筑业职业安

---

① ［美］弗雷德里克森著．公共行政的精神．张成福等译．中国人民大学出版社，2007：204.

全规制的基本绩效进行考察。

1. 美国。建筑业是美国事故率较高的行业之一。全美建筑工人大约占所有产业工人的 5%，但每年建筑工人因工死亡的人数大约占所有因工死亡产业工人人数的 20%①。1970 年，美国颁布《职业安全与健康法》（Occupational Safety and Health Act），成立职业安全与健康局（OSHA），政府对于包括建筑业在内的职业安全规制正式开始实施。美国实施建筑业职业安全规制以后，建筑业的职业安全状况得到明显好转。20 世纪六七十年代，美国建筑业死亡率都在 70/10 万工人以上，到了 80 年代则下降至 30～40/10 万工人之间。进入 90 年代，更是由 1992 年的 25/10 万工人陡降至 15/10 万工人。此后，美国建筑业死亡率一直保持在 10～15 万工人之间②。从图 2-5③ 可以直观的看出美国建筑业事故率下降的情况。从最近十年的情况来看，美国建筑业死亡人数基本维持在 1000～1250 人左右，波动不大，但是事故率仍然呈下降趋势，因此可以说美国当前建筑业职业安全情况趋于稳中有降的稳定、可控状态（表 2-4④）。"在过去的一个世纪中，美国的确在工业安全领域内迈出了巨大的步伐"⑤。

美国 1999～2008 年历年建筑业事故死亡人数和事故率　　表 2-4

年份	1999	2000	2001	2003	2003	2004	2005	2006	2007	2008
死亡人数	1191	1155	1226	1125	1131	1234	1192	1239	1204	969
事故率	14.0	12.9	13.3	12.2	11.7	11.9	11.0	10.9	10.5	9.6

注：事故死亡率为年度每 10 万建筑工人中死亡的人数，即 10 万人死亡率。

2. 英国。英国有 220 万人从事建筑行业，是英国最大的行业。同时，英国也是世界上建筑业职业安全状况最好的国家之一。这得益于该国完善的职业安全规制体系，尤其是规制的法律体系。与美国情况类似，英国于 1974 年颁布了综合性职业安全规制法律《劳动健康安全法》（Health and Safety at Work etc Act），还分别于 1992 年、1994 年和 1996 年颁布了《工作安全与健康管理条例》、《建筑（设计与管理）条例》与《建筑（健康、安全与福利）条例》，此外还有大量的技术标准、指南等。这些法律和法规成为英国对建筑业进行职

① 方东平等．英国和美国建筑安全的现状与发展．建筑经济，2001，8：29.

② National safety council：Injury Facts（2004 version）。转引自张仕廉等编著．建筑安全管理．中国建筑工业出版社，2005：192-193.

③ 方东平等编著．建筑安全监督与管理——国内外的实践与进展．中国水利水电出版社，知识产权出版社，2005：24.

④ 本书作者根据美国劳工部劳动统计局公布的历年工伤事故数据整理，相关内容见美国劳动统计局网站：http://www.bls.gov/iif/oshcfoi1.htm.

⑤ ［美］约翰·法比安·维特著．事故共和国—残疾的工人、贫穷的寡妇与美国法的重构．田雷译．上海三联书店，2007：6.

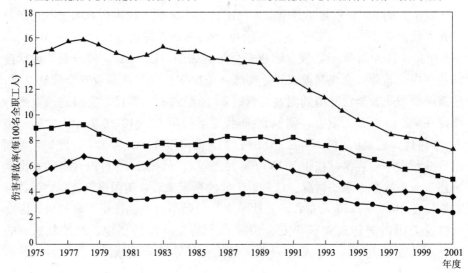

─●─ 丧失工作日的建筑业伤害事故率；　　　　　─◆─ 丧失工作日的所有私营行业伤害事故率；

─▲─ 职业安全健康局记录的建筑业伤害事故率；　　─■─ 职业安全健康局记录的所有私营行业伤害事故率

图 2-5　美国建筑业从业人员数量及死亡率、伤残率变化

业安全规制的重要依据。但与美国不同的是，英国建筑职业安全规制强调提供完善良好的法律环境，使得建筑活动的各方主体按照法律要求各自承担安全责任，即重在建立一种"自我规制"的体制。近十年来，英国建筑业事故总体上处于不断下降的趋势，尤其是近 3 年以来，事故率下降了 34%，显示出良好的职业安全规制绩效，参见表 2-5[①] 和图 2-6[②]。

英国 1999/2000～2008/2009 年度建筑业死亡人数和事故率　　表 2-5

年度	1999/ 2000	2000/ 2001	2001/ 2002	2002/ 2003	2003/ 2004	2004/ 2005	2005/ 2006	2006/ 2007	2007/ 2008	2008/ 2009
死亡人数	61	73	60	57	70	—	—	72	—	53
事故率	4.7	5.9	4.4	3.8	3.6	5.5	3.0	3.8	3.4	2.5

　　3. 德国。对于建筑业的职业安全，德国一方面实行政府规制，颁布《劳动保护法》（Arbeitsschutzgesetz）、《职业安全法》（Arbeitssicherheitsgesetz）以及《工作场所安全条例》、《建筑工地劳动保护条例》等法律法规，对施工现场职业安全情况进行监督检查；另一方面，注重发挥工伤保险机构作用，由工

---

　　① 本书作者根据英国健康与安全执行局历年建筑业事故报告整理。

　　② 引自英国健康与安全执行局网站：http：//www.hse.gov.uk/statistics/industry/construction/injuries.htm.

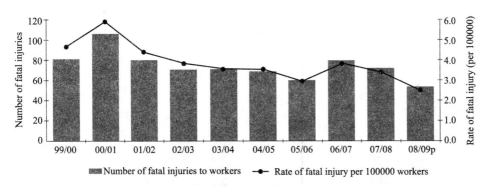

图 2-6　英国建筑业事故变化趋势

伤保险协会颁布事故预防规程，进行行业自我管理。在这种"双轨制"的推动下，德国建筑业职业安全状况不断改善，从 1960 年到 2000 年，建筑业事故死亡人数和事故率大幅度下降，2000 年以后略有波动，但总体呈小幅平稳下降趋势[①]。

4. 日本。日本的建筑安全规制分别主要由厚生劳动省负责，主要法律法规有《劳动基准法》、《产业安全健康法》等。日本建筑业职业安全在最近 30 年中取得了明显进展。20 世纪 70 年代，日本建筑业死亡人数占所有行业死亡总人数的 50％以上，到 2002 年这一比例不到 30％，绝对数量仅为 30 年前的 20％。2003 年以后，事故死亡人数仍然稳中有降。

5. 香港。建筑业在我国香港特别行政区是支柱性产业和重要的就业部门。由于深受西方国家尤其是英国的规制体制影响，又兼有中国传统文化的积淀，香港逐渐建立了独具特色的建筑业职业安全规制体系。在过去的十几年里，通过制定法律和行政措施，积极开展建筑安全管理理论创新和实践，并充分发挥行业协会、大学、研究机构等的作用，大幅度持续提升了建筑业职业安全水平。如 2008 年建筑业工业意外为 3033 宗，比 1999 年下降 78.5％，每千名工人的意外率下降达 69.1％[②]。香港 1999 年以来建筑业工业意外事故情况见图 2-7[③]。

（二）建筑业职业安全规制的国际经验及启示

由上述对各国建筑业职业安全状况的考察来看，无论是传统的资本主义国家英国、美国，还是战后新兴的工业化国家德国、日本，以及相当于一个特大城市的中国香港特别行政区，都结合本国本地的传统和特点，通过实施政府职

---

① 张仕廉等编著. 建筑安全管理. 中国建筑工业出版社，2005：221.

② 香港劳工处职业安全及健康部数据，见 http：//www. labour. gov. hk/chs/osh/pdf/Bulletin2008. pdf.

③ 香港劳工处网站：http：//www. labour. gov. hk/chs/osh/pdf/OSHstatistics07. pdf.

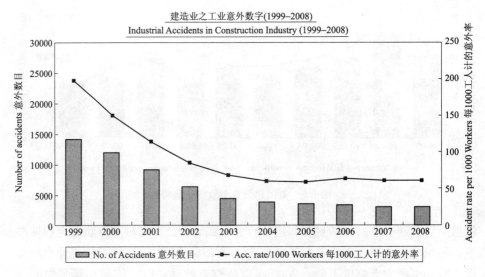

建造业之工业意外数字(1999–2008)
Industrial Accidents in Construction Industry (1999–2008)

图 2-7　香港 1999 年以来建筑业工业意外事故情况

业安全规制，有效地实现了降低建筑业安全事故的目标。实践证明，建筑业职业安全规制是具有目标可达成性的。而且，事故易发期的时间跨度与事故峰值受各国政府管理能力的影响较大，如图 2-8[①] 所示。

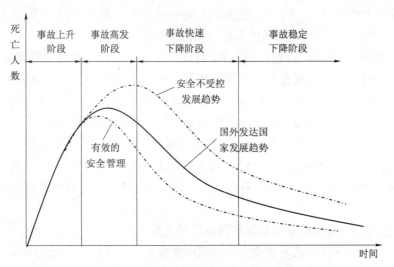

图 2-8　建筑业事故变化规律及其与政府管理能力的关系

"它山之石，可以攻玉"，总结这些国家和地区建筑业职业安全规制的经

---

① 王力争，方东平著．中国建筑业事故原因分析及对策．中国水利水电出版社，知识产权出版社，2007：23.

验，为中国等正处于工业化中期发展阶段的国家提供借鉴，以建立完善符合本国实际的建筑业职业安全规制体系、提高建筑业职业安全水平，具有重要意义。发达国家建筑业职业安全规制经验主要有以下几个方面：

1. 综合、独立的规制机构

在发达国家，建筑业的职业安全规制一般属于整个职业安全规制的一部分，由同一个综合性的职业安全规制机构负责实施。这与社会性规制的特点有关，"社会性规制的一个重大特征是它的横向制约功能……社会性规制并不针对某一特定的产业行为，而是针对所有可能产生外部不经济和内部不经济的企业行为"①。同时，职业安全规制机构具有很强的独立性，具有准立法权、准行政权和准司法权，独立于市场主体公正行使规制权力，独立于一般的产业政策部门进行专门领域规制，甚至独立于或相对独立于最高行政首长的行政控制。职业安全规制机构的综合性和独立性，有助于避免出现分散安全规制职能重叠或真空、集中优质资源进行专门的安全规制，有助于规制机构不受其他机构影响独立、专业、公平公正地行使规制权力。如美国 OSHA 隶属于联邦政府劳工部，负责规制全美所有行业工作场所的职业安全，其任务是通过制定和实施标准加强全美工人的安全与健康，提供培训、扩展服务和教育，建立伙伴关系，鼓励持续改善全美工人的安全与健康。OSHA 采取垂直管理模式，在各州设有区域办公室，形成"中央—地方—企业"职业安全管理模式。同时，也鼓励各州自己开展职业安全计划，目前全美有 26 个州实施本州的职业安全计划。为加强对建筑业的职业安全规制，OSHA 于 1996 年专门成立了建筑处，编制为 29 人，这是 OHSA 唯一一个针对特定行业的内设部门。建筑业职业安全方面，除了政府机构外，根据美国《减少工作时间及安全标准法》，美国还成立了建筑安全与健康建议委员会（ACCSH），旨在为 OSHA 提供建筑标准和政策咨询及建议。另外，根据美国《职业安全与健康法》，美国成立了职业安全卫生复查委员会（OSHRC），负责裁决有争议的 OSHA 罚款、纠正错误的行政措施等。为了强化职业安全健康的研究工作，成立了国家职业安全与健康研究所（NIOSH），为 OHSA 提供相关技术支持和推荐标准。可见，OSHA 在独立执法的过程中并非拥有无限权力，也会受到 OSHRC 等机构的制约，当然也得到了 NIOSH、ACCSH 等机构的支持与服务。美国建筑业职业安全规制机构架构如图 2-9②所示。

英国根据《劳动健康安全法》成立了健康与安全委员会（HSC）和其执行机构健康与安全执行局（HSE），HSE 在产业运行处（FOD）下专门设置了

---

① 李光德著．经济转型期中国食品药品安全的社会性管制研究．经济科学出版社，2008：5．

② （清华—金门斯堪雅）建筑安全研究中心．中国大陆、香港特区及其他国家安全生产政策、法规与管理体系比较研究．28．内部研究报告．

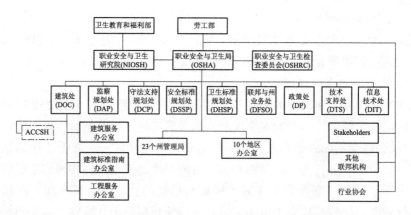

图 2-9 美国建筑业职业安全规制机构架构

全国建筑分部，专门负责建筑业职业安全规制相关问题。全国建筑分部由一线监察员组成，主要负责对各建筑工地的安全活动给予建议和支持，进行日常检查、事故调查，并处理雇员投诉。全国建筑分部的负责人也是 HSE 的建筑安全总监察，负责每年建筑安全监察活动的计划和总结等工作。此外，HSE 安全政策处下面也设置了负责制定建筑安全相关管理政策的部门。

德国建筑业职业安全规制部门的设置与中国类似，由联邦建设部统一管理全国的工程建设活动，负责制定框架性的法律法规。联邦州（区、市）一级建管局主要职能是对城市规划、建设项目设计图纸和施工方案，以及对是否影响交通、地下线路的环境保护等问题进行程序性审查。施工前，业主必须将施工方案和设计图纸报建管局申请建设项目施工许可证；施工中，在房屋主体结构完工时，检查施工是否符合建筑设计要求和结构安全；竣工时，检查施工中是否采用合格建筑材料和设施；竣工后，要跟踪检查房屋的使用安全情况。德国的劳动部门代表国家对包括建筑业企业在内的各行业的安全卫生情况进行监督检查，对各个产业部门的职业安全规制工作进行指导、协调[①]。

2. 功能完善、层次分明的规制法律体系

完善的法律法规体系是建筑业职业安全规制有效运行和取得良好绩效的前提和基础。第二次世界大战以后，一些主要发达国家认为单一的仅适用于特定范围的职业安全法规已不能满足需求，从而自 20 世纪 70 年代起相继制定了综合全面的职业安全健康法，并以其为母法制定相关领域的专门法规。这些国家的职业安全法规体系层次分明，且各层次法规各有功能，规定详细，措施有力。如英国建筑业职业安全法规体系可以分为基本法律、行政法规、实践规范、指南标准等四个层次，以《劳动健康安全法》为核心，《建筑（设计与管

① 关于德国建筑业职业安全规制部门的设置及职能情况，引自张仕廉等编著．建筑安全管理．中国建筑工业出版社，2007：223-224.

理）条例》与《建筑（健康、安全与福利）条例》等为重点，构成了一个完整全面的体系，成为英国建筑职业安全规制者和被规制者的行动依据和行为规范。表 2-6 详细描述了英国建筑业职业安全法规体系。

英国建筑业职业安全法规体系 表 2-6

法规层次	主要功能	法规名称	主要内容
基本法律	英国职业安全最高层次法律，明确职业安全管理总的方针，提供一般管理框架	劳动健康安全法	规定了从事职业活动人员的安全责任义务，并明确了中央监察机构和地方监察机构的设置及其职责
行政法规	根据基本法律制定，政府大臣签署，议会通过。设立明确目标，规定企业应该达到的安全绩效	建筑（设计、管理）条例	适用于所有非自住房屋建设活动。对各方主体在项目各个阶段的安全责任和义务做了明确规定
		建筑（健康、安全和福利）条例	特别强调了两个及以上承包商在同一个施工现场施工时，必须相互确认其各自所承担的安全权利义务
		工作健康与安全管理条例	规定了雇主和雇员的安全责任；要求雇主进行谨慎的风险评估；增加了工会安全代表的权力
		事故、疾病和危险发生报告条例	工作现场发生事故或疾病时，报告的时限和要求
实践规范	由建筑行业自己起草，相应政府大臣批准。详细描述并推荐能够达到法律要求的安全实践形式	如岩土勘察实践规范等	对岩土勘察的程序和技术要求进行详细说明
指南标准	由 HSC 或 HSE 颁发。作为雇主采取安全措施的建议和参考，具有非强制性	如建筑与工程用动力驱动塔式起重机规范；建筑工地和其他场所安全网使用规范；住房和建筑物的电器系统（指南）等	对涉及建筑施工相关方面的流程和技术做出指导性要求

英国建筑业职业安全法规的一个重要特征就是绩效导向，即只规定企业应该达到的安全绩效，而不规定企业达到此种绩效的具体措施和手段，即如前文所述，重在建立自我规制体制。日本、中国香港在建筑业职业安全规制过程中，也强调要企业或行业的自我规制。以英国为代表的绩效导向型法规与美国

的描述性法规——重视强制性标准的执行和严格执法——形成鲜明对比。绩效导向型法规的优点在于比较灵活，容易改进，有助于发挥企业做好职业安全管理的积极性；但缺点是这种法规对于企业自身的要求比较高，有的企业可能因为不清楚该如何去做而达不到规定绩效，而且在执行过程中容易引起法律纠纷。描述性法规的优势在于便于企业执行和遵守，可以保证企业达到最低的安全要求，但不足之处在于难以随着技术进步进行灵活更新，对执法资源的要求也比较高①。这两种法规体系，都是相关国家根据本国特点逐渐形成的，孰优孰劣尚无全面评估。其他国家在借鉴之时，也需要因地制宜的进行选择、整合或优化。

除英美外，我国台湾地区的建筑安全生产法规体系也比较全面并很有特色。可以分为三大层次，第一层次是由所谓"总统"公布施行的法律，主要有《劳动基准法》和《劳动安全卫生法》；第二层次是法律授权由"内政部"或"中央劳工委员会"发布施行的行政规章，包括各业通用、分业适用和危险性机械设备及有害物质危害预防规章；第三层次是技术标准，台湾现行有关安全卫生的技术标准有近 300 种。台湾建筑安全法规体系的特色在于行政规章这一层级规定的非常详细，而且技术性非常强，这种处理方式提高了技术性内容的法律效力。如《营造安全卫生设施标准》，虽然标题冠以"标准"，但其实与真正的技术标准不同，实际上是行政规章。《营造安全卫生设施标准》规定了作业场所安全、器材储存及作业场所整理整顿、临时结构体（包括施工架、混凝土型架、挡土支撑）、开挖（包括露天开挖、隧道坑道开挖）、沉箱、围堰及压气施工、打桩作业、钢筋混凝土作业、钢架作业、建筑物拆除、危害健康之作业、环境卫生等多个环节和方面，与一般的规章规定相比，技术特色十分鲜明②。

3. 严格有效的执法机制

规制机构的执法是职业安全法规的立法初衷转化为职业安全实际绩效的最重要环节，也是规制机构实施职业安全规制的基本手段。主要发达国家不仅具有完善全面的规制法律体系，也形成了严格有效的执法机制，确保了职业安全法规的贯彻落实。完整的执法过程通常包括现场检查、事故调查、提起诉讼、行政处罚等。如英国 HSE，在有工人投诉或公众成员质询时，即可对施工现场实施检查，但更多情况下是不作事先通知就进入施工现场进行预防性检查活动，以便能够发现施工现场职业安全的真实情况。为确保最危险的情况被优先

---

① 关于英国绩效型法规的描述，主要引自尚春明、方东平主编．中国建筑职业安全健康理论与实践．中国建筑工业出版社，2007：141.

② 参考"中华民国工业安全卫生协会"编《营造业劳工安全卫生教材》（内部复印资料）相关内容整理。

检查，HSE 建立了完善的数据库，对雇主、雇员和工作场所风险信息进行全面管理，这有助于规制资源的合理优化使用，也有助于集中力量解决紧迫事项。HSE 的监察员通常具有很大权力，可以自行决定采取何种执法方式。一旦发现有违背职业安全法规的情形，监察员将根据预计或实际伤害的严重程度、责任、过去的职业安全表现记录等分别采取建议或警告、改善通告与停工通告、罚款、向法院提起诉讼等措施。这使得监察员可以有充分的主动性和积极性去履行检查执法职责。再以美国为例，为了保证执法人员严格执法，《职业安全健康法》规定：检查之前，不得将检查的消息通知雇主，如检查官员擅自通知，将被处以 1000 美元罚款或 6 个月的监禁；检查时必须持有劳工部统一颁发的执法证件；在检查前先召开会议，说明挑选这个项目检查的理由、目的、范围、内容和参照标准，并提交雇主一份参照标准的副本和雇员对现场安全健康方面的建议；会议结束后，按照检查官员自定的路线和方式进行检查，可以查阅各种记录和拍照，但不能泄露商业机密，否则将被处以 1000 美元罚款或一年的监禁；检查中发现安全健康隐患，要向雇主指出，提供相应的改进措施和方法，并记录在案，作为以后法律处理的依据。可见，美国 OHSA 检查人员在执法时有着明确的行为规范和违反时应承担的法律责任，这也是确保执法有效的重要制度设计。

4. 发挥重要作用的工伤保险制度[①]

"工作场所的健康和安全水平主要受到三方面影响的支配：市场、由职业安全健康局对危险水平的直接管制及工人恤金导致的安全激励"[②]。工人恤金的主要形式即工伤保险给付的赔偿。主要发达国家的经验表明，工伤保险制度的建立运行，对预防事故发生、保障工人合法权益发挥了重要作用。工伤保险手段的使用，也可以视为建筑业职业安全规制当中的经济策略。德国是世界上最早实行工伤保险制度的国家，实行行业自保的方式，即分别由工业部门、农业部门以及公共部门为各自范围内的社会群体提供工伤保险保障。建筑业工伤保险协会属于工业工伤保险协会的 26 个分会之一，专门负责建筑业从业人员的工伤保险和职业安全管理，属于自治管理组织。其保险基金来源通常包括雇主缴纳的保险费、向第三方追索的赔偿费、工伤保险协会资产收益、滞纳金和罚金等。建筑业企业必须加入工伤保险协会，按工人工资 7%～8%缴纳保费，这也是保险基金的最主要渠道。德国建筑业工伤保险协会在建筑业职业安全管理方面，一是承担事故预防职责，通过咨询与监督、设置规章制度、预防性体

① 对于德国工伤保险制度的描述，主要引自张仕廉等编著. 建筑安全管理. 中国建筑工业出版社，2007：227-230.

② ［美］W. 吉帕·维斯库斯，约翰 M. 弗农，小约瑟夫 E. 哈林顿等著. 反垄断与管制经济学. 陈甬军等译. 机械工业出版社，2004：446.

检、工作场所评估等方式，帮助和督促雇主降低职业安全风险。工伤保险协会每年从工伤保险基金中提取大约15％的资金用于事故防范工作。二是事故康复职责，包括协调控制所有康复措施、保证康复期间雇员及家庭的基本生活水平，帮助雇员保持就业机会等。三是事故赔偿责任，包括给付雇员康复期间的伤害补偿和重新就业期间的临时补贴，以及对雇员家属的抚恤补偿等。工伤保险协会将根据企业上年的事故频率，以及企业内部各工种危险程度和工人工资等因素来核定企业应付保险金额，制定浮动费率；同时，如果企业发生经法院判定的责任事故，工伤保险协会可以对企业实施工伤保险罚款。如企业发生一起死亡1人的事故，经法院判定为责任事故后，企业可能要承担上百万马克的损失。所以，工伤保险制度在激励建筑业企业做好职业安全工作方面作用很明显。除德国外，美国、英国、日本等也都建立了符合本国本地特色的工伤保险制度，大大推动了建筑业职业安全规制绩效的改善。

5. 多元的参与规制主体

在发达国家，建筑业职业安全规制的主体虽然是政府规制机构，但是其他主体也积极参与职业安全管理，并且各司其职，各自发挥作用，形成政府、相关主体和企业共同组成的建筑业职业安全管理体系，政府与其他参与主体形成伙伴关系，有效促进了建筑业职业安全状况的稳定好转。这些相关主体主要有四类。一是工伤保险机构。如上文提及的德国建筑业工伤保险协会或有关商业保险公司，保险机构不单提供事后的赔偿给付工作，还日益在事故预防方面发挥了重要作用。二是建筑行业协会。行业协会通常具有比较全面、系统的专业知识和理论，可以为本行业提供职业安全的最新信息，解决专业性的技术问题，还有的协会可以提供技术咨询、中介服务并承担教育培训方面的职责。如日本建筑业安全健康协会（JCSHA）成立目的就是提高企业自主防止生产事故的能力。其为全国性协会，会员由3类组成，第1类是单体会员，为不同规模的建筑承包商；第2类是团体会员，由从事特殊行业施工的承包商团体组成；第3类是赞助会员，大多数是建筑安全和防护设备的生产厂家。2003年，JCSHA共有单体会员67976个、团体会员634个以及赞助会员102个[①]。三是工会组织。如在美国，建筑业企业的工会在推进职业安全方面的服务主要包括：工会成员因工作致伤需要提出赔偿要求时，工会提供法律帮助；回答工会成员的职业安全方面的问题；对安全代表提供培训及信息；对一些具体项目提供信息指导；出版杂志；进行调查及研究。工会代表可以利用调查获取的信息，与雇主一起通过集体协商解决安全与健康的投诉。工会可以凭借事件的情节和具体的安全与健康条例来保护工人。而且，如果雇主不遵守已经制订的法律、规则或条例，工会还可以选出代表与联邦或国家法规部门接触。参与政府

---

① 张仕廉等编著. 建筑安全管理. 中国建筑工业出版社，2007：234-235.

的安全与健康立法通常是工会的一项重要活动。工会可以把集体协议用作为工人提供职业安全与健康保护的合法文件，协议的基本目的是为了符合劳动场所安全与健康标准，或给工作条件达不到最低安全与健康标准的工人提供保护[①]。四是市场中介组织。主要是指为政府、企业等提供有偿的安全评价、认证、检测、检验、咨询等服务的市场主体，如特种设备检验监测机构等。五是相关科研院所。他们在研究政府委托的职业安全课题、推动职业安全立法和解决技术问题方面也承担重要角色。以上相关主体对建筑业职业安全规制的积极参与，在一定程度上减轻了政府压力，成为政府规制的重要补充和依靠力量，同时也培育了社会组织的发展和社会协调机制的形成。

6. 丰富的规制手段、计划和活动

主要发达国家建筑业职业安全规制并非只依靠法律和行政手段，还综合使用经济、科技、文化等手段。因此，对职业安全规制应该采取广义的理解，即政府采取的一切保障职业安全的措施，而非仅仅是对施工现场职业安全行为的直接控制。比如经济手段方面，前面提高的工伤保险机制就是一个非常重要的方面。另外还有安全奖励激励机制，如香港政府劳工处实施的"建造业安全奖励计划"，就旨在激励建筑承包商提高职业安全水平，最高奖励可达 5000 港币。在科技手段方面，美国在 OSHA 指导下，部分软件公司联合开发 SafetyFirst 等专家软件，有偿或无偿提供给建筑企业使用，以提高其安全管理水平；英国 HSE 每年将其总经费的 15％用于科学和技术工作，1999～2000 年年度投入科技经费达 3700 万英镑，其中一半用于研究，一般用于各种反应性工作[②]。此外，各国政府还经常制定各种建筑业职业安全计划，开展多种多样的活动，激发建筑活动各方主体推进职业安全的积极性和主动性，营造良好的安全文化氛围。如在计划制定方面，美国 OSHA 制订了 2003～2008 年职业安全战略，建筑安全是其中重要内容；日本自 1983 年到 2003 年，制定执行了 4 个《建筑事故预防五年计划》；新西兰于 2004 年制定了 2005～2010 年建筑业职业安全健康战略，通过制定规划计划，明确规制目标，确保规制资源。在活动举办方面，如日本通过建筑业安全健康协会，每年举办建筑业"岁末年初事故预防期"和"财政年度末事故预防月"，还经常举办"建筑业安全施工程序"、"消除三大以外事故隐患"、"提高自主安全健康活动和训练"等活动，提高施工现场每个工人的安全意识。英国 HSE 开展过"好邻居计划"、"建筑业反思运动"、"共同做好工作运动"；欧盟也举行过"欧洲建筑安全运动"、"欧洲职业安全与健康周"等活动。香港特区政府职业安全健康局在安全文化推广

---

① 王显政主编．完善我国安全生产监督管理体系研究．煤炭工业出版社，1995：32.

② 方东平等编著．建筑安全监督与管理——国内外的实践与进展．中国水利水电出版社，知识产权出版社，2005：64-65.

培育方面也非常重视，在推广宣传工作方面，开展了建造业安全健康推广活动、职业安全健康推广活动、良好工作场所整理推广活动、职业健康推广活动那个、全港职安健常识问答比赛、假期前后工作安全推广活动、青少年职业安全健康推广活动；在顾问咨询方面，开展了持续进步安全管理确认计划、安全管理咨询服务、风险评估、职业卫生评估、安全稽核、中小型企业职业安全与健康资助计划等项目。除了职业安全健康局外，绿十字会、建造业训练局、职业训练局等也在香港建造业安全文化、培训教育方面发挥了重要作用。丰富的活动对于建筑活动主体职业安全意识的提高和职业安全法律法规的普及起到了重要促进作用。

主要发达国家的建筑业职业安全规制经验值得中国等工业化初、中期国家借鉴参考。但是，任何国家的规制体系都是与本国的经济发展和社会背景紧密结合的。尤其是像中国这样在历史文化传统、市场经济发展阶段、规制勃兴起点等与西方国家有很大不同的国家，更不能完全照搬外国的规制模式，需要结合本国特点有选择的加以吸收、借鉴。

第三章　中国建筑业职业安全
规制历史变迁分析

道格拉斯·C·诺思（下称诺思）在《制度、制度变迁与经济绩效》前言中说："历史是重要的。其重要性不仅在于我们可以从历史中获取知识，还在于种种社会制度的连续性把现在、未来与过去连结在了一起。现在和未来的选择是由过去所型塑的，并且只有在制度演化的历史话语中，才能理解过去。"①规制目的是通过设立法律法规和开展执法监管，限制被规制者的行为，改变资源配置决策，减少信息成本和不确定性，提高经济运行效率和维护社会公共利益。因此，规制具有典型的制度特征，是相对于市场经济制度而存在的一种制度。建筑业职业安全规制作为规制谱系中的重要波段，有着自身的制度需求和供给以及制度变迁过程。研究中国建筑业职业安全规制问题，试图分析探寻规制绩效的阻滞因素及可能的改革路径，如果不从规制发展的历史过程着手，获取规制发展的历史背景和变迁动因，就无异于缘木求鱼，因为正如诺思教授所言，是过去型塑了现在和未来的选择。本章试图采用制度分析方法，考察中国建筑业职业安全规制的演进历程，并试图找寻规制变迁的动因，总结规制变迁的模式，为建筑业职业安全规制的进一步发展提供路径轨迹参照。

一、制度与制度变迁

在深入主题之前，首先对制度变迁理论②进行简要回顾。

根据诺思的定义，制度是一个社会的博弈规则，或者更规范地说，它们是一些人为设计的、型塑人们互动关系的约束③。制度由 3 个基本部分构成，即正式的规则、非正式的约束以及他们的实施特征④。正式规则即约束人们行为关系的有意识的契约安排，包括政治规则、经济规则和一般性契约，也就是包括从宪法、成文法和普通法，到具体的内部章程，再到个人契约等一系列人们

---

① ［美］道格拉斯·C·诺思著. 制度、制度变迁与经济绩效. 杭行译. 格致出版社，上海三联书店，上海人民出版社，2008：1.

② 本处只回顾以诺思为代表的新制度经济学中的制度变迁理论。

③ ［美］道格拉斯·C·诺思著. 制度、制度变迁与经济绩效. 杭行译. 格致出版社，上海三联书店，上海人民出版社，2008：3.

④ 实施特征译自英文"enforcement characteristics"。根据韦森的解释，这个英文词组实际上涵指这样一种社会现实对象性：正式规则和非正式约束在社会现实中得以实现的一种社会机制或一种社会过程，或者更精确的说，它是指介于社会机制和社会过程中间的一种社会状态、一种现实情形和现实结果。

有意识创设的行为规则。政府规制即是重要的正式规则。非正式约束则指从未被人有意识地设计过的规则，是人们在长期交往中无意识形成的行为规则，主要包括价值信念、道德观念、风俗习惯、意识形态等。正式规则只有在社会认可、即与非正式约束相容情况下才能发挥作用，同时正式规则通过降低信息、监督以及实施成本，补充和强化非正式约束的有效性。制度构成的第三个部分是实施特征。即正式规则和非正式约束得以有效实施的机制。离开了实施的机制，制度尤其是正式规则只能是形同虚设。在现代社会中，制度实施机制的主体一般是国家或政府。

制度变迁是新制度产生、替代或改变旧制度的动态过程，或者说是制度结构从非均衡到均衡的演变过程。当现行制度安排的净收益小于另一种可供选择的制度安排时，制度创新就应运而生。熊彼特企业家创新理论中的"广义企业家"是制度变迁的主体，这些政治的或经济的企业家，在稀缺经济的竞争下加紧学习以求生存，并在学习过程中，发现潜在利润，创新现有制度。进一步可以把制度变迁的主体分为初级行动团体和次级行动团体。初级行动团体是一个决策单位，可以由个人或组织构成，它们认识到只要改变现行的制度结构就可以使它们的收益增加，从而启动了制度创新与变迁的进程，成为制度变迁的策划者和推动者。次级行动团体也是一个决策单位，用于帮助初级团体获取收入而进行制度变迁，它们也将通过迂回的再分配来获取自身收入，是制度变迁的具体实施者。制度变迁的来源是相对价格和偏好的变化。企业家通过获得知识和技术，改变衡量和实施成本，从而改变包括要素价格比率变化、信息成本变化和技术变化等在内的相对价格变化。相对价格变化，改变了人类互动的激励结构和讨价还价能力对比，使就契约再次进行协商的企图出现。偏好的变化是由于相对价格的变化引起的，主要包括理想、风尚、信念、意识形态等的变化，这些也是制度变迁的重要来源。

从不同角度可以对制度变迁的方式进行不同的分类。根据变迁的速度，可以分为渐进式变迁和激进性变迁。渐进性变迁过程相对平稳，新旧制度之间衔接较好，但从启动到完成变迁需要较长时间。由于非正式约束在社会中的嵌存，以连续性为主要特征的渐进性变迁是制度变迁的典型情形。激进性变迁一般表现为强制性地、果断式地废除旧制度，制定和实施新制度，如战争、革命、武力征服等。从变迁主导的角度，可以把制度变迁分为诱致性变迁和强制性变迁①。前者指的是一群（个）人在响应由制度不均衡引致的获利机会时所进行的自发性变迁，这种变迁往往是自下而上、从局部到整体的渐进式变迁；后者是由政府法令引起的变迁，这种变迁通常可以以较快速度推动制度变迁，

---

① 林毅夫. 关于制度变迁的经济学理论：诱致性变迁与强制性变迁. ［美］科斯等著. 财产权利与制度变迁——产权学派与新制度学派译文集. 上海三联书店，上海人民出版社，1994：374.

发挥政府的强制作用，降低制度变迁成本，但也面临着统治者有限理性、意识形态刚性、官僚政治、集团利益冲突等问题。制度变迁的过程通常会存在时滞现象，即制度创新滞后于潜在利润的出现，包括认识和组织时滞、发明时滞、菜单选择时滞、启动时滞等。影响时滞长短的最重要因素是现存法律和制度安排的状态。由此引出制度变迁的另一重要特征，即路径依赖现象。和技术演变过程一样，制度变迁也存在着报酬递增和自我强化机制。发展路径一旦被设定在一个特定的进程上，网络外部性、组织的学习过程，以及得自于历史的主观模型，就将强化这一进程①。另外，一旦在起始阶段带来报酬递增的制度安排，在市场不完全、组织无效的情况下，阻碍了生产活动的发展，但由于产生了一些与现有制度共存共荣的组织和利益集团，这些集团就不会进一步投资，而只会加强现有制度，由此产生维持现有制度的政治组织，从而使这种无效的制度变迁的轨迹持续下去②。

二、中国建筑业职业安全规制演进历程③

中国建筑业职业安全规制的演变与发展，与建筑业的兴起改革、国民经济的曲折波动和社会主义经济体制的建立完善密切相关。新中国成立以来，对建筑业的职业安全规制过程大致经历了 6 个阶段，每个阶段都为十年左右。

（一）起源与草创阶段（1949～1957 年）

新中国成立后，重建国民经济是首要任务。建筑业作为恢复工矿企业的基本建设力量，设计和施工队伍从分散到积聚，迅速得到发展和壮大，建筑业成为最早实现由私有制向公有制转变的产业部门。建筑业职工从 1949 年的 20 万人发展到 1957 年的 223.7 万人，"一五"期间完成建安工作量 366.76 亿元、房屋建筑面积 10518 万 m²，尤其是在 156 项大型工程④的建设过程中发挥了关键作用。

为加强包括职业安全在内的建筑行业管理，1952 年 3 月，中央财经委员会决定以营房管理部为基础建立中央建筑工程部，并暂以中央总建筑处名义进行工作。中央总建筑处下设办公室、计划处、财务处等 7 个单位。1952年 8 月，中央人民政府建筑工程部成立，主要任务是组织建筑队伍、负责工

① ［美］道格拉斯·C·诺思著. 制度、制度变迁与经济绩效. 杭行译. 格致出版社，上海三联书店，上海人民出版社，2008：136.

② 程恩富，胡乐明主编. 新制度经济学. 经济日报出版社，2005：204.

③ 本部分有关史实描述主要参考建设部内部资料《中华人民共和国建设部组织机构沿革》（1952年～2003 年）. 建设部办公厅，2006. 傅仁章. 中国建筑业的兴起. 中国建筑工业出版社，1996. 王弗，刘志先. 新中国建筑业纪事（1949～1989）. 中国建筑工业出版社，1989. 建设部建筑管理司，中国建筑文化中心. 新中国建筑五十年（1949～1999）. 中国三峡出版社，2000.

④ "一五计划"要求，集中力量进行以苏联帮助我国设计的 156 个建设单位为中心的、由限额以上的 694 个建设单位组成的工业建设，建立我国的社会主义工业化的初步基础。

业建设①，部内设置基本与中央总建筑处相同。1954年，建筑工程部内部机构发生变化，设置了16个司局，其中由劳动工资司负责建筑业职业安全管理。同年9月第一届第一次全国人民代表大会闭幕后，中央人民政府建筑工程部改称中华人民共和国建筑工程部。此后，城市建设总局从建筑工程部划出，后又改组为城市建设部，主要负责新兴城市建设和旧有城市改建扩建。城市建设部的人事劳动工资司负责城市建设施工安全管理。各省、自治区、直辖市也相应成立了建筑工程管理部门。在这一阶段，施工企业直属于建筑工程管理部门（参见表3-1②），政府直接对包括安全生产工作在内的企业管理工作进行行政干预。除了建筑工程系统外，冶金、煤炭、石化、电力、交通、铁道等部门也组织和发展了各种专业施工队伍。从整个建筑业来看，由建筑工程部门归口管理、各个专业部门分工负责的建筑工程管理体制基本形成，对建筑业的职业安全管理体制也基本上与这一体制相同（图3-1③），但同时成立于1949年11月的劳动部也是代表国家监察的重要的职业安全规制主体。

1954 年建筑工程部直属建筑企业基本情况表　　　表 3-1

企业名称	驻地	职工人数	企业名称	驻地	职工人数
东北工程管理局	沈阳	37566	直属工程公司	长春	25691
华北工程管理局	北京	49682	东北安装公司	沈阳	2442
西北工程管理局	西安	22432	机械施工局	北京	4633
中南工程管理局	武汉	20701	直属工程处		1243
西南工程管理局	成都	12663	建材建筑公司		3532
华东工程管理局	上海	32148			
洛阳工程局	洛阳	20865	合计		233598

这一阶段建筑业职业安全规制的文字依据，基本上是以行政指令性文件为主。一是明确施工程序，确保施工安全。1950年8月和1951年8月，中央财经委员会两次发布《关于改进与加强基本建设计划工作的指示》，强调指出一切新建工程，设计未经主管部门批准前，一律不得施工。1950年12月，政务院通过《关于决算制度、预算审核、投资的施工计划和货币管理的规定》，根据这一规定1951年政务院财经委员会又发布了《基本建设工作程序暂行办法》，明确和细化了先设计后施工的工作程序。二是要求企业编制安全技术措施。1953年政务院财经委员会发布《关于厂矿企业编制安全技术劳动保护措

---

① 1953年9月8日，中共中央下发《中共中央关于中央建筑工程部工作的决定》（总号0137建第82号），指出建筑工程部的基本任务应当是工业建设。

② 肖桐主编. 当代中国的建筑业. 中国社会科学出版社，1989：75.

③ 傅仁章著. 中国建筑业的兴起（上册）. 中国建筑工业出版社，1996：99.

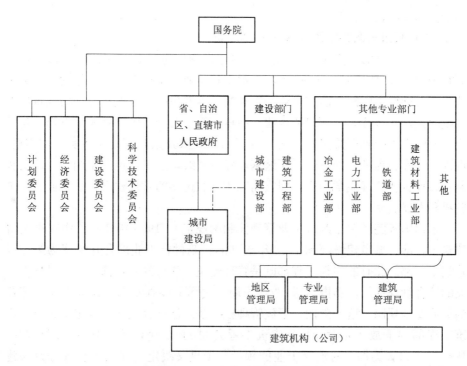

图 3-1 1954 年的建筑业管理体制

施计划的通知》，要求各产业部门所属企业在编制生产技术财务计划同时，必须编制安全技术措施计划。1954 年，建筑工程部等部委联合下发《关于做好冬季施工中安全卫生工作的通知》，要求各单位将应采取的安全卫生措施纳入施工组织设计中的安全技术劳动保护措施计划，健全安全卫生制度，做到安全施工。三是制定"三大规程"。1956 年 5 月，国务院第 29 次全体会议通过决议，发布《工厂安全卫生规程》、《建筑安装工程安全技术规程》、《工人职员伤亡事故报告规程》等 3 个规程。这 3 大规程主要是根据三年恢复和"一五"建设实践，同时借鉴苏联工作经验制定的。其中《建筑安装工程安全技术规程》，既对施工中主要安全技术设施标准做了规定，也提出了施工组织管理方面的安全要求，是规范建筑业职业安全工作的重要规程。这三大规程一直沿用到 20世纪 80 年代才陆续为新的法规所替代。

　　1957 年前的建筑业职业安全规制，基本上适应和遵循了经济的客观规律，对于保障工人生命安全发挥了重要作用。建国初期，大量工厂企业和基础设施需要重建新建，由于过分强调工程进度和增产节约，安全事故也有所增加。1955～1956 年，部属建筑安装企业共发生重大伤亡事故 240 件，1956 年重伤和死亡人数比 1955 年有显著增加。经过连续几年加强管理，到 1957 年，建筑业职业安全状况有了明显好转，万人死亡率减少到 1.67 人，十万 m^2 死亡率减少到 0.43 人。

（二）暂退与调整阶段（1958～1965 年）

1958 年"大跃进"运动开始。基本建设领域也受到左倾的错误影响，不顾客观律，"以快速施工为纲"，甚至提出建筑业一定要在三、五年内赶上英国的目标。计件工资制、建筑企业法定利润、承发包制以及大批合理的规章制度被废除。这些违背施工规律的做法，使得建筑业各项经济指标大幅下降，建筑业的健康发展受到严重阻碍。1960 年以后，国家开始对国民经济实行"调整、巩固、充实、提高"的方针，压缩基本建设战线，建筑业也开始调整，恢复和制定各项企业管理规章制度，回收前三年下放过多的管理权限，建筑业又有了转机和发展。

根据国务院《关于改进工业管理体制的规定》，1958 年 2 月，中央决定将建筑工程部、城市建设部和 1956 年成立的建筑材料工业部合并组建为第二届建筑工程部。此时的建筑工程部既是管理建筑、建材的专业部门，又是城乡建设的综合管理部门。部内设置 19 个司局，实际上没有专门的司局负责建筑业的职业安全规制。这一阶段，下放管理权限是经济社会生活中的主要议题。建筑工程部的下放了所属 31 个建筑工程公司的 27 个，下放职工达 68.7%。1965 年 3 月，为加强对建材工业的领导，中央又决定将建筑工程部分设为建筑工程部和建筑材料工业部。建筑工程部的职责是："贯彻执行党中央和国务院的决议、指示和有关建筑业和城市建设的方针、政策，领导直属建筑企业及设计科研力量，归口管理各省、市、自治区有关建筑和城市建设方面的业务工作"。新的建筑工程部下设 11 个司局，由劳动工资司负责职业安全规制相关工作。

前已提及，"大跃进"期间很多施工管理的规章制度被废除，建筑业职业安全规制更加依赖临时性的行政指令和运动式的检查。如 1958 年 7 月，针对上半年安全事故不断发生的情况，建筑工程部发出关于加强安全生产的紧急通知，要求立即采取措施，加强建筑施工安全生产工作。1958 年 11 月，建筑工程部在杭州召开工程质量和安全施工现场会议，指出事故增多的主要原因之一就是规章制度破坏的多，要求立即开展质量和安全大检查，并提出设计施工和建筑材料方面的具体措施。1959 年 1～3 月，各建筑安装企业开展了质量安全检查运动，通过检查提出要恢复和建立一些必要的保证工程质量和安全生产的规章制度，恢复和健全质量监督和安全技术专职机构。建筑工程部提出要在二、三季度开展"安全生产、百日无事故"运动。1960 年以后，开始陆续由管理部门制定相关规定。如 1963 年 6 月，建筑工程部颁布施行了关于安全生产的规定。同年，国务院发布《关于加强企业生产中安全工作的几项规定》，设立了安全生产责任制、措施计划、安全教育、安全检查和事故调查处理等五项规定，适用于包括建筑企业在内的一切生产企业。"五项规定"是总结 1958

年左倾错误教训以及建国以来劳动保护经验基础上制定的，其内容对当前的安全生产工作仍然具有指导意义。

1958年建筑业职业安全状况较之1957年出现恶化局面。据《关于建筑工程部所属企业1958年第一季度安全事故的通报》称，职工群众在当前生产大跃进中干劲十足，但安全措施赶不上，伤亡事故不断发生，死亡人数比去年同期有增加，其中以坠落、土方坍塌而造成的伤亡事故最多。到1958年11月中旬，各省、市、自治区及部属建筑安装企业共发生重大伤亡事故408起、伤亡职工1407人，其中死亡348人，比1957年同期增加2.2倍。1958年全年建筑业万人死亡率高达5.12，是1957年的3倍多。一个典型案例是，1959年3月，湖北发生一起施工房架倒塌事故，死亡43人，伤13人[①]。经过经济调整阶段，1965年建筑业安全生产情况有了好转，万人死亡率降到1.65，恢复到了1957年的水平。

（三）停顿与倒退阶段（1966~1976年）

文化大革命的十年，使国民经济和人民生活遭受到了建国以来最为严重的挫折和损失，建筑业的发展也受到巨大破坏。行业指导基本停顿，企业和职工大量下放地方管理，建筑业在经济调整时期建立起来的一整套制度、办法，统统被当作"管、卡、压"进行批判，建筑企业管理陷入瘫痪。自1967年开始，取消施工取费制度，而由国家直接给施工队伍发工资和管理费，以超经济手段取代经济管理，造成企业管理和施工生产的极度混乱，建筑业劳动生产率大幅下降。

从1967年7月1日开始，建筑工程部实行军事管制。1969年2月，《建筑工程部军管会关于成立办事机构的通知》决定成立政工、生产、后勤、办事四个组，部机关原各司、局、部、厅等机构一律停止工作。建筑工程部实际上失去了政府职能，建筑业的职业安全规制职能自然也是无人问津。1970年6月，建筑工程部、建筑材料工业部、中央基建政治部、国家基本建设委员会合并成立为新的国家基本建设委员会。机关工作人员92.2%下放劳动，只有7.8%的人员留机关工作。国家基本建设委员会下设建筑安装局（后调整为施工局），按道理有关建筑业职业安全规制的管理应该属于该局，但当时的政治氛围根本不允许开展相关工作。所以，建筑业实际上相当于十年无政府主管部门。

在文革期间，劳动保护、安全生产被批判为"活命哲学"，各类法规、规程都被全盘否定，更谈不到安全法规的制定和完善。尽管1970年中共中央下发《关于加强安全生产的通知》，要求逐步恢复劳动保护工作的管理机构和人员，恢复和修订以安全生产责任制为中心的各种安全生产制度，但局部措施挡

---

① 刘铁民主编. 中国安全生产六十年. 中国劳动社会保障出版社，2009：253.

不住全局性的无政府主义,这些规定没有得到很好落实。1975年又召开了全国安全生产工作会议,要求加强安全管理和安全生产技术革新和改造,改善劳动条件,建立和健全安全生产规章制度,但随后又被污蔑为右倾复辟[1],各种努力成果消失殆尽。

由于管理失控,文革期间建筑业事故之多为建国以来所罕见。码头滑坡、巷道冒顶、管线断裂、设备爆炸、房屋倒塌,死亡3人以上的较大事故、10人以上以至百人以上的特大事故频繁发生,高峰时万人死亡率达到7.53。1971年,施工中死亡人数甚至达到2999人,重伤9680人[2],建筑业职业安全状况极度恶化。

(四) 重建与转型阶段(1977～1991年)

粉碎"四人帮"以后,尤其是中国共产党第十一届三中全会召开以后,全党工作重点转移到社会主义现代化建设上来,建筑业的管理工作也逐步走向正轨。这一阶段建筑业的主基调是改革。1980年邓小平发表关于建筑业和住宅问题的讲话,为建筑业体制改革指明了方向。1984年国务院颁发《关于改革建筑业和基本建设管理体制若干问题的暂行规定》,建筑业成为城市经济体制改革的突破口。此后,建筑业的许多基本制度如工程质量监督制度、工程招投标制度、建设监理制度、企业资质管理制度等都陆续建立了起来,建筑业进入全新的发展阶段。

建筑业职业安全的主管部门也进行了调整。1979年3月,国务院决定成立国家建筑工程总局,由国家建委代管。国家建筑工程总局的职责之一是"主管全国建筑设计和施工方面的立法工作(包括制定各种定额、规范、标准等),下设12个司局,由劳资局负责职业安全规制。1982年,国务院部委机构实施改革,城乡建设环境保护部成立,国家建筑工程总局并入。根据《国务院关于城乡建设环境保护部机构编制的批复》,在部内19个司局中,仍由劳动工资局负责"管理建筑安装、市政公用事业等方面的劳动工资、劳动保护和安全生产"。1988年,国务院再次进行机构改革,"为了对建筑业实行行业管理"[3],决定撤销城乡建设环境保护部,成立建设部。建设部由此成为全国建筑业的综合管理部门。建筑业职业安全规制转由部内的建设监理司负责,下设安全监督管理处。这是首次由劳动工资司以外的司局负责职业安全规制,标志着建筑业职业安全规制体系的变化。地方的建筑业职业安全规制机构也逐步健全起来。除了建设行政主管部门直接规制外,1984年,福建、湖北等地的部分城市率

---

① 刘铁民主编. 中国安全生产六十年. 中国劳动社会保障出版社, 2009;31-32.

② 尚春明, 方东平主编. 中国建筑职业安全健康理论与实践. 中国建筑工业出版社, 2006;25.

③ 参见时任国务院委员宋平1988年3月28日在七届全国人大第一次会议上就《国务院机构改革方案》所作的说明。

先建立了建筑安全生产监察站，承担了行业安全监督管理工作。在城乡建设环境保护部总结其经验后①，上海、黑龙江、河北、安徽、江西、广东、山东等地也陆续成立了建筑安全监督机构（通常称为建筑安全监督站），成为地方规制建筑业职业安全的基本力量。1991年建设部颁布《建筑安全生产监督管理规定》，明确了国务院及地方建设主管部门和有关部门建筑安全生产监管职责，并为成立建筑安全监督机构提供了依据。

建筑业职业安全规制的法规建设也取得了很大进展。对建筑业的职业安全规制逐步由单纯依靠行政指令向注重使用法规手段转型。如文革后不久，为扭转建筑业职业安全严峻形势，1977年10月，国家建委即颁布了《关于加强建筑安装企业安全施工的规定》，对安全管理制度、土石方工程、高空作业、机电设备、吊装作业安全施工等都作了规定。进入20世纪80年代以后，国家建工总局、城乡建设环境保护部、建设部等陆续颁发了一系列的部门规章和规范性文件（表3-2），对完善职业安全规制制度、确保建筑施工安全起到了基础的保障作用。除了上述法规规章外，自1986年起，一些施工安全的技术标准也逐步颁布施行，对施工现场安全作业提供了技术规范。如《建筑机械使用安全技术规范》（JGJ 33—86）、《施工现场临时用电安全技术规范》（JGJ 46—88）、《建筑施工安全检查标准》（JGJ 59—88）、《液压滑动模板施工安全技术规程》（JGJ 65—89）、《建筑施工高处作业安全技术规范》（JGJ 80—91）、《龙门架及井架物料提升机安全技术规范》（JGJ 88—92）等。在安全生产的活动方面，1986年起，建设部开始组织制度化全国性的安全生产检查，应用《建筑施工安全检查标准》对各地施工现场安全生产工作进行定量考核。1991年，建设部组织了建国以来第一次施工现场安全达标活动，很多地区和企业也都分阶段、有步骤地开展了安全达标活动。

20世纪80年代末90年代初建筑业职业安全规章文件情况　　　表3-2

颁布时间	颁布主体	文 件 名 称
1980.5	国家建工总局	建筑安装工人安全技术操作规程
1981.4	国家建工总局	关于加强劳动保护工作的决定
1982.8	城乡建设环境保护部	关于加强集体所有制建筑企业安全生产的暂行规定
1983.5	城乡建设环境保护部	国营建筑企业安全生产工作条例
1984.1	城乡建设环境保护部	加强塔式起重机安全使用管理的若干规定
1986.4	城乡建设环境保护	关于加强建筑企业安全生产工作的决定

---

① 参见城乡建设环境保护部《关于贯彻执行国务院紧急通知大力加强安全生产管理的决定》（〔87〕城劳字344号）。文件要求各地要参照福建、湖北等地实行行业安全监察的经验，成立安全监察站。

颁布时间	颁布主体	文　件　名　称
1989.2	建设部	全民所有制施工企业机械设备管理规定
1989.9	建设部（3 号令）	工程建设重大事故报告和调查程序规定
1991.7	建设部（13 号令）	建筑安全生产监督管理规定
1991.12	建设部（15 号令）	建设工程施工现场管理规定

这一阶段建筑业的职业安全事故数量和死亡人数呈现先高后低再高再低的迂回态势。据不完全统计，1978 年建筑安装企业因工死亡 1350 人，重伤 7878 人，其中全民所有制企业死亡和重伤人数，比 1977 年上升了 7％和 9.7％[1]。80 年代初期建筑业职业安全状况得到了一定好转。但是自 1984 年以后，建筑企业职工因工死亡人数逐年上升，1985 年上升幅度最大，县以上施工企业死亡人数 966 人，比 1984 年上升 32.3％；1986 年伤亡情况仍然较多，县以上施工企业死亡 1018 人，比 1985 年上升 5.3％[2]。直到 1989 年，建筑业职业安全事故才又开始好转。当年因公死亡 1108 人[3]，比上年明显下降。1990 年和 1991 年死亡人数分别为 881 和 868 人[4]，与上年相比均呈下降态势。

（五）充实与提高阶段（1992～2003 年）

中国共产党第十四次全国代表大会明确提出在我国建立社会主义市场经济，市场机制在配置资源时的基础性作用更加突出。以此为契机，建筑业的改革进一步深化。政府对于建筑业的经济性规制逐步放松，工程投资体制、施工企业产权制度、工程承包制度等改革深入进行，有形建筑市场得以建立发展，建筑企业所有制日益呈现多元化，工程建设规模逐年增大，建筑业在国民经济中的支柱性地位更加巩固和突出。

1993 年，根据国务院办公厅印发的建设部"三定"方案[5]，建设部的职能进行了调整，加强了制定建筑业产业政策、推动行业改革发展的职能，并明确了"监督检查工程质量及施工安全"的职责。具体的职业安全规制机构仍由建设监理司及安全监督管理处承担。1998 年，国务院进行第四次机构改革。建设部的职责之一为"指导监督建筑市场准入、工程招投标、工程监理以及工程质量安全"。部内下设 12 个职能司局，由建筑管理司负责建筑业职业安全规

---

① 国家建筑工程总局文件《关于认真贯彻执行中共中央和国务院劳动保护工作的两个文件的通知》（[79]建工劳字第 3 号）.

② 参见叶如棠 1987 年 7 月 11 日在全国电话会议上的讲话.

③ 建设部《关于加强建筑施工安全工作的通知》（建建[1990]7 号）.

④ 引自建设部 1990 年和 1991 年伤亡事故综合年报.

⑤ 《国务院办公厅关于印发建设部和建设部管理的国家测绘局职能配置、内设机构和人员编制方案的通知》（国办发[1993]88 号）.

制，具体承担处室为安全处。2001年，建设部下发《关于建设部内设机构调整的通知》（建人教〔2001〕224号），决定成立工程质量安全监督与行业发展司，负责"拟定建筑工程质量、建筑安全生产的政策、规章制度并监督执行；组织或参与工程重大质量事故、安全事故的调查处理"，这是建国以来国务院建设主管部门内设司局中第一次出现"安全"字样，标志着建筑业职业安全规制机构的充实和地位的提高。工程质量安全监督与行业发展司下设安全监督处，专门负责施工安全监管工作。2002年，建设部成立了安全生产管理委员会，负责"研究并确定建设系统安全生产中长期规划及年度安全工作重点和安全生产法规的制定和协调，研究和部署督促重大安全事故隐患的预防、整改及事故查处工作，研究和决定由我部进行查处的建设系统重大安全事故行政处罚，研究、部署建设系统贯彻执行国务院安全生产的工作和活动安排"[1]，并由工程质量安全监督与行业发展司承担办公室日常工作。在这一个阶段，原劳动部安全生产综合管理职能划归国家经贸委。国家经贸委成立了安全生产局，后又改组为国家安全生产监督管理局，2003年国家安全生产监督管理局成为国务院直属机构。

建筑业职业安全规制的法规建设取得重大突破。早在20世纪90年代初期，我国即开始加强对建筑安全生产立法的探讨。在全国人大八届一次会议上有32位代表提议国家要尽快制订施工安全法或建筑施工劳动保护法。在有关人士的强烈呼吁和建筑市场急需法律规范的背景下，1998年3月1日，《中华人民共和国建筑法》正式颁布施行，建筑安全生产管理被单独列为一章，共16条，对建筑安全生产的方针、管理体制、安全生产责任制度、安全教育培训制度等都作了规定。这是建筑业职业安全规制的一次重要飞跃，自此建筑安全工作有了真正的法律保障。2001年，九届全国人大常委会第二十四会议还批准我国加入了国际劳工组织的《建筑业安全卫生公约》（第167号公约），我国的建筑业职业安全规制法规、标准逐步同国际接轨。2003年6月29日，《中华人民共和国安全生产法》颁布，对生产经营单位的安全生产保障、从业人员的权利和义务、安全生产的监督管理、生产安全事故应急救援与调查处理等作了基本规定。这是建国以来安全生产领域的最高层次立法，也是建筑业职业安全规制的重要依据。除了法律层次外，建设部还颁布了《实施工程建设强制性标准监督管理规定》、《建筑工程施工许可管理办法》等部门规章，以及《建筑业企业职工安全培训教育暂行规定》、《施工现场安全防护用具及机械设备使用监督管理规定》、《建设领域安全生产行政责任规定》等规范性文件。1996年，建设部在全国推广上海市文明工地建设经验，促进全国施工现场提

---

① 《建设部关于印发〈建设部安全生产管理委员会工作制度〉和〈建设部有关部门安全生产工作职责〉的通知》（建质〔2002〕130号）.

高安全防护标准和文明施工水平。此外，还针对施工过程中的高发事故类型，在全国开展了预防事故专项治理活动。地方关于建筑安全生产的法规建设在这一阶段发展很快，很多省、市都颁布了建筑安全地方性法规或政府规章。部分地区立法情况参见表3-3。

部分地区建筑业职业安全领域立法状况   表 3-3

地区	文　号	发布日期	名　称
北京	市政府令第 72 号	2001.4	北京市建设工程施工现场管理办法
天津	市政府令第 4 号	2001.10	天津市建设工程施工安全管理规定
河北	省政府令第 1 号	2002.1	河北省建设工程安全生产监督管理规定
山西	省九届人大通过	2000.3	山西省建筑工程质量和建筑安全生产管理条例
内蒙古	自治区八届人大通过	1997.5	内蒙古自治区建筑施工安全管理条例
上海	市政府令第 31 号	1996.8	上海市建设工程施工安全监督管理办法
安徽	省政府令第 125 号	2000.9	安徽省建筑安全生产管理办法
山东	省政府令第 132 号	2002.1	山东省建筑安全生产管理规定
湖北	省政府令第 227 号	2002.4	湖北省建设工程安全生产管理办法
云南	省政府令第 82 号	1999.6	云南省建筑施工现场管理规定

从建筑业职业安全事故情况来看，继 1989 年到 1991 年 3 年建筑安全形势好转之后，从 1992 年起，建筑业职业安全事故开始大幅增加，并一直持续到 1994 年。1995 年到 2000 年是事故连续下降的 6 年。2001 年到 2003 年，形势又开始逆转，事故死亡人数不断增长，达到新世纪以来的顶点。1993 年到 2003 年的建筑业职业安全事故情况见表 3-4。

1993 年到 2003 年建筑施工事故死亡人数   表 3-4

年份	1993	1994	1995	1996	1997	1998	1999	2000	2001	2002	2003
死亡人数	1809	1899	1835	1661	1280	1180	1097	987	1045	1292	1512
变化幅度 %	+24.65	+5.0	-3.37	-9.48	-27.85	-7.81	-7.03	-10.03	+5.98	+23.63	+17.03

（六）完善与发展阶段（2004 年至今）

建筑业的产值规模逐年增大。尤其是 2008 年以来，为应对国际金融危机，国家加大了固定资产投资力度，支撑了建筑业的强劲发展。2005 年，建设部等六部委下发《关于加快建筑业改革与发展的若干意见》，建筑业改革走向攻坚阶段，面临着行业整体质素亟待提升的挑战。加强建筑市场监管、规范建筑市场秩序成为这一阶段的主题。近几年，对建筑市场违法违规行为的处罚力度加大，集中整治了拖欠工程款和农民工工资问题，2009年又开展了工程建设领域突出问题专项治理。但是，建筑市场秩序混乱、市场主体行为不规范的问题依然存在。

2003年国务院的机构改革并未对建设部的机构和职能做出较大调整。对于建筑业进行职业安全规制的机构仍是工程质量安全监督与行业发展司，司内处室则由安全监督处改变为施工安全监管处，实际上是更加明确了对建筑工程施工过程安全生产监管的职能。2008年，建设部撤销，住房和城乡建设部成立。根据住房和城乡建设部"三定"规定①，住房和城乡建设部"承担建筑工程质量安全监管的责任"，具体包括"拟定建筑工程质量、建筑安全生产和竣工验收备案的政策、规章制度并监督执行，组织或参与工程重大质量、安全事故的调查处理"。工程质量安全监督与行业发展司改组为工程质量安全监管司，行业发展指导职能调到建筑市场监管司，职责更加明确集中于对工程质量和施工安全的规制。工程质量安全司仍专设施工安全监管处具体承担建筑业职业安全规制职责。作为代表国家进行安全监察的国家安全生产监督局，于2005年2月升格为国家安全生产监督管理总局（正部级），体现了国家期望借提升安全生产部门的权威性以遏制事故多发态势的愿望和思路。在2008年的机构改革时，要求国家安全生产监督管理总局"加强对全国安全生产工作综合监督管理和指导协调"，"加强对有关部门和地方政府安全生产工作监督检查职责"②，但对有专门主管部门行业和领域的安全生产工作只是指导、协调和监督。

继《建筑法》、《安全生产法》等法律颁布后，经过多年的酝酿、起草、修改，《建设工程安全生产管理条例》于2004年2月1日起正式颁布施行。该条例是我国第一部规范建设工程安全生产的行政法规，它的颁布在建筑业职业安全规制领域具有里程碑式意义。该条例确立了建筑业职业安全规制的基本体制，明确了建设活动各方主体的安全责任，并对规制部门执法监管的手段、措施等作了相应规定，是目前建筑业职业安全规制的最重要最常用的主体法规。除了针对建筑领域的专门法规外，2004年1月7日，《安全生产许可证条例》颁布，确立了建筑施工企业的安全生产行政许可制度；2007年4月9日，《生产安全事故报告和调查处理条例》颁布，进一步规范了事故的报告和调查处理机制，完善了事故责任追究制度。作为上述法律法规的实施文件，原建设部、住房城乡建设部随后陆续制定了《建筑施工企业安全生产许可证管理规定》、《建筑起重机械设备安全管理规定》等部门规章以及《建筑工程安全生产监督

---

① 《国务院办公厅关于印发住房和城乡建设部主要职责内设机构和人员编制规定的通知》（国办发〔2008〕74号）.

② 《国务院办公厅关于印发国家安全生产监督管理总局主要职责内设机构和人员编制规定的通知》（国办发〔2008〕91号）.

管理工作导则》、《建筑工程安全防护、文明施工措施费用及使用管理规定》、《建筑施工特种作业人员管理规定》、《建筑施工企业安全生产许可证动态监管暂行办法》、《危险性较大的分部分项工程安全管理办法》等规范性文件。建筑安全技术标准规范方面，《施工企业安全生产评价标准》、《建筑拆除工程安全技术规范》、《建筑施工现场环境与卫生标准》、《建筑施工临时用电安全技术规范》（修订）等相继出台。这一阶段，建筑安全法规和标准较之以往更全、更细，初步形成了系统的框架体系。规制者有了充足的法规依据，对于建筑业职业安全规制更加重视，措施也更为密集。从表 3-5[①] 可以看出，从 2003 年以来，在建设部部长汪光焘、住房城乡建设部部长姜伟新的历年年度工作会议报告中，建筑业职业安全规制都是重要内容。

2003 年以来建设系统工作报告中有关建筑安全内容   表 3-5

时 间	报告者	有关建筑安全监管内容
2003.1.6	汪光焘	进一步改革和完善政府对工程安全的监督管理方式，规范监督行为。强化市场观念，积极推进建筑施工意外伤害保险制度。尽快改变改建工程、拆除工程的安全生产管理薄弱的状况
2004.1.13	汪光焘	深入贯彻落实《建设工程安全生产管理条例》，抓紧制定配套文件，健全安全生产规章制度和保障体系，全面落实建设主体安全责任，严格责任追究。实施安全生产许可证制度和安全考核任职制度
2004.12.27	汪光焘	深入贯彻《建设工程安全生产管理条例》和安全生产许可等制度，全面落实建设主体安全责任。继续强化和规范安全生产形势分析制度，以及安全生产的层级监督制度
2005.12.26	汪光焘	建立完善城乡建筑安全监管的长效机制，理清安全监管职责，健全监管体系。推行安全质量标准化管理，加强安全生产许可证动态监管，落实监理企业的安全责任，实现安全生产控制指标的继续下降
2007.1.23	汪光焘	抓好建设工程安全生产费用管理规定的实施。强化施工企业安全生产许可证动态监管，推进全国建筑施工安全质量标准化。继续深入开展以预防高处坠落和坍塌为主的专项整治
2007.12.28	汪光焘	针对安全工作的重点地区、薄弱环节，深化安全生产专项整治和隐患排查工作。组织开展全国建筑安全监督执法检查。加大安全投入，推进安全科技进步
2009.1.9	姜伟新	落实建设、勘察、设计、施工、监理等各方主体的安全责任。严肃查处事故责任单位和责任人。加强工程安全监管队伍建设，强化巡查监管。继续推动建筑意外伤害保险和工伤保险
2009.12.18	姜伟新	加强城市轨道交通等大型工程的施工安全管理。推进建筑施工安全质量标准化工作，开展以预防深基坑、高支模、脚手架和起重机械设备等事故为重点的专项治理。严肃查处工程质量安全事故

---

① 根据原建设部、住房和城乡建设部历年工作报告整理。

2004 年以来的 6 年，是进入新世纪我国建筑职业安全的"黄金六年"。与全国所有行业的安全生产事故形势一样，建筑业职业安全事故也呈逐年下降趋势。以房屋建筑和市政工程领域为例，事故起数由 2003 年的 1278 起下降到 2008 年的 781 起，下降 38.9%；死亡人数由 2003 年的 1512 人下降到 967 人，下降 36.0%①。但自 2007 年以后，事故起数和死亡人数下降幅度逐步收窄，事故进一步下降的空间缩小，建筑业职业安全规制的压力增大。

由上述分析可知，经过 60 年的发展，中国的建筑业职业安全规制经历了从初创、暂退、调整到充实、完善、提高的演进过程。从规制机构、职能来看，建筑业职业安全规制职能一直设置在建筑业主管部门②之内，职责由无明确的文字依据逐步变到有明确的文字依据，具体负责的内设机构则由级别较低变为级别较高、由兼管变为专管（表 3-6）。从规制法规来看，由最初的各类行政指令性文件为主、部分技术规程为辅的结构逐步变化以法律法规和技术标准为主、行政文件为辅的结构。从规制绩效来看，建筑业的职业安全事故状况波动和反复明显，但 2004 年以后呈明显下降趋势。由前面对各个阶段分析可知，建国以来，建筑业职业安全事故大约经历了 7 个高峰值（即 1956 年、1960 年、1971 年、1978 年、1988 年、1994 年、2003 年），同时也出现了 7 个低谷值（1957 年、1965 年、1974 年、1983 年、1991 年、2000 年、2009 年），

中国建筑业职业安全规制机构演变 表 3-6

规制部门	规制司局	规制处室
中央财经委总建筑处	中央财经计划局基本建设计划处（工程管理处）	
建筑工程部（一、二届）	工程管理处、劳动工资司	
国家建委	建筑安装局、施工局	
国家建工总局	劳资局	
城乡建设环境保护部	劳动工资局	劳动保护处、安全监督处
建设部	建设监理司	安全监督管理处
	建筑管理司	安全处
	工程质量安全监督与行业发展司	安全监督处 施工安全监管处
住房和城乡建设部	工程质量安全监管司	施工安全监管处

---

① 参见原建设部、住房和城乡建设部历年施工安全生产形势分析报告。

② 建筑业的主管部门变迁十分频繁，职能几经分合调整。这主要是由于在新中国成立初期学习苏联的特定历史条件下，形成了用基本建设管理取代和控制建筑业管理的理念，即由各个产业部门分别对于本产业相关的工程建设进行管理。直到 1988 年，才逐步确立完善了对建筑业的行业管理体制，由建设部对建筑产品的生产和市场进行统一的宏观管理。

参见图 3-2①。这一变化过程与国家宏观经济态势的发展变化以及建筑业的改革发展过程紧密相连。在经济高速增长、建筑业规模持续增大时，或是遇有重大的政治运动或重要经济社会变革时，建筑业职业安全事故往往较多，反之亦然。但是，如果加入政府规制的因素，又可以发现，在加强建筑业职业安全规制，规制制度相对完善，执法力度较大时，建筑业职业安全事故往往得到有效控制。这一方面说明，建筑业安全形势受经济社会宏观因素影响显著，另一方面，国家干预对于建筑业职业安全事故的降低也是有着明显作用的。如果用 y 表示建筑业职业安全事故状况，x_1 表示规制干预，x_2 表示经济发展态势，x_3 表示建筑业发展态势，x_4 表示政治运动或变革，则：

$$y = f(x_1, x_2, x_3, x_4 \cdots\cdots)$$

即规制干预等因素是建筑业职业安全事故状况的函数。当然，以上函数只是反应了对事故的部分宏观影响因素。建筑业职业安全事故状况反复和波动的历史情况提示我们，建筑业安全生产具有长期性、艰巨性和复杂性的特点，尽管目前事故呈现总体下降态势，但还可能在将来的某一时段出现反弹，应引起规制者的高度重视、前瞻分析和治理措施的及时供给。

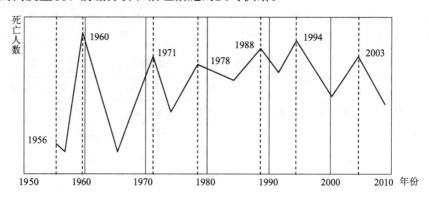

图 3-2　中国建筑业职业安全事故的峰值与低值

三、中国建筑业职业安全规制的制度变迁分析

中国建筑业职业安全规制的变迁过程实际上就是规制制度从非均衡到均衡的动态平衡过程，这一过程需要变迁主体来实施，要有变迁动因以诱发，具有独特的变迁路径。本节将运用制度变迁理论，分析总结中国建筑业职业安全规制变迁的主体、路径、动力和特征，并试图得出进一步制度变迁的若干启示。

---

① 本图只是示意图，因为难以有效获得建国以来历年建筑业职业安全事故死亡人数，且本世纪初以来，统计口径几经变化，每年数字有一定的不可比性。死亡人数在纵轴的大体位置参照我国工矿企业事故死亡人数趋势分析图，见刘铁民主编. 中国安全生产 60 年. 中国劳动社会保障出版社，2009：236.

(一) 变迁主体

在诺思看来，制度变迁的主体不一定是制度变革运动特别是大规模运动的领导者，也未必是某种制度的直接设计者或摧毁者。只要是有意识地推动制度变迁或者对制度变迁施加影响的单位，都是制度变迁的主体。他可以是政府、一个阶级、一个企业或别的组织，也可以是一个自愿组成的或紧密或松散的团体，当然也可以是个人①，他们都是熊彼特式的广义企业家。中国建筑业职业安全规制变迁的主体同样是多元的，所有规制相关者都可以成为变迁的主体。

首先是规制者。包括中央政府、地方政府及其有关部门。中央政府是经济政治和社会运行风险的最终承担者。保障包括建筑业职业安全在内的各行各业的安全生产，降低发展过程中的生命代价，维护经济健康发展和社会和谐稳定，既是中央政府的重要职责，也是中央政府的"潜在收入"所在。因此，中央政府通过制定安全生产的基本方针政策，推动安全生产立法，要求其所属部门加强安全监管等方式，成为建筑业职业安全规制的重要制度供给者。中央政府的建设主管部门（如原建部、住房和城乡建设部等）作为建筑业职业安全的直接规制者，是中央政府意志在建筑领域的贯彻执行主体，最有优势掌握建筑业职业安全信息，拥有强大的规制创议权和规制工具行使权，因而对于规制的变迁和制度供给影响最大。地方政府一方面是中央政府的派出机构，在利益上与中央政府具有一致性；另一方面，又是地方特殊利益的代表者与维护者，在利益上与中央政府又有一定的冲突性。因此，在建筑业职业安全规制变迁过程中，地方政府既可能不折不扣地贯彻落实中央政府及其部门的意志，推动制度变迁甚至成为制度变迁的主导者，又可能因为最大限度谋取地方利益，在某种程度上阻碍制度创新。如果从广义政府的概念来看，我国立法机关、司法机关在建筑业职业安全规制变迁过程中也发挥了重要作用，如立法机关审议通过规制法律、司法机关通过判决结果影响规制政策等，因而也是重要的变迁主体。中国共产党作为执政党，左右着政府运行过程，主导者公共政策的制定，凡是涉及国家和社会发展的根本原则、基本路线、重大方针和各个领域的重要决策都由党制定和提出。建筑业职业安全规制是国家政策的一部分，其变迁发展自然离不开党的意志的认同和推动。

其次是被规制者。包括与建筑产品生产活动有关的各方市场主体，如建筑产品的需求者建设单位、建筑产品的设计者设计公司、建筑产品的生产者施工单位、建筑产品生产的监督者工程监理单位、建筑产品生产材料的供给者材料供应商、建筑产品生产工具的提供者设备租赁公司等等。建筑业职业安全规制政策对这些市场主体成本和收益的变化曲线影响力度很大，决定着是否会产生潜在利润以及利润大小。因此，被规制者一方面是规制变迁的被动承受者，另

---

① 程恩富，胡乐明主编. 新制度经济学. 经济日报出版社，2005：193.

一方面也可能通过对潜在利润的判断成为制度变迁的积极推动者。这其中存在两种情况，一是认识到保障职业安全对于企业而言实际上是一种投资和市场声誉积累，从而主动配合甚至要求规制。二是通过俘获规制者，制定放松安全标准要求、但符合市场主体短期利益、降低直接成本的规制政策。

再次是规制受益者。即建筑工人及其家属。建筑业职业安全规制的最终目的就是为了保障建筑工人的生命安全。生命是无价的。改进建筑业职业安全规制，降低施工现场风险，减少职业安全事故几率，对于建筑工人及其家属而言，是最大的潜在利润。在这个意义上，工人应当是建筑业职业安全规制变迁的最积极的支持者甚至推动者。但在中国建筑业职业安全规制变迁进程中，建筑工人往往是弱势群体，因而主动推动变迁的实践非常罕见。即使工人付出了生命代价，家属在悲痛之余也往往更为关注惩罚责任者和经济补偿数额，这是人之常情，完全可以理解。但这并不妨碍规制受益者成为制度变迁的主体之一。

最后是其他相关者。一是工会组织，通过有组织地与施工企业进行谈判，以及参与监督工地生产活动等手段，向规制者诉求利益，为工人争取权益。二是大众传媒，通过披露和传播事故信息，发挥舆论监督作用，"迫使"规制者反思和改进规制政策。三是行业协会等，通过提供技术咨询，开展行业自律，向规制者提供规制政策建议。这些其他相关者在建筑业职业安全规制变迁过程中也不同程度发挥了作用，从而充当了制度变迁的部分主体。

按照诺思关于变迁主体初级行动团体和次级行动团体的分类，在中国建筑业职业安全规制变迁的过程中，初级行动团体首先是中央政府及其部门。如建国初期，建筑业职业安全事故较多的状况引起了政务院的重视，从而开始策划、运作制度变迁，《工厂安全卫生规程》、《建筑安装工程安全技术规程》、《工人职员伤亡事故报告规程》等三大规程随后即被制定执行。地方政府则属于次级行动团体，根据中央政府的部署要求，陆续成立了相应管理机构，贯彻执行中央发布的规程、文件，具体实施制度变迁过程。但初级和次级团体的角色并不是一成不变的，如果动态大跨度地观察制度变迁主体，就会发现不同主体的角色是变化的或可转换的。变迁的时间跨度越大，空间范围越广，不同主体角色转换的可能性就越大，转换的幅度也越大①。地方政府在变迁的不同阶段也承担了初级行动团体的角色，中央政府则转化为次级行动团体。这是因为地方政府直接对建筑产品生产过程进行规制，更容易发现规制政策的不足之处，从而在本行政区域内试行改进规制政策，成为局部制度变迁的初级行动团体。而中央政府发现改进规制政策为地方带来收益时，就会在全国范围内动议规制改革，从而在时间序列上成为制度变迁的次级行动团体。企业也会成为初

---

① 黄少安. 制度变迁主体角色转换假说及其对中国制度变革的解释. 经济研究，1991，6：66.

级行动团体，如前所述，企业最初是规制的被动承担者，但当他们发现规制会带来收益后，就会首先成为推动规制的变迁主体。总之，初级和次级行动团体通过识别现有制度安排中不能实现的潜在收入，有意识地进行制度设计和创新，共同努力引致了中国建筑业职业安全规制的变迁。

（二）变迁路径及特征

本章第二部分以建国以来国民经济和建筑业发展的轨迹为背景和主线，将中国建筑业职业安全规制的变迁过程划分为了6个阶段，有助于详细梳理每个阶段的规制机构、法规和绩效变化。若从对建筑业职业安全规制的管控风格着眼，则整个变迁过程可以划分为两大阶段，即行政管理阶段（1949～1998年）和依法规制阶段（1998年至今）。这两个阶段发生两次制度飞跃，时间分别为1998年和2003年。其变迁过程呈现出一个阶梯式上升的路径，如图3-3[①]所示。

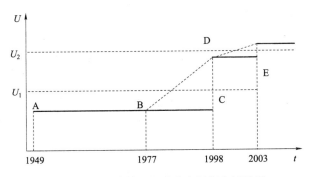

图3-3 中国建筑业职业安全规制变迁路径

图3-3中，横轴代表时间t，纵轴代表管控风格U。AC段表示在1949年到1998年我国建筑业职业安全规制的行政管理阶段。在这一阶段，政企不分，建筑企业隶属于政府主管部门，相当于政府主管部门的下级。政府对于建筑企业的职业安全规制，主要依靠行政指令运行，表现为在统一行政体系内部上级对下级所管辖事务的干预。其中，AB段表示改革开放以前，建筑业职业安全规制完全在计划经济模式下运行。改革开放以后，随着市场化改革的逐步推进，建筑业职业安全规制开始向法制化轨道迈进，从而在边际上呈现出跃迁趋势，如BD段所示。当边际跃迁超过临界值U_1，则实现了第一次制度飞跃。1998年，《中华人民共和国建筑法》颁布施行，标志着中国建筑业职业安全规制首次有了法律层次的行为规范。1998年第四次国务院机构改革以消除政企不分为重点，因此在这一跃迁点上也开始了建筑企业向独立的真正的市场主体

---

① 许洁对中国电力产业政府规制的路径分析给本书此处的分析提供了有益启示。参见同济大学许洁博士论文《转轨期中国电力产业规制研究》（2006年）。

的转化①，从而为政府依法实施规制奠定了基础。自 1998 年开始，中国建筑业职业安全规制的管控风格由行政管理阶段转化为依法规制阶段。图中 DE 段表示 1998 年到 2003 年以《建筑法》为基本依据的中国建筑业职业安全规制。在这一阶段，DF 段代表的边际跃迁仍在不断进行，但由于管控风格已经发生根本转化，所以边际变迁的斜率比 BD 段要小。当边际变迁超过临界值 U_2，即实现建筑业职业安全规制的第二次飞跃。在 2003 年这一时点，发生两个重大制度飞跃单元。一是《中华人民共和国安全生产法》颁布实施，确立了安全生产领域的基本制度；二是《中华人民共和国建设工程安全生产管理条例》颁布，这是我国首部规范建筑业职业安全规制的行政法规。2003 年至今，则一直以这部条例为主实施建筑业职业安全规制。从行政管理阶段到依法规制阶段的转换，表征着我国建筑业职业安全规制治理理念和管控风格的变化，也反映了中国政府由全能型政府向规制型政府的转变。表 3-7 对行政管理阶段和依法规制阶段的建筑业职业安全规制进行了总结比较，与学者王绍光进行的全能主义国家和监管型国家的对比内涵基本一致②。

行政管理和依法规制阶段建筑业职业安全规制比较　　　　表 3-7

	行政管理阶段	依法规制阶段
起止时间	1949～1998 年	1998 年至今
主要特征	政企不分，以行政指令为主	政企分开，以法律法规为主
规制依据	1977 年前，以行政性通知为主，以"三大规程"为辅。1977 年后，以各类行政通知和主管部门颁布的部门规章为主	以《建筑法》、《安全生产法》和《建设工程安全生产条例》为主，辅以主管部门颁布的部门规章和技术标准规范
基本工具	运动式检查、批评、评优等	行政执法、行政许可、行政处罚、监督检查等

---

① 1999 年 8 月 17 日，建设部发出《关于建设部国有资产管理办公室职能移交的通知》（建人教函〔1999〕278 号）。文中说："根据党中央、国务院关于中央党政机关必须与所办经营实体、所管直属企业脱钩的文件精神，我部与直属企业脱钩工作已基本完成，负责此项工作的建设部国有资产办公室也随之撤销"。

② 王绍光对全能主义国家和监管型国家的对比如下表所示。参见王绍光：《煤矿安全生产监管：中国治理模式的转变》，载吴敬琏主编《比较》第十三辑，中信出版社，2004：110.

	全能主义国家	监管型国家
干预的范围	全面的	有选择性的
法规的本质	行政指令	通行的法律
法规的实施	被监管者	被监管者和监管者
执行人的位置	内部	外部
执行的方式	劝说和行政处罚	罚金和刑事惩罚

以新制度经济学的视角审视上述阶梯式上升的变迁路径，可以发现这一路径呈现出以下特征：一是渐进性。除了"大跃进"和"文革"等时期，绝大多数情形下采用平稳的连续的方式进行，根据当时的政治、经济、社会条件，逐步修订、制定、完善和扬弃建筑业职业安全规制政策。渐进性特征决定了制度变迁的周期较长，如自建国以来到《建筑法》出台，一共经历了近半个世纪的时间。但也不排除比较激烈的激进式变迁。如《安全生产许可证条例》颁布以后，为较快地贯彻落实这一制度，国务院办公厅要求对于 2005 年底前未提出办理安全生产许可证申请、2006 年 3 月底前仍不具备发证条件的建设施工企业，要坚决撤销其施工资质证书①，这就是为解决落实安全生产许可制度这一关键问题而进行的激进式变迁。二是强制性。建筑业的职业安全规制变迁多以法律法规或政府的行政命令引入和实现。比如在变迁过程中的两次重要制度飞跃，就是以《建筑法》、《建设工程安全生产管理条例》等法律法规的颁布为标志。诱致性变迁方式在建筑业职业安全规制变迁过程中出现极少，而且往往要以强制性变迁作最后的确认。如 32 名全国人大代表建议国家就建筑安全立法，行业协会认识到某一规制措施的重要性而向政府提供建议，最后都要以法律正式颁布或政府实行了建议的规制措施作为制度变迁的完成。强制性变迁方式虽然提高了制度变迁的效率，但是往往也会带来一些问题，"政府热、企业冷"现象就是其一。中央政府已经意识到确保工人职业安全的潜在收益，从而"热心"地去推动强制性制度变迁。但是，当强制性变迁业已完成，法律法规也已颁布实施，企业对工人职业安全的偏好却仍然未达到相应水平。因此，他们没有动力去有效贯彻落实法律法规。规制者和被规制者意识形态的不同步往往是阻滞规制绩效的重要因素之一。三是滞后性。建筑业职业安全规制的供给总是与需求之间存在"时滞"。规制政策绝大多数是职业安全状况恶化的被动反应，换句话说就是用鲜血和生命的代价换来的经验教训。这种时滞现象在规制的行政管理阶段尤其突出。按照诺思等人的总结，时滞主要是辨识外部利润到组织初级行动团体的时间、设计和选择规制政策的时间以及确定政策到实际操作的时间。在发生建筑业职业安全事故等危机管理情况下，对于外部利润的辨识通常是非常迅速的。因此在中国的语境下，这种时滞主要是由于现有职业安全规制政策的不完善和前瞻性不足引起的。

（三）变迁动力和阻力

中国建筑业职业安全规制变迁中，既有促进制度创新的动力因素，也有阻滞制度变化的阻力因素，两种力量综合作用，在特定比例点和时间点达成制度均衡。图 3-4 描绘了中国建筑业职业安全规制变迁的动力和阻力因素及其作用机理。下文对动力因素和阻力因素进行详细阐述。

---

① 《国务院办公厅关于认真抓好今冬明春安全生产工作的通知》（国办发明电〔2005〕32 号）.

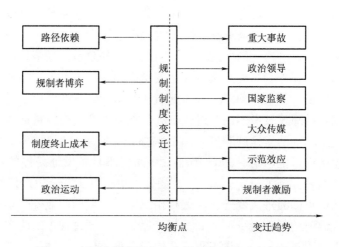

图 3-4 中国建筑业职业安全规制变迁的动力和阻力

1. 动力因素

重大事故。建筑业职业安全事故的不断发生，尤其是伤亡人数众多、经济损失巨大的重大事故的不断发生，是建筑业职业安全规制变迁的直接动力。重大事故的发生伴随极其严重的后果，同时往往暴露出既有规制政策的不足和执行过程中的漏洞，从而引起规制者的高度重视并开始总结事故教训、供给制度创新。如 2003 年 7 月 1 日，上海地铁 4 号线发生特大事故，直接经济损失达 1.5 亿元，最终经济损失达 5 亿元。这一事故震动了规制者，在严肃查处责任单位和责任人员的同时，由建设部、公安部等 9 个部委联合印发了《关于进一步加强地铁安全管理工作的意见》[①]，成为规范地铁工程安全生产的首份文件。2003 年是新世纪以来建筑业职业安全事故的顶峰，这一严峻事实结束了多年的讨论、争议过程，加速催生了《建设工程安全生产管理条例》的颁布施行。同类事故重复发生，也会促使规制政策创新。比如 1998 年到 2000 年，施工现场塔式起重机事故不断发生，仅一次死亡 3 人以上的事故就达到 25 起、死亡 76 人，其中 2000 年当年就发生 6 起，死亡 18 人，为治理塔式起重机事故，建设部当年即印发《关于进一步加强塔式起重机管理预防重大事故的通知》[②]，从使用管理、拆装管理、技术更新、制造质量、设备检验监测等各个方面做了详细规定。及至 2008 年，由于塔式起重机事故仍然时有发生，建设部又出台了更高层级的规制文件即部门规章《建筑起重机械安全监督管理规定》，希望能够遏制同类事故多发频率。

政治领导。在任何国家和地区，政治领袖都是影响政策议程建立的一个重

---

① 建质 [2003] 177 号文件.

② 建建 [2000] 237 号文件.

要因素，他们无论是处于公众价值观和政治使命感，还是出于个人需要和团体利益的考虑，都会密切关注社会中出现的这样或那样的问题，提出对特定问题的解决方案①。中国的政治领导人虽然较少直接干预建筑业职业安全规制工作，但是他们通过发表讲话、作出批示、签发党的决议等方式，表达他们对于职业安全工作的看法，引领意识形态，推动制度变迁。中国建筑业职业安全规制发展演变的方向，表面上是由直接规制者推动，其实很大程度上是政治领导人对于职业安全的偏好决定的。比如，建国初期由于过分强调工程进度和增产节约，建筑业职业安全事故有所增加。毛泽东针对劳动部《三年来劳动保护工作总结与今后方针任务》报告批示："在实施增产节约的同时，必须注意职工的安全、健康和必不可少的福利事业；如果只注意前一方面，忘记或稍加忽视后一方面，那是错误的。"② 这一批示对建筑业职业安全规制工作起到了深远的影响，建筑工程部随后制定出台了一批建国初期规范企业安全生产工作的文件。2000 年，江泽民针对江西省萍乡市烟花爆炸事故作出批示③，要求吸取事故教训，严肃查处事故责任人。为贯彻落实这一批示精神，建设部党组向中共中央办公厅报告："我部正组织力量，抓紧对《建设工程安全生产管理条例》（送审稿）进行修改，力争今年能上报国务院批准颁布"④。2006 年，胡锦涛在中央政治局第三十次集体学习时，发表《坚持以人为本，关注安全，关爱生命，切实把安全生产工作抓细抓实抓好》的讲话，系统阐述新形势下做好安全生产工作的重要性和战略措施。这篇讲话也成为包括建筑业在内的各行各业加强职业安全规制制度建设的重要指示。可见，政治领导人对于职业安全问题的关注和见解，既是对建筑业职业安全规制者的督促，也是规制变迁的重要契机。

国家监察。我国职业安全规制实行国家监察、行业管理的基本模式，即由各行业的主管部门具体实施本行业职业安全规制，而由安全生产归口部门（前期是劳动部，后期则转为国家安全生产监督管理总局）代表国家对行业主管部门进行监督、指导。国家监察力量对于建筑业的职业安全规制变迁也起到了的推动作用。一是通过国家整体职业安全规制制度建立的带动效应，促进建筑业

① 陈庆云主编. 公共政策分析. 北京大学出版社，2006：111.

② 刘铁民主编. 中国安全生产 60 年. 中国劳动社会保障出版社，2009：22.

③ 批示原文是：这样的事故已发生多次了，我们也做过多次批示，但同类事故仍不断发生，令人十分痛心。我们相信有关部门也一定已有规定，问题是没有得到认真落实。值得有关部门深思。这是一项系统工程，从安全生产规范到营业执照管理，从产品质量标准到防爆防火的安全教育，无一不值得我们很好总结教训。特别是家庭、学校、社会，要加强对少年儿童的安全教育，关心他们在各方面的成长，以体现我们党对广大人民群众的关心爱护。通过这件事，也要看到反腐败是很具体的，在社会主义市场经济的条件下，不能允许只要有钱赚，就可以危及人民的生命安全。见刘铁民主编. 中国安全生产 60 年. 中国劳动社会保障出版社，2009：302-303.

④ 《建设部关于贯彻落实江总书记有关安全生产重要批示情况的报告》（建党［2000］42 号）.

职业安全规制制度的建立完善。如建国初期政务院下发《关于厂矿企业编制安全技术劳动保护措施计划的通知》，建筑工程部随即要求所属企业将应采取的安全卫生措施纳入施工组织设计中的安全技术劳动保护措施计划。2001 年 3 月，国务院决定恢复成立国务院安全生产委员会，次年建设部也成立了安全生产管理委员会。2003 年《安全生产法》颁布，同年《建设工程安全生产管理条例》也得以出台，后者体例结构基本与前者相同。二是通过履行监督指导职责，督促和帮助建筑业职业安全规制工作。如在发生建筑业重大事故时，通报和督促建设主管部门，要求进一步加强安全生产工作，采取有效措施防范事故发生。另外，与建设主管部门联合开展检查、下发文件，共同推动建筑业职业安全规制工作，如《住房和城乡建设部、国家安全生产监督管理总局关于认真吸取长沙"12.27"施工升降机坠落事故教训切实加强建筑安全生产工作的紧急通知》[①] 等。

　　大众传媒。大众传媒在西方国家被视作"第四种权力"。在信息社会，大众传媒凭借覆盖率高、信息量大、影响面广、冲击力强等优势，传播信息、制造舆论、沟通思想、普及知识，有效地影响社会问题进入政策议程的效率和质量[②]。上个世纪末，互联网技术在中国开始广泛普及，互联网媒体成为披露和讨论社会问题的主要平台。对于建筑业职业安全规制变迁而言，大众媒体尤其是互联网媒体起到了推波助澜作用。主要方式是通过对事故的报道，引起公众注意，进而形成强大的舆论压力，促使规制者关注和回应，并反思和改进规制政策。互联网对于事故的报道，一是速度快，几乎是事故刚刚发生就可以在网络上浏览相关信息；二是范围广，全国各地不管是大城市还是小县城发生的事故都"无所遁形"；三是转播迅速，只要一被网络报道全国都可以在短时间内知道；四是报道详细，往往配有现场照片和访谈资料，对读者的冲击力较大；五是"跟帖"多，多数读者在浏览信息会登陆发表评论，表达对死伤者的同情和对责任者及规制者的不满。互联网报道事故的上述特点使之成为促进建筑业职业安全规制的重要社会力量。如对 2009 年 6 月 27 日上海"莲花河畔景苑"住宅楼整体倒塌事故，互联网媒体从事故发生到责任人批捕进行了全程报道，楼房整体倒塌的照片吸引了人们眼球，政府分析事故原因、调查相关责任人、采取相应措施等每一步都被媒体紧密跟踪，社会舆论经过媒体的渲染和放大成为一边倒的局势。为此，住房和城乡建设部紧急发出《关于开展全国在建住宅工程质量检查的紧急通知》[③]，上海市建设和交通委员会也迅速作出应对措施，一批责任人受到行政处分及刑事处罚。

---

① 建质电［2008］53 号文件。

② 陈庆云主编. 公共政策分析. 北京大学出版社，2006：112.

③ 建质电［2009］18 号文件.

示范效应。中国建筑业职业安全规制变迁有一个特点是充分采取"自下而上"的途径。在中央政府统一的规制政策和方针下，地方政府善于试验性地进行制度创新，形成局部的制度变迁，进而形成示范效应。当中央政府认为地方政府的创新值得在更大范围推广，以使示范效应转化为广泛绩效时，局部变迁就演化为全国性的制度变迁。如1986年以来，上海市开展了创建文明工地建设活动，提出不仅要为职工创造安全的作业条件，还要努力改善施工现场生活环境和文明状况，促进施工现场标准化管理，使之成为城市的文明窗口。通过开展这一活动，上海工地安全状况有了明显改观，伤亡事故逐年下降。为推广上海经验，建设部于1996年印发了《关于学习和推广上海市文明工地建设经验的通知》①，要求全国开展创建文明工地活动。至今，这一活动仍是建筑企业的常态活动之一。诸如此类地方创新事例很多，如部分地区率先成立建筑安全检查站、率先开展开工前安全条件审查等，都被建设部在全国予以推广。因此，地方成功经验的示范效应成为建筑业职业安全规制的重要动力之一。

规制者激励。尽管公共选择理论把包括规制者在内的政府官员也假定为经济人，但现实中的规制者远非象这个假设一样简单。他们往往拥有足够的内在和外在激励，去健全完善建筑业职业安全规制政策，最大限度减少事故发生。一是挽救工人生命的责任感和使命感。在规制者眼里，从事建筑业职业安全规制工作是"行善积德"②的事情，是人民赋予的责任和义务。在这种心理激励下，规制者往往主动去调查研究规制政策是否存在不足，从而改进规制政策，推动制度变迁。二是职业生涯的荣誉感和提升预期。在规制者的职业生涯中，规制法规或政策体系的完善是其追求的目标之一。规制者亲自组织或参与的政策能够为国家以法规等形式确认，并为职业安全好转发挥作用，一方面这是规制者的成就感和荣誉感所在，另一方面也是规制者在科层系统中得以提升的重要资本。三是问责压力。一旦出现重大事故，造成数量众多的人身伤亡和经济损失，规制者就很可能被行政问责，承担领导责任、监管责任甚至直接责任，从而在职业生涯中留下阴影，甚至会被迫离开规制者队伍。因此，问责压力也是规制者全力做好规制工作，推动制度变迁的动力所在。从建筑业职业安全规制变迁过程来看，因为重大事故被问责的规制者已不罕见。

2. 阻力因素

路径依赖。路径依赖是制约制度变迁的重要因素，也是一些看似低效的制度长期存在的主要原因。中国建筑业职业安全规制变迁过程中，很多有效的制度或手段得以创新，但也有一些低效的制度或手段仍然在使用，这在一定程度上阻碍了制度变迁和规制绩效。比如长期为学界甚至规制者自身诟病的运动式

---

① 建监〔1996〕484号文件.
② 本书作者与原建设部工程质量安全监督与行业发展司相关负责人的谈话.

检查模式。即只要发生重大事故，规制者就立即在全国或本行政区域范围内开展"地毯式"的排查，不管是平时安全管理薄弱的企业还是安全业绩优良的企业，一律对整个企业的所有工程项目进行全方位检查，甚至需要停工检查。这种泛政治运动化的检查模式，不能说完全无效，但是收益和成本之间差距太大。运动式检查模式之所以到现在还在经常使用，一是因为自建国以来一直存在的这种模式已经形成自我强化机制。发生事故后，规制者的第一反应就是循例沿用既有应对措施。这种模式最容易启动，规制者对其运作也最为稔熟。二是运动式检查模式虽然成本极高，但可以获得"绝对安全"，从而可以最大限度地降低规制者所承担的再次发生事故的规制责任风险。但实际上，不计代价的消除"最后10%的风险"①，既无可能，也无必要。路径依赖对制度变迁的阻滞效应可见一斑。

规制者博弈。建筑业职业安全的规制者，从横向上来看，包括建设主管部门、铁道、交通、水利等部门；从纵向上看，又包括中央政府所属部门和地方政府所属部门。由于部门之间及中央地方之间的利益冲突，规制者对于规制建筑业职业安全的方法、手段、职责设定和分工等看法并不总是一致。因此，规制者并非总是能够合作行动，而是存在着竞争性博弈。博弈过程的漫长以及博弈结果的不利都会在很大程度上影响规制制度变迁。如《建筑法》已经颁布十余年，该法设定的一些制度已经不合时宜，亟需修订。但是由于该法涉及到建设主管部门、铁道、交通、水利等部门的权责划分和利益调整，虽然自2003年以来就已经提上修订日程②，但至今仍然"难产"。中央政府与地方政府之间也存在博弈。如建设部颁布行业标准《建筑施工临时用电安全技术规范》，用以规范全国施工现场的临时用电相关设备和操作。但是，该规范颁布后，由于意见不同，一些地方仍采用与行业标准要求不同的电源箱，致使当时这些地方在临时用电方面出现多重标准，令企业无所适从③，也影响了行业标准的权威性。

制度终止成本。制度变迁往往意味着旧有制度的终止，但是制度终止是有成本的。如果成本过于高昂，大大超过预期收益，规制者就很有可能放弃制度终止。一是沉淀成本。即已经投入且无法挽回的成本。面对沉淀成本，规制者往往进退两难。因此，暂时不顾规制政策目前的绩效，让其再持续一段时间以观后效，成为最明智而保险的做法。二是实施成本。在短期内，用于规制政策

---

① 研究证实，世界上不存在绝对的安全。在一定成本下，消除一个特定对象带来的绝大部分风险是可能的，但是要想消除该对象带来的最后一点比例的风险，边际成本极高。相关分析参见：[美]布雷耶尔著：《打破恶性循环—政府如何有效规制风险》，法律出版社，2009：11.

② 参见《全国人大常委会执法检查组关于检查〈中华人民共和国建筑法〉实施情况的报告》（建办市〔2003〕55号）。

③ 本书作者对原中国建筑业协会建筑安全分会负责人的访谈。

终止的花费甚至比延续原有政策的花费更多。同时，规制者还要冒着可能得罪某些强大反对势力的风险和面临新的规制政策绩效反而不如以前的批评压力。如对未申领安全生产许可证的建筑施工企业全部注销资质的行政成本就是巨大的。三是信用成本。法规一旦形成，它在自己所属子区间的可变弹性较小。因为一项法规持续不变，违背的只是有效性原则，而朝令夕改违背的则是可信性原则。因此，规制者宁愿选择可信度高、威严性强的稳定法规，也不愿意选择有效的易变法规[①]。比如建国初期颁布的《建筑安装工程安全技术规程》，近30年未经修订，直到 1979 年时国家还在重申要切实贯彻执行[②]。

政治运动。从中国建筑业职业安全规制变迁的历史来看，政治运动对于制度变迁的影响极大，成为阻碍甚至中断制度变迁进程的最大因素。如 1958 年的"大跃进"运动期间，一切为赶超进度让路，许多建国初期制定并符合客观规律的职业安全规制制度被撤销，规制机构也有名无实，规制变迁几乎中断。"文革"时期，情况更为糟糕。劳动保护被狂热的无政府主义污蔑为"活命哲学"和"右倾复辟"，职业安全规制制度被全盘否定。"文革"时期成为中国建筑业职业安全规制变迁的最低谷时期。

（四）若干启示

回顾 60 年中国建筑业职业安全规制变迁历程，可以发现，行政管理阶段的建筑业安全规制并非一无是处，依法规制阶段的建筑业安全规制也不能"包治百病"。本章的分析为建筑业职业安全规制进一步变迁提供的可能启示如下：

1. 改变建筑活动市场主体对于职业安全的偏好状态极其重要。由前面分析可知，建筑企业等市场主体对于工人职业安全的偏好与规制者存在一定的时间错位，致使在强制性制度变迁后，制度执行的有效性大打折扣。规制者应当设计一种激励机制，改变市场主体对于职业安全的偏好状态，使之与规制者的偏好尽量吻合甚至更甚，实现从"要我安全"向"我要安全"的转化，增强市场主体推动制度变迁和执行制度的积极性和主动性。这应当是规制变迁的一个重要方向。

2. 应充分发挥不同变迁主体的作用，尤其是要大幅增加建筑工人的议价能力。政府不应当只唱独角戏，应当创造条件和环境让其他变迁主体如企业、工人、工会组织、行业协会、保险公司等组织初级行动团体，为制度变迁发挥促进作用。职业安全规制变迁的直接受益者虽然是建筑工人，但在中国建筑业职业安全规制变迁过程中，无论是从变迁的主体来看，还是从变迁的动力来看，建筑工人对于变迁的影响力都是极其微弱的。规制者应当有所作为，采取

---

① 李广德著. 经济转型期中国食品药品安全的社会性管制研究. 经济科学出版社，2008：142.

② 1979 年 5 月 5 日，国家计委、国家经委、国家劳动总局发出通知，重申贯彻执行《建筑安装工程安全技术规程》。见刘铁民主编：《中国安全生产 60 年》，中国劳动社会保障出版社，2009：267.

多种措施提高工人议价能力，克服工人集体行动困境。尽管政府可能仍是变迁的最重要主体，但与规制政策厉害关系最大的工人群体发动起来，规制变迁将更有动力。

3. 规制应该提倡使用多种政策工具，但不能否认行政手段的有效性[①]。计划经济条件下政府完全可以通过强有力的行政手段来直接对企业行为进行干预和奖惩，虽然不免有些过于强硬，但管控效果在某些时段却是不错的。在市场经济条件下，政府既没有必要、也不可能完全借助于行政手段来直接干预企业市场行为，一些经济、法律和技术标准手段都应当广为采用。但是，也不能简单认为市场监管就是要绝对排斥行政手段，特别是在法制和技术标准建设还不够完善的今日中国，行政手段依然具有成本低、效力高、见效快等优点，应当妥善应用。

4. 关键是要建立以预防为核心的职业安全规制长效机制。职业安全规制的主要功能是防止事故发生，而不是重在对发生事故后的反应和补救。运动式的检查及执法，虽然在事故发生后可以短时间内动员规制力量，集中优质资源，排查安全隐患，在一定程度上遏制事故高发态势，但是，这种方式成本与收益严重失衡，而且一旦运动结束，一切依然如故。"事故发生才能充分补偿事故、但是在事前对阻止事故却无能为力的体制明显不是人们希望的"[②]。所以，规制制度的设计应重在预防，着力建立一个政府规制责任和企业主体责任分明、运转有效的常态的长效的机制。这既是规制的基本目的，也是规制的基本方法。

---

① 本部分引自刘鹏. 计划经济时期中国政府产品质量管控模式研究. 载宋华琳，傅蔚冈. 规制研究第2辑—食品与药品安全的政府监管. 世纪出版集团，格致出版社，上海人民出版社，2009：26.

② ［美］盖多·卡拉布雷西著. 事故的成本——法律与经济的分析. 毕竞悦等译. 北京大学出版社，2008：55.

第四章 中国建筑业职业安全
规制现状及绩效分析

历史变迁分析帮助研究获得了中国建筑业职业安全规制的遗传基因，但更重要的是利用遗传基因所承载的信息链条来剖析当下。如果说上一章是从宏观的、外部的视角来考察中国建筑业职业安全规制的行进轨迹和变迁动因，那么从本章开始，将转换为微观的、内部的视角，深入当前中国建筑业职业安全规制的脉络和肌体，窥探组织构成，检测运转状态，分析存在问题，提供建议处方。经过数十年的演进过程，到2003年《建设工程安全生产管理条例》颁布，中国建筑业职业安全规制体系基本形成固定架构并开始稳步运行。这一规制体系架构形态如何，绩效是否尽如人意，值得仔细探究做出合理评价。本章即拟用归纳方法，勾勒中国建筑业职业安全规制的现行规制体系，描述近年来建筑业职业安全事故的基本结构和特征，同时采用定量方法分析现行规制体系的绩效。

一、中国建筑业职业安全现行规制体系

规制体系是指为制定、实施、实现规制方针所需的计划活动、惯例、程序、过程和资源等[①]，同时应包括有关组织机构的设置、权限划分等体制因素。本书认为，就建筑业职业安全规制而言，完整的规制体系应该包括规制者体系、规制工具体系、规制执行体系等三个子系。本节即采用上述三个子系对2003年以来形成的建筑业职业安全规制体系进行归纳分析。

（一）规制者体系

根据《建设工程安全生产管理条例》（以下简称条例）的规定，依法对建筑业职业安全进行规制的规制者主要有以下机构。

住房和城乡建设部。即《条例》中所称国务院建设行政主管部门，2008年成立，建设部为其前身。住房和城乡建设部是中国建筑业职业安全的最重要的规制者。按照《条例》的表述，住房和城乡建设部"对全国的建设工程安全生产实施监督管理"，但从具体规制领域来看，该部只负责规制建设工程中的房屋建筑和市政基础设施工程两个领域，其余的工程领域如铁道、水利、交通等各类专业工程则由相关部门负责规制。住房和城乡建设部对"全国"建设工

---

① 参见辽宁大学林木西教授指导的一些博士论文，如刘研华. 中国环境规制改革研究.（2007年）. 刘海莺. 中国铁路业规制改革研究. 张婷婷. 中国食品安全规制改革研究（2008年）等。

程安全生产的监督管理，体现在制定通行的建筑业职业安全法规、标准、规划以及负责全国统一的建筑施工企业安全生产许可上。因此，对于建筑业职业安全规制而言，实施的是一种统一管理、分工负责的体制。住房和城乡建设部既是统一管理的主体，也是分工负责的主体。住房和城乡建设部设安全生产委员会，由分管安全生产的副部长担任主任，代表部一层面对职业安全规制工作的领导。具体的内设职能机构为工程质量安全监管司及其下属施工安全监管处（编制为 4 人），这是中央政府层面对建筑业职业安全的最直接规制者，各项规制政策、制度和措施均源出于此。除了工程质量安全监管司外，根据该部安全生产委员会工作办法，其他司局也结合本单位职责负责建筑业职业安全规制的相关工作，如综合财务司（现改为计划财务与外事司）负责组织编制涉及安全生产的发展战略、中长期规划；组织编制安全生产技术引进规划等①。

国家安全生产监督管理总局。即《条例》中所称国务院负责安全生产监督管理的部门，其依照《中华人民共和国安全生产法》的规定对全国建设工程安全生产工作实施综合监督管理。如果说住房和城乡建设部是建筑业的最高行政主管部门，那么国家安全生产监督管理总局（简称安监总局）就是全国职业安全领域的最高行政主管部门。根据安监总局的"三定规定"②，安监总局主要有三方面的职能：一是负责制定全国安全生产方面的综合性法规、规划，组织全国性安全检查，组织特定级别以上事故的调查处理，履行对安全生产的"统一管理"职责；二是具体负责工矿商贸行业③的职业安全和卫生规制工作，制定相关制度、标准，对市场主体进行监督检查，履行"直接监管"职责；三是负责指导协调、监督检查国务院有关部门及省级地方人民政府的安全生产工作，履行"综合监督管理"职责。《条例》赋予安监总局对建设工程安全生产工作的职责即是综合监督管理职责，实际上就是代表国务院进行宏观管理、督促指导和综合协调，以确保《安全生产法》在建筑业的执行和落实。从以上分析可见，安监总局对建筑业职业安全并不是直接规制，而是通过制定颁布一般意义上的安全生产法规、标准，以及对住房和城乡建设部等部门的指导、协调和监督进行间接规制。安监总局下设安全监督管理二司，专门负责指导协调和监督包括建筑业在内的有专门安全生产主管部门行业和领域的安全监督管理工作。

其他国务院有关部门。主要是指铁道部、交通运输部和水利部等。根据

---

① 《建设部关于印发〈建设部安全生产管理委员会工作制度〉和〈建设部有关部门安全生产工作职责〉的通知》（建质〔2002〕130 号）.

② 《国务院办公厅关于印发国家安全生产监督管理总局主要职责内设机构和人员编制规定的通知》（国办发〔2008〕91 号）.

③ 主要是指没有专门的行政主管部门管理的行业或领域，如非煤矿山、石油、海上石油、化工、医药、危化品、烟花爆竹、冶金、有色、建材、机械、轻工、纺织、烟草、商贸等。

《条例》规定，国务院铁路、交通、水利等有关部门按照国务院规定的职责分工，负责有关专业建设工程安全生产的监督管理，即对这些工程领域的职业安全进行直接规制。在实际的建筑业职业安全规制中，除了上述三个部门外，虽然《条例》没有明确规定，但根据《条例》的精神和部门分工，工业和信息化部、国家电力监管委员会分别负责信息建设工程、电力建设工程职业安全的直接规制工作。上述部门都制订了专门的职业安全规制政策，设置了相应的工作机构，相对独立地开展相关工程领域的职业安全规制工作。如铁道部设立了建设管理司和安全监察司，水利部设立了安全监督司，交通运输部设立了基本建设质量监督总站，工业和信息化部设立了安全生产司，国家电力监管委员会设立了安全监管局①。

地方人民政府安全监管部门、建设行政主管部门及其他有关部门。中国建筑业职业安全实行属地管理的原则。根据《条例》第三十九条和第四十条的规定，县级以上地方人民政府负责安全生产监督管理的部门依照《中华人民共和国安全生产法》的规定，对本行政区域内建设工程安全生产工作实施综合监督管理；县级以上地方人民政府建设行政主管部门对本行政区域内的建设工程安全生产实施监督管理；县级以上地方人民政府交通、水利等有关部门在各自的职责范围内，负责本行政区域内的专业建设工程安全生产的监督管理。可见，地方人民政府相关部门与国务院相关部门在建筑业职业安全规制体制设计方面一脉相承，只是地方人民政府相关部门的规制权限和规制区域有所不同，比如地方部门只能贯彻执行国家和国务院部门的统一方针政策、制定适用地方的规章标准，只能对本行政区域内的建筑业职业安全进行规制等。以地方人民政府建设行政主管部门为例，省级人民政府的建设行政主管部门一般称住房和城乡建设厅或住房和城乡建设委员会，内设直接规制机构一般为建筑管理处，也有单独设置工程质量安全处或安全监督处的。地级、县级人民政府建设行政主管部门一般称住房和城乡建设局或住房和城乡建设委员会，下设建筑管理处（科）负责建筑业职业安全规制，单独设置安全处室的较少。为明确建设行政主管部门的职业安全规制职责，规范规制行为，提高规制效率，建设部于2005年专门制定印发了规范性文件《建筑工程安全生产监督管理工作导则》，对规制制度、规制程序、规制内容和规制方法等进行了规定，成为地方建设行政主管部门进行职业安全规制的基本工作指南。

建设工程安全监督机构。根据《条例》第四十四条，建设行政主管部门或者其他有关部门可以将施工现场的监督检查委托给建设工程安全监督机构具体实施，这实际上以行政法规的形式明确了建设工程监督机构的法律地位。但建设工程安全监督机构只是接受行政委托代为行使部分监督检查的职业安全规制

---

① 参见铁道部、水利部、交通运输部、工业和信息化部及国家电力监管委员会政府网站。

权力，因此其没有独立的行政处罚权，同时相应的行政责任也由同级的建设行政主管部门承担。目前，除了西藏自治区，全国各省、自治区和直辖市基本上都成立了建设工程监督机构（一般称为建筑安全监督站），在建设行政主管部门的委托下，履行对施工现场安全生产的监督检查工作。但在有的地方，尤其是省级建筑安全监督站也履行除现场监督检查之外的职业安全规制职能，比如起草相关地方性法规规章和技术标准，制定规制的具体措施等。建设工程安全监督机构并不属于政府序列，而是事业单位。从经费来源上看，建设工程安全监督机构可以分为财政全额拨款、财政差额补贴、自收自支等类型；从机构设置形式上来看，可以分为独立设置、与质量监督机构合署办公等类型。建设工程安全监督机构的工作人员主要是专业技术人员，其专业主要分布在土木工程、电气、机械、工程管理等领域。近些年来，建设工程安全监督机构和监督队伍不断发展壮大。据不完全统计，截止 2008 年，全国县级以上地区共有建设工程安全监督机构 2239 个，独立设置的占 41.1%，财政全额拨款的占 40.7%；实有监督人员 20059 人，大专以上学历的占 68.4%[①]。建设工程安全监督机构已经成为了直接规制建筑业职业安全的主要力量。

通过上述对规制者的分析，可以看出，目前中国建筑业职业安全规制的管理体制是：国家安全生产监督管理总局代表国家进行综合监督管理，住房和城乡建设部对建筑业职业安全进行统一管理并对房屋建筑和市政工程领域进行直接规制，铁道部、交通运输部、水利部等有关部门对有关专业工程领域的职业安全进行直接规制，地方人民政府安监、建设、交通、水利等部门按照与相应国务院部门相同的职责分工在本行政区域内进行建筑业职业安全规制，各级建设工程安全监督机构接受建设等行政主管部门委托对施工现场职业安全进行直接规制。中国建筑业职业安全规制者体系及其关系如图 4-1 所示。

（二）规制工具体系

规制工具是规制者为实现规制目标而采取的行政、经济、法律等方面的政策手段。安东尼·奥格斯认为经典的社会性规制工具包括信息规制、标准、事前批准、经济工具等几种[②]。中国建筑业职业安全领域的规制工具基本包括了上述各个经典规制工具类型。虽然信息规制、事前批准、经济工具等规制工具的创设大都是以法律法规作为载体，但是法律法规除了设立规制工具之外，还具体规定了建筑市场主体的安全责任义务，因此本书认为法律规制本身也是一种重要的规制工具。具体而言，中国建筑业职业安全规制工具主要有以下几种。

---

① 根据本书作者获得的调研资料。

② ［英］安东尼·奥格斯著：规制：法律形式与经济学理论，骆梅英译，中国人民大学出版社，2008.

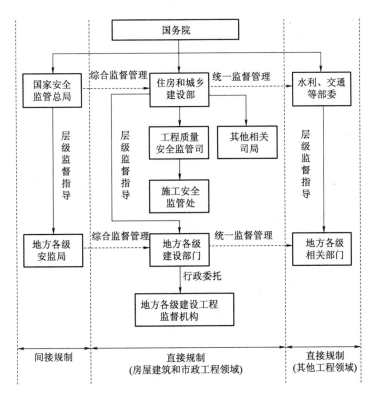

图 4-1   中国建筑业职业安全规制者体系及其关系

1. 法律规制

法律规制的兴起是中国建筑业职业安全规制由行政管理阶段向依法规制阶段转型的重要标志[①]。中国建筑业职业安全法律法规体系体现了"三级立法"的立法体制，即在法制统一的原则下由全国人大、国务院、国务院部门和地方人大、政府分别立法。目前，已经形成以宪法为根本依据，以《建筑法》、《安全生产法》等法律为母法，以《建设工程安全生产管理条例》、《安全生产许可证条例》、《生产安全事故报告与调查处理条例》等行政法规为主导，以《建筑施工企业安全生产许可证管理规定》、《建筑起重机械安全监督管理规定》等部门规章为配套，以地方性法规和规章为地方执行细则的多层次、多类型的法律法规体系。在这些法律法规中，既有全面的综合性的立法，也有局部的专项的立法；既有对市场活动主体和规制部门行为模式的规定，也有对违反行为模式应该承担的法律责任的规定。为了贯彻落实法律法规和规章，细化相关内容，规制者还颁发了一系列规范性文件，即"红头文件"。这些规范性文件作为法律法规和规章的延伸，往往针对的是某一方面的规制内容，也是建筑业职业安

---

① 参见本书第三章的相关分析。

全规制领域的重要活动依据，但是不具有法律效力。中国当前建筑业职业安全规制法律法规体系如表 4-1 所示。

中国建筑业职业安全法律法规体系 表 4-1

立法体系	名　　称	性　质	范围
一级	《宪法》	根本大法	综合
	《建筑法》、《安全生产法》	基本法律	综合
二级	《建设工程安全生产管理条例》	行政法规	综合
	《安全生产许可证条例》		专项
	《生产安全事故报告和调查处理条例》		专项
	《工伤保险条例》		专项
	《特种设备安全监察条例》		专项
三级	《建筑施工企业安全生产许可证管理规定》	部门规章	专项
	《建筑起重机械安全监督管理规定》		专项
	地方性条例或政府规章	地方立法	综合
立法延伸	《建筑工程安全生产监督管理工作导则》、《建筑工程安全防护、文明施工措施费用及使用管理规定》、《建筑起重机械备案登记办法》、《建筑施工企业安全生产许可证动态监管暂行办法》、《危险性较大的分部分项工程安全管理办法》、《建设工程高大模板支撑系统施工安全监督管理导则》等	规范性文件	专项

我国的建筑业职业安全规制法律法规的特点是详细规定建筑市场各方活动主体在保障工人职业安全方面的责任和义务，因此总体上属于描述型法规类型，这也是本书把法律规制作为规制工具一种的主要原因。但与美国的描述型法规不同，我国法规重在约束建筑市场主体的安全行为，美国法规则重在规定规制机构的成立依据、规制者权限、规制程序等，这在一定程度上也反映美国更为重视对行政权力的约束和规范①。但是，我国尚处于经济体制转轨时期，市场发展还不完善，市场活动主体行为也不够规范，因此对建筑市场主体做出详细规定也是符合国情的，关键是同时要注重规范政府行为，提高规制效益。《建设工程安全生产管理条例》较之《建筑法》的一个最大进步，就是更为详细和系统地规定了参加建筑产品生产活动的建设单位、勘察单位、设计单位、

---

① 比较我国的《安全生产法》和美国的《职业安全与健康法》即可发现这一差异。同是职业安全领域的基本法，《安全生产法》以较大篇幅规定了生产经营单位和从业人员行为，而《职业安全健康法》几乎全文都是规定劳工部长、职业安全健康局等规制者、规制机构的规制内容、权限和程序等。

施工单位、监理单位、设备租赁单位的安全义务，体现了各方主体都要对职业安全负责的先进规制理念。这些规定是规制者以行政法规形式对各方市场主体作出的基本职业安全规制要求，也是规制者借以监督检查市场主体安全行为的主要法规依据。表4-2归纳了法律规制工具对被规制者安全责任的设定情况。

《建设工程安全生产管理条例》设定的被规制者责任 表4-2

被规制者	安全责任设定
建设单位	向相关方面提供地下管线等资料；不得干预建筑产品生产活动；将安全措施费用列入概算；申领施工许可证时提供建设工程安全措施；拆除工程需发包给有相应资质单位
勘察单位	严格按法规标准勘察；提供的勘察文件应真实、准确；勘察作业要保证周边建筑、设施安全
设计单位	严格按法规标准设计；注明重点部位和环节；提出使用新结构、新材料、新设备时保障工人安全的建议
施工单位	企业资质与安全生产条件匹配；主要负责人对企业安全工作全面负责；项目负责人对项目安全施工负责；安全措施费用专款专用；按规定设置安全机构、人员；总包单位对现场安全负总责；专项施工方案须经专家论证、审查；消防安全责任；安全用品设备按规定查验、报废；安全培训教育；为职工缴纳意外伤害保险等
监理单位	严格按照法规标准实施监理。审查施工单位安全技术措施；发现隐患及时要求施工单位整改并采取相应措施
设备租赁单位	出租设备应具有生产许可证、产品合格证；出具设备检测合格证明
设备安装单位	具备相应资质；编制拆装方案、制定安全措施；自检并出具合格证明
检验检测机构	出具经检测安全合格证明文件，对检测结果负责

2. 技术标准

职业安全技术标准是施工企业和建筑工人在施工现场从事实体生产活动时需要遵从的基本准则，相当于技术法规，在建筑业职业安全规制工具体系中占有重要的地位。本书认为，建筑业职业安全技术标准可以有四种分类方法。第一，按照标准发布的主体不同，我国建筑业职业安全技术标准分为国家标准、行业标准、地方标准和企业标准。这些标准在法律地位上由前到后逐次递减，但是在标准的技术要求上却是由前到后逐次递增。这是因为国家标准和行业标准只是设定了某一领域的最低的最基本的技术要求，地方或企业如果想制定标准就必须比国家和行业标准的技术要求高，否则就没有再次在同一领域制定标准的必要。第二，按照标准的法律效力不同，建筑业职业安全技术标准又可以分为强制性标准和推荐性标准。强制性标准必须严格执行，否则将会受到行政处罚。但在我国工程建设领域，往往又在标准中规定强制性的条文，即只要执行了这些强制性条文就能满足法律要求，这在一定程度上降低了其他条文的强制执行力。第三，按照标准的内容不同，又分为基础标准、通用标准和专用标准。基础标准主要是一些基本的术语标准、分类标准和标志标准；通用标准是在建筑业职业安全领域共性较大的标准，可作为专用标准制定的依据；专用标准主要是针对某一特定对象的安全技术要求。第四，按照标准的用途不同，可以分为操作标准、检查标准和评价标准。从数量上看，以操作标准为主，检查和评价标准数量较少。经过几十年的发展，我国建筑业职业安全技术标准有了很大的发展。截止 2010 年[①]，共发布了 13 部全国性建筑业职业安全技术标准，各地也制订了大量的地方安全技术标准，这些标准成为规制者施行职业安全规制活动、被规制者保护生命和财产安全的重要保障。表 4-3[②] 描述了全国性建筑业职业安全技术标准的基本情况。

中国建筑业职业安全技术标准状况（截止 2010 年）　　　　表 4-3

序号	编　号	名　　称	分类
1	JGJ 33—2001	建筑机械使用安全技术规程	J/Q/C/E
2	JGJ 46—2005	施工现场临时用电安全技术规范	J/Q/C/E
3	JGJ 59—99	建筑施工安全检查标准	J/Q/C/D
4	JGJ 65—89	液压滑动模板施工安全技术规程	J/Q/C/E
5	JGJ/T 77—2010	施工企业安全生产评价标准	J/T/C/F
6	JGJ 80—91	建筑施工高处作业安全技术规范	J/Q/C/E
7	JGJ 88—2010	龙门架及井架物料提升机安全技术规范	J/Q/C/E
8	JGJ 128—2010	建筑施工门式钢管脚手架安全技术规范	J/Q/C/E
9	JGJ 130—2001	建筑施工扣件式钢管脚手架安全技术规范	J/Q/C/E
10	GB 50194—93	建设工程施工现场供用电安全规范	G/Q/C/E
11	GB 2893，GB 2894	建筑施工现场安全与卫生标志标准	G/Q/A/E
12	JGJ 147—2004	建筑拆除工程安全技术规范	J/Q/C/E
13	JGJ 146—2004	建筑施工现场环境与卫生标准	J/Q/B/E

注：G：国家标准、J：行业标准；Q：强制性标准、T：推荐性标准；A：基础标准、B：通用标准、C：专用标准；E：操作标准、D：检查标准、F：评价标准。

3. 行政许可

根据我国《行政许可法》的定义，行政许可是指行政机关根据公民、法人

----

① 2011 年又颁布了国家标准《施工企业安全生产管理规范》（GB 50656—2011）.

② 标准名称编号等引自《建设部关于对〈建筑工程施工安全专业标准体系〉（征求意见稿）征求意见的函》（建质安函〔2005〕28 号），见 http://www.cin.gov.cn/zcfg/jswj/gczl/200611/W02006110154365731 5494.doc，标准分类为作者整理。

或者其他组织的申请，经依法审查，准予其从事特定活动的行为①。在建筑业职业安全领域实施行政许可，目的是从源头上控制市场准入，保证只有符合资格的市场主体才能从事建筑产品生产活动，从而最大限度保障职业安全。从规制强度来看，行政许可是政府干预强度最大的规制工具。

建筑施工企业安全生产许可。根据《安全生产许可证条例》和《建筑施工企业安全生产许可证管理规定》，未取得安全生产许可证的建筑施工企业不得从事建筑施工活动。施工企业向建设行政主管部门申领取得安全生产许可证，必须具备上述法规和规章规定的十二项安全生产条件，包括建立安全生产制度、保证安全投入、设置专职管理人员和机构等，这些条件实际上在《建设工程安全生产管理条例》中也都有相应规定。企业获得安全生产许可证后，不得降低安全生产条件，否则将会受到建设行政主管部门暂扣或吊销安全生产许可证的处罚。建筑施工企业安全生产许可是在 2004 年初设立的，当时正值全国大规模清理行政审批制度之时，该项许可能在此时设立，体现了国家对于建筑业职业安全工作的重视，也反映了建筑业职业安全事故的严峻形势。目前，建筑施工企业安全生产许可已经成为各级建设行政主管部门规制职业安全问题最有力的规制工具。

建筑施工企业资质许可。《建设工程安全生产管理条例》规定，施工单位从事建设工程的新建、扩建、改建和拆除等活动，应当具备国家规定的注册资本、专业技术人员、技术装备和安全生产等条件，依法取得相应等级的资质证书，并在其资质等级许可的范围内承揽工程。这实际上规定了企业取得资质证书的条件之一即是具备安全生产条件，从而资质许可也成为职业安全许可的一个许可种类。《建筑业企业资质管理规定》② 规定，建筑业企业在申请资质证书时必须提供安全生产条件有关材料，但并未详细说明材料的具体内容。在实际操作中，也出现了企业应该先申领安全生产许可证还是资质证书的争议。

建设工程项目施工许可。建设工程项目开工之前，建设单位必须向建设行政主管部门申请领取施工许可证后方可施工。《建设工程安全生产管理条例》规定，建设单位在申请时应当提供建设工程有关安全施工措施的资料。《建筑施工企业安全生产许可证管理规定》进一步规定，对于施工企业未取得安全生产许可证的，建设行政主管部门不得向建设单位颁发施工许可证。因此，工程项目的施工许可实际上也起到了对职业安全进行规制的作用。

建筑施工企业"三类人员"任职考核。所谓"三类人员"是指施工单位的

① 《中华人民共和国行政许可法》（中华人民共和国主席令第 7 号），中华人民共和国第十届全国人民代表大会常务委员会第四次会议于 2003 年 8 月 27 日通过。

② 建设部令第 159 号，2006 年 12 月 30 日建设部第 114 次常务会议讨论通过，2007 年 9 月 1 日起施行。

主要负责人、项目负责人和专职安全生产管理人员。《建设工程安全生产管理条例》规定，这三类人员应当经建设行政主管部门或者其他有关部门考核合格后方可任职。"三类人员"任职考核制度既是一项独立的行政许可，也是施工企业获得安全生产许可证的条件之一。对于取得考核合格证书的人员，发现有违反安全生产法律法规、未履行安全生产管理职责、不按规定接受企业年度安全生产教育培训、发生死亡事故，情节严重的，收回安全生产考核合格证书，限期改正，重新考核。由于铁道、交通等部门也可以依法进行考核，加之部门之间未经充分协调，实践中出现了对同一建筑施工企业重复发证的问题，在一定程度上增加了企业负担。

建筑施工特种作业人员持证上岗。建筑施工特种作业人员是指在房屋建筑和市政工程施工活动中，从事可能对本人、他人及周围设备设施的安全造成重大危害作业的人员，包括电工、架子工、起重信号司索工、起重机械司机、起重机械及高处作业吊篮安装拆卸工等。由于从事作业危险性较大，住房和城乡建设部规定[①]这些工种人员必须经建设主管部门考核合格，取得建筑施工特种作业人员操作资格证书，方可上岗从事相应作业。

4. 经济政策

经济政策的使用被认为是克服传统的"命令—控制型"规制众多弊端的重要改进措施。借助市场经济杠杆的调节作用，可以使得建筑活动市场主体通过衡量安全成本收益，自动自发地追求良好的安全业绩，以实现利润最大化的目标。然而正如安东尼·奥格斯所言，尽管经济工具作为规制手段具有许多优点，但在实践中较少得到采用[②]。目前，在建筑业经常使用的经济政策主要有三种。

建筑意外伤害保险。建筑意外伤害保险是一种法定的强制性商业保险。一方面，《建筑法》和《建设工程安全生产管理条例》都有明确规定，施工单位应当为施工现场从事危险作业的人员办理意外伤害保险并支付保险费，具有法律效力；另一方面，该险种由商业保险公司负责经营办理，属于市场主体之间的行为。之所以要引入商业保险，是因为建筑业是高危行业，在社会保障性质的工伤保险之外，依据《劳动法》的规定，可以建立补充保险。因此，建筑意外伤害保险实际上属于工伤保险的补充险种，介于社会保险与纯商业保险之间。但是，由于我国工伤保险发展较慢，直至 2003 年才颁布《工伤保险条例》，而 1998 年颁布的《建筑法》早已规定建筑意外伤害保险相关内容，所

---

① 住房和城乡建设部文件：《关于印发建筑施工特种作业人员管理规定的通知》（建质［2008］75 号）。

② ［英］安东尼·奥格斯著. 规制：法律形式与经济学理论. 骆梅英译. 中国人民大学出版社，2008：249.

以，建筑意外伤害保险一直是建筑业职业安全的主要险种①。根据《建设部关于加强建筑意外伤害保险工作的指导意见》（建质［2003］107号），该险范围涵盖施工现场作业和管理人员，期限自项目开工之日到工程竣工验收合格之日。保险费必须列入建筑安装工程费用，不得向职工摊派。鉴于建筑工人流动性较大，投保实行不记名和不计人数的方式。费率提倡与工程规模、类型、工程项目风险度和施工现场环境等因素挂钩的差别费率，以及与企业安全生产业绩和管理状况挂钩的浮动费率，以激励投保企业安全生产积极性。据统计，2002年到2004年，建筑意外伤害保险投保总额和理赔金额逐年上升，年均增长幅度分别为46.5％和27.3％②。

工伤保险。工伤保险是社会保险制度的重要组成部分，是国际上通行的针对劳动者在生产经营活动中遭受意外伤害的救济手段。由于上文提及的原因，工伤保险在建筑业的推行开展情况并不尽如人意。2006年底，原劳动和社会保障部与建设部联合下发了《关于做好建筑施工企业农民工参加工伤保险有关工作的通知》（劳社部发［2006］44号），明确建筑施工企业必须及时为农民工办理参加工伤保险手续，并将此作为取得安全生产许可证的必备条件之一。同时，针对建筑业生产经营特点，提出当注册地与生产经营地不在统一统筹地区的，可以在生产经营地参保；对于上年工伤费用支出少、工伤发生率低的企业，可以按有关规定下浮费率档次执行。在实际执行中，由于企业需要同时缴纳建筑意外伤害保险和工伤保险，保费负担较大，如何协调两个险种关系是一个需要解决的问题。

建筑施工企业安全生产费用提取。安全生产费用是指企业按照规定标准提取，在成本中列支，专门用于完善和改进企业安全生产条件的资金。根据《高危行业企业安全生产费用财务管理暂行办法》③，建筑施工企业提取的安全费用须列入工程造价，在竞标时，不得删减。安全费用应当专户核算，按照"企业提取、政府监管、确保需要、规范使用"进行财务管理。各个不同工程类别安全费用的提取标准也不相同，如房屋建筑和矿山工程为2.0％，电力、水利、铁路工程为1.5％，市政公用、冶炼、机电、石化、港口、公路、通信等工程为1.0％。但提取安全费用制度在建筑行业仍处于初步阶段，落实情况有待考察。针对房屋建筑和市政工程的安全投入问题，建设部专门印发了《建筑

---

① 2011年，《建筑法》第48条修改为："建筑施工企业应当依法为职工参加工伤保险缴纳工伤保险费。鼓励企业为从事危险作业的职工办理意外伤害保险。"从而强化了工伤保险在建筑业的法律地位。

② 根据有关数据测算。参见尚春明，方东平主编. 中国建筑职业安全健康理论与实践. 中国建筑工业出版社，2007：64.

③《财政部、国家安全生产监督管理总局关于印发〈高危行业企业安全生产费用财务管理暂行办法〉的通知》（财企［2006］478号）。

工程安全防护、文明施工措施费用及使用管理规定》，明确了安全防护、文明施工措施费用支出项目构成，并对建设单位、施工单位、监理单位等确定、使用和监督这笔费用作了规定。

5. 信息披露

信息披露是中国建筑业职业安全规制工具中政府干预强度最小的一种，主要是为了应对和解决职业安全领域的"信息赤字"问题，要求信息优势方向信息劣势方提供获得足够的风险信息，以使劣势方对自身的行动做出理性判断和选择。在建筑业职业安全规制实践中，信息披露并没有系统的制度安排，而是散见于相关的法规之中。对于未执行信息披露规定的，视情节轻重和后果将受到相应的行政处罚。对《建设工程安全生产管理条例》中信息披露规定的归纳见表 4-4。

《建设工程安全生产管理条例》中信息披露规定　　　表 4-4

环节	优势方	劣势方	披 露 规 定
开工之前	建设单位	施工单位	提供施工现场及毗邻区域内供水、排水、供电、供气、供热、通信、广播电视等地下管线资料，气象和水文观测资料，相邻建筑物和构筑物、地下工程的有关资料，并保证资料的真实、准确、完整（第 6 条）
设计阶段	设计单位	施工单位	对涉及施工安全的重点部位和环节在设计文件中注明，并对防范生产安全事故提出指导意见（第 13 条）
施工阶段	施工单位	建筑工人	对有关安全施工的技术要求向施工作业班组、作业人员作出详细说明，并由双方签字确认（第 27 条）
			在施工现场入口处、施工起重机械、临时用电设施、脚手架、出入通道口、楼梯口、电梯井口…等危险部位，设置明显的安全警示标志（第 28 条）
			提供安全防护用具和安全防护服装，并书面告知危险岗位的操作规程和违章操作的危害（第 32 条）

（三）规制执行体系

规制执行是将规制政策理想转化为规制现实、规制目标转化为规制绩效的唯一和必经途径，是规制政策生命周期中最重要的环节。为促进职业安全规制法规的有效落实，目前形成了包括监督执法、层级监督、指标控制和专项活动等在内的建筑业职业安全规制执行体系。

1. 监督执法[①]

监督执法是最基本的规制执行行为，主要是指规制者对被规制者履行职业

---

① 本部分主要参考建设部颁发的《建筑工程安全生产监督管理工作导则》。见《关于印发〈建筑工程安全生产监督管理工作导则〉的通知》（建质［2005］184 号）。

安全规制政策进行监督检查，以及对违反相关法规的被规制者采取行政措施或行政处罚的行政行为，包括对建筑市场各方活动主体和施工现场的监督执法。

对建筑市场活动各方主体的监督执法，内容主要是监督检查建设、勘察、设计、施工、监理等单位履行《建设工程安全生产管理条例》设定的安全责任的情况。一般采取听取工作汇报或情况介绍、查阅相关文件资料和资质资格证明、考察或问询有关人员、抽查施工现场或勘察现场、反馈监督检查情况等方法。发现违法违规行为，通常都是先责令限期整改，对逾期未改正的再处以罚款、停业整顿、降低或吊销资质证书等行政处罚；对于造成重大安全事故，构成犯罪的，追究相应刑事责任。就建筑施工企业而言，还要依照《安全生产许可证条例》对其进行安全生产许可动态监管。发现建筑施工企业降低安全生产条件的，或发生事故后经核查为企业降低安全生产条件的，要视情形予以暂扣或吊销安全生产许可证的行政处罚。对各方主体的监督执法并不经常，因为规制者不可能经常直接到这些主体的场所去监督检查。事实上，规制者对于建筑市场活动各方主体的监督执法往往是通过对施工现场的监督管理实现的。

施工现场是生产建筑产品的主要工作场所，也是职业安全事故发生的地点，因此对于施工现场的监督管理是规制者最经常的规制执行行为。在颁发施工许可证之前，规制者应当审查项目开工安全条件。通常是先由建设单位或建设单位委托的监理单位，审查施工企业和现场各项安全生产条件是否符合开工要求，并将审查结果报送工程所在地建设行政主管部门。建设行政主管部门对审查结果进行复查。在项目开工以后，规制者定期或不定期地到施工现场进行巡检，检查工程项目各项基本建设手续办理情况、有关责任主体和人员的资质和执业资格情况、各方主体履行安全生产管理职责情况、施工现场实体防护情况、文明施工情况等。主要监督检查方式是：查阅相关文件资料和现场防护、文明施工情况；询问有关人员安全生产监管职责履行情况；反馈检查意见，通报存在问题。对发现的事故隐患，下发整改通知书，限期改正；对存在重大安全隐患的，下达停工整改通知书，责令立即停工，限期改正。对施工现场整改情况进行复查验收，逾期未整改的，依法予以行政处罚。监督检查后，做出书面安全监督检查记录。一个典型的对施工现场的职业安全监督执法流程如图 4-2[1] 所示。

2. 层级监督

层级监督是指上一级规制者对下一级规制者落实规制政策、制定规制措施、开展规制活动的指导和监督行为。以住房和城乡建设部对各省、自治区、直辖市建设主管部门的层级监督为例，主要有以下几种方式。

---

① 武汉市城乡建设委员会政府网站. http://www.whjs.gov.cn/zwgk/content/2008-11/29/content_161410.htm.

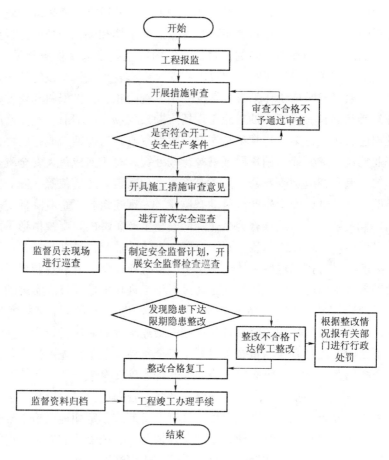

图 4-2　典型的施工现场职业安全监督执法流程

　　一是现场层级督查。一般是根据各地在某一时段事故死亡人数的涨幅、一次死亡 3 人以上事故的起数、事故的频度等确定需要督查的地区。然后组成由规制者和技术专家组成的督查小组赴该地区进行现场督查。督查内容主要是该地区的建设主管部门履行安全规制职责情况、建立完善职业安全法规、标准和制度情况、事故防范措施制定情况、对重大事故的处理情况等。一般督查程序是：听取下级建设行政主管部门的工作汇报；询问有关人员安全生产监督管理情况；查阅有关规范性文件、安全生产责任书、安全生产控制指标、监督执法案卷和有关会议记录等文件资料；抽查有关企业和施工现场，检查监督管理实效；对下级履行安全生产监管职责情况进行综合评价，并反馈监督检查意见。

　　二是约谈和督办。实际上是对现场层级督查的替代方式。如约谈方式较之现场督查由"走出去"变为"请进来"。对于事故高发地区，住房和城乡建设部领导或相关司局领导约见该地区建设主管部门主要负责人，共同分析事故原因，总结经验教训，研究防范措施，这往往对于该地区而言是一个不小的触动。另外，有时直接向事故多发地区发出督办函，提醒该地区加强职业安全规制工作，遏制事故多发势头。这类函件一般冠以"请某某地区进一步加强建筑安全生产工作"的题目。

三是预警提示。在重大节日、重要会议、特殊季节、恶劣天气到来和施工高峰期之前，住房和城乡建设部通常会发出预警通知，提醒各地认真分析和查找本行政区域建筑工程安全生产薄弱环节，汲取以往年度同时期曾发生事故的教训，有针对性地提早做出符合实际的安全生产工作部署。如《关于进一步做好震后和汛期建筑安全生产工作的通知》[①]、《关于做好"五一"黄金周期间建设系统安全生产、防灾减灾和应急管理工作的紧急通知》[②]、《关于做好防御台风等自然灾害工作确保建筑施工安全的紧急通知》[③] 等。

四是事故通报。重大事故发生后，向全国通报事故情况是规制者较常使用的层级监督方法。事故通报之所以能够起到层级监督的作用，是因为它既是对发生事故地区的批评，也是对未发生事故地区的警醒。在典型的事故通报中，一般先描述事故基本情况、点出事故涉及的市场主体，然后分析事故的初步原因，最后结合事故教训提出相关工作要求。如《上海轨道交通 4 号线 "7.1"重大工程事故的通报》[④]、《关于黑龙江省牡丹江市 "9.10"重大伤亡事故的通报》[⑤]、《关于对湖南株洲 "5.17"事故和天津 "5.18"事故情况的通报》[⑥] 等。

3. 指标控制

根据《国务院关于进一步加强安全生产工作的决定》（国发 [2004] 2号），自 2004 年起，国家向各省（区、市）人民政府下达年度安全生产控制指标，并进行跟踪检查和监督考核。所谓控制指标，是指年度死亡人数不得超过规定的指标数字。通常是以上一年的死亡人数为基数，规定一定的下降幅度后，来确定当年的死亡人数控制指标。在国家下达的安全生产控制指标体系中，建筑业死亡人数是一个行业控制指标。因为建筑业包括多个工程种类，不同的工程种类分别由不同的部门负责。为明确规制责任，建设部、国家安全监管总局联合印发通知[⑦]，规定了"谁颁发施工许可（或开工报告）、谁履行安全生产监管职责、谁负责安全生产指标控制"的原则。2006 年以后，房屋建筑和市政工程死亡人数指标实现在建筑业死亡人数下单列。2006 年到 2009 年

① 建质电 [2008] 58 号文件.

② 建质电 [2007] 25 号文件.

③ 建质电 [2007] 72 号文件.

④ 建质 [2003] 197 号文件.

⑤ 建办质 [2006] 74 号文件.

⑥ 建质电 [2009] 12 号文件.

⑦ 《建设部、国家安全监管总局关于加强建设工程安全生产工作的紧急通知》（建质 [2005] 135号).

的控制指标分别为 1260、1020、992、和 970 人。住房和城乡建设部并不向各地分解房屋建筑和市政工程控制指标，而是将其作为一个总体控制指标。各地省级人民政府则向同级建设行政主管部门下达分解控制指标，如 2005 年北京的指标是 90 人、安徽是 81 人、江西是 35 人、山东是 94 人[①]。安全生产控制指标制度实施以来，各级规制部门的压力增大，规制力度加强，建筑业的死亡人数逐年下降。但是，这一制度实施过程中，也颇有争议。主要的批评意见是控制指标的设置忽视我国工业化发展阶段和生产力发展水平，每年人为地强制性地规定下降幅度；指标体系设计不科学，只有绝对指标，没有相对指标等。

4. 专项活动

除了上述三种制度化的规制执行方式之外，规制者还经常开展一些专项的活动，或是希望在短时间内集中实现某些规制目标、或是希望能够通过活动增强被规制者及基层规制者的安全意识，或是希望建立某一方面的长效机制。近几年来，住房和城乡建设部在全国范围内开展的主要活动见表 4-5。

近年来住房和城乡建设部开展的职业安全活动　　　　表 4-5

活 动 名 称	活 动 内 容
创建文明工地	学习上海创建经验，全国各地施工现场努力改变"脏、乱、差"局面，创造安全的作业条件并努力改善施工现场作业与生活环境的卫生、文明状况，变扰民工程为利民、便民、爱民工程，重视工地面貌、职工精神面貌的提高
安全生产月	根据全国安全生产月活动统一安排，确定每年 6 月为建筑业的安全生产月。活动期间，规制者通过张贴宣传画、发放宣传手册、现场咨询、开展知识竞赛等多种丰富的形式和手段，营造安全文化氛围，提高从业人员安全意识
隐患排查治理	针对建筑施工企业安全生产管理的薄弱环节和施工现场存在的隐患，开展专项治理行动。重点是企业安全许可证申领情况、总包、监理单位的责任落实情况、临时用电情况、起重机械情况、脚手架情况和高大模板等情况
专项整治	为控制和治理施工中的高处坠落、施工坍塌、触电和中毒"四大伤害"，制定专门工作规划、方案和措施，有计划、有步骤开展群众性集中治理工作。近年来又逐步增加了塔吊倒塌、拆除工程等事故类型
安全质量标准化	通过在施工现场和施工企业推行标准化管理，实现企业市场行为规范化、安全管理流程的程序化、场容场貌的秩序化和现场安全防护的标准化。目标实施分 2006 到 2008 年和 2009 年到 2010 年两个阶段
三项行动和三项建设	根据国务院安委会的统一部署，为落实 2009 年"安全生产年"的各项要求而开展。三项行动是指执法行动、治理行动和宣传教育行动，三项建设是指法制体制机制建设、保障能力建设和监管队伍建设

[①] 根据本书作者获得的调研资料。

5. 事故处置

建筑业职业安全事故发生后，规制者需要依法、及时、规范地进行事故处置工作。根据《建设工程安全生产管理条例》、《生产安全事故报告与调查处理条例》，完整的事故处置包括应急救援、报告、调查、处理、统计等环节。

救援。县级以上地方人民政府建设行政主管部门应当根据本级人民政府的要求，制定本行政区域内建设工程特大生产安全事故应急救援预案，并督促和指导施工、产权、物业等单位建立健全本单位预案，配备应急人员和器材，定期组织演练。建筑业职业安全事故发生后，建设行政主管部门负责人应立即赶到事故现场，组织事故救援，主要是组织营救受害人员、迅速控制事态、消除危害后果、初步查清事故原因，评估危害程度等。一般来说，应急救援工作需要在当地人民政府的统一领导下，由建设、公安、消防、卫生、民政、工会等多部门协同配合。

报告。事故发生后，事故现场人员应立即向施工单位负责人报告；负责人接报后应于1小时之内向当地建设行政主管部门和安监部门报告。建设行政主管部门接到事故报告后，对于较大事故、重大事故和特别重大事故①需逐级上报至住房和城乡建设部；一般事故则逐级上报至省级人民政府建设主管部门，每级上报时间不得超过2小时。必要时，建设行政主管部门可以越级上报事故。住房城乡建设部接到重大事故和特别重大事故报告，应当立即报告国务院。事故报告的主要内容是事故发生时间、地点、单位、简要经过、伤亡人数和经济损失、初步原因、采取措施和事故控制情况等。

调查。事故调查主体是人民政府或其委托的部门，依事故级别不同调查主体的行政级别也不相同。在实践中，人民政府一般委托同级安全监管部门组织事故调查，建设主管部门作为调查组成员参加调查，但也有一些地方人民政府直接委托建设主管部门组织事故调查。调查组通常由安监、建设、监察、公安、工会、检察等部门和专家组成，负责查明事故原因、认定事故性质和责任、提出处理意见、总结事故教训等。调查组应于60日内向委托调查的人民政府提交事故调查报告，报告应附具有关证据材料和所有调查组成员签名。

处理。事故调查报告经相关人民政府批复后，建设主管部门根据批复意见和有关法律法规对事故责任者实施行政处罚。对于责任单位，视情节轻重给予暂扣或吊销施工企业安全生产许可证、罚款、停业整顿、降低或吊销资质证书

① 根据《生产安全事故报告和调查处理条例》，**特别重大事故**是指造成30人以上死亡，或者100人以上重伤，或者1亿元以上直接经济损失的事故；**重大事故**是指造成10人以上30人以下死亡，或者50人以上100人以下重伤，或者5000万元以上1亿元以下直接经济损失的事故；**较大事故**是指造成3人以上10人以下死亡，或者10人以上50人以下重伤，或者1000万元以上5000万元以下直接经济损失的事故；**一般事故**是指造成3人以下死亡，或者10人以下重伤，或者1000万元以下100万元以上直接经济损失的事故。

等处罚；对于责任注册执业人员，视情节轻重给予罚款、停止执业或吊销执业资格证书的处罚。其中，涉及特级、一级施工企业、甲级监理企业以及注册执业人员资质资格的处罚，以及中央建筑企业总部的安全生产许可证的处罚，由住房和城乡建设部直接负责。相关处罚信息在住房和城乡建设部政府网站上都可以查询得到。

统计。住房和城乡建设部要求，建设主管部门除按《生产安全事故报告与调查处理条例》上报事故外，还需要在网络上通过该部开发的《建设系统安全事故和自然灾害快报系统》上报每一起一般以上的事故。利用在该系统中采集的相关数据，住房和城乡建设部对全国房屋建筑和市政工程职业安全事故进行全面的统计和分析，并且每年都向社会公布事故发生情况的总体报告。

中国建筑业职业安全现行规制体系如图 4-3 所示。

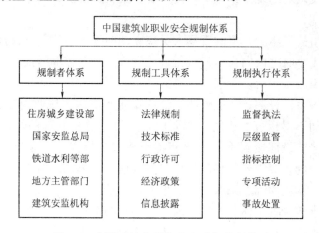

图 4-3　中国建筑业职业安全现行规制体系

二、中国建筑业职业安全规制绩效

建筑业职业安全规制的直接目的就是保障工人职业安全、防止和控制职业安全事故发生。因此，对规制绩效进行衡量的一个重要指标就是事故发生情况。实际上，目前官方对于建筑业职业安全规制绩效的评估也只是唯一的通过事故发生情况这一指标。尽管本书对于上述绩效评估方法并不完全认同[①]，但本部分还是主要通过对事故的分析来实现对规制绩效的分析。首先对事故发生的年际、结构和地区情况进行专项分析，然后对规制总体绩效进行总结。由于数据来源问题，主要采用 2004 年到 2009 年的房屋建筑和市政工程事故数据[②]。

---

① 本书第五章、第六章将对建筑业职业安全规制绩效评估问题作详细讨论。

② 本部分事故基础数据均源自住房和城乡建设部（建设部）2004～2009 年历年建筑安全生产形势分析报告，其余除注明的外，均为作者整理、计算而得。

（一）目标达成分析

自 2004 年开始，建筑业职业安全规制的年度目标包括两个方面，一是国务院安委会下达的建筑业事故控制指标（2006 年开始，房屋建筑和市政工程事故指标在建筑业中单列）。二是规制者自行提出的工作目标。2004 年以来的历年年度目标和完成情况如表 4-6[①] 所示。

2004 年以来建筑业职业安全规制目标完成情况　　　　　　表 4-6

年　份	2004	2005	2006	2007	2008	2009
控制指标（人）	—	—	1260	1020	992	970
工作目标	下降 2.5%；B<6.92。	下降 3%；B<3.44。	下降 3%	下降 2%	下降 2%	下降 2%
实际死亡人数	1324	1193	1048	1012	967	802
实际事故起数	1144	1015	888	859	781	684
实际下降幅度	18.60%	9.89%	12.15%	3.44%	4.45%	16.80%
占控制指标比例	—	—	83.17%	99.22%	97.48%	85.29%
建筑业总产值（亿元）	29021.45	34552.10	41557.16	51043.71	62036.81	75864
百亿元产值死亡率	4.56	3.45	2.52	1.98	1.56	1.05

注：百亿元产值死亡率（B）＝死亡人数/百亿元建筑业总产值

从表 4-6 可知，从 2004 年到 2009 年的六年，均有效完成了年度事故控制目标。从国务院安委会下达控制指标完成情况看，2006 年到 2009 年，实际死亡人数均未超过控制指标。2006 年和 2009 年分别仅占用了 83.17% 和 85.29%，2007 年和 2008 年则逼近指标极限，分别占用了 99.22% 和 97.48%。从规制者自行设定的工作目标完成情况来看，除了 2005 年房屋建筑和市政工程事故百亿元产值死亡率没有实现当年目标之外，其余年份均有效完成且属于超额完成。尤其是 2004、2006 和 2009 年，实际死亡人数下降幅度均在 10% 以上，大大超过目标设定的 2%～3% 的下降幅度。2005 年虽然没有完成百亿元产值死亡率不超过 3.44 的目标，但是实际死亡人数下降了 9.89%，比下降幅度目标 3% 增加了近 7 个百分点。从 2004 年到 2009 年，房屋建筑和市政工程事故死亡人数逐年下降，年均下降幅度达 10.89%；在建筑业规模持续增大的情况下，百亿元产值死亡率逐年变小，由 4.56 下降为 1.05，下降幅度近 77%。图 4-4 直观地描述了 2004～2009 年房屋建筑和市政工程事故死亡人数、事故起数和百亿元产值死亡率的下降情况。

---

① 该表中，控制指标和工作目标源自本书作者获得的调研资料；2004～2008 年建筑业总产值来源于中国统计年鉴（2009），2009 年建筑业总产值来源于：《中国统计摘要 2010》，中国统计出版社，2010：150.

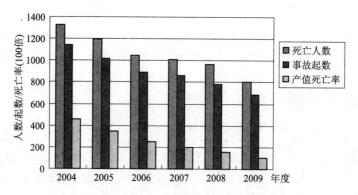

图 4-4　2004～2009 年房屋和市政工程事故变化情况

(二) 结构分析

对于房屋建筑和市政工程职业安全事故进行结构分析，通常采用事故类型、事故发生部位、事故发生的工程特点等分析角度。

1. 事故类型。房屋建筑和市政工程事故的事故类型主要有中毒窒息、车辆伤害、火灾爆炸、淹溺、高处坠落、触电、机具伤害、施工坍塌、物体打击、起重伤害等。从事故发生情况来看，以高处坠落、施工坍塌、物体打击、起重伤害、机具伤害、触电等为主。2004～2009 年的主要事故类型及其死亡人数占总体死亡人数比例情况见表 4-7。从表中可知，高处坠落事故是房屋建筑和市政工程的第一高发事故类型，历年占比均在 40％以上，年均达到 46.34％。自 2005 年占比下降到 50％以下后，近三年来又开始逐步上升。施工坍塌事故是第二高发事故类型，2005 年以来一直占到 18％以上。除 2008 年占比较少外，物体打击事故占比基本稳定在 11～12％之间。从 2005 年开始，起重伤害事故占比有明显增加，由 2004 年的 3.10％达到 2008 年的 9.31％和 2009 年的 6.48％。而触电事故占比则呈下降趋势，2004 年的 7.18％将到 2009 年的 3.74％。图 4-5 直观地描述了 2009 年事故类型占比情况。

2004～2009 年房屋和市政工程事故类型和比例　　　　　　表 4-7

年　度	事　故　类　型					
	高处坠落	施工坍塌	物体打击	起重伤害	机具伤害	触电
2004	53.10％	14.43％	10.57％	3.10％	6.72％	7.18％
2005	45.52％	18.61％	11.82％	5.53％	5.87％	6.54％
2006	41.03％	20.61％	12.79％	8.78％	5.92％	6.20％
2007	45.45％	20.36％	11.56％	6.42％	4.84％	6.62％
2008	45.92％	19.96％	9.41％	9.31％	6.41％	4.65％
2009	47.01％	20.32％	11.22％	6.48％	5.36％	3.74％
年均	46.34％	19.05％	11.23％	6.60％	5.85％	5.82％

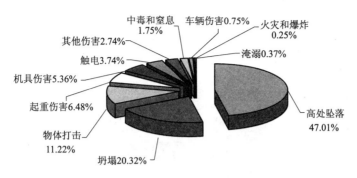

图 4-5 2009 年房屋和市政工程事故类型占比

需要注意的是，在全部事故中，虽然高处坠落事故是第一高发类型。但是，如果以较大及以上事故为分析对象，施工坍塌事故则成为第一高发类型。2004、2005、2006、2007、2008、2009 年较大事故中施工坍塌事故死亡人数占比分别为 43.42％、50.60％、62.33％、59.72％、47.59％、71.43％。这也反映了建筑施工的生产特点，即存在量大面广的高处作业，增加了零星的高处坠落事故几率；而危险性更大的模板坍塌、塔吊倒塌等施工坍塌事故，由于作业人员比较集中作业，容易造成群死群伤现象，从而增加了施工坍塌事故在较大及以上事故中的占比。

2. 事故部位。房屋建筑和市政工程职业安全事故部位主要分为墙板结构、临时设施、外用电梯、现场临时用电线路、外电线路、洞口临边、脚手架、塔吊、基坑、模板、井字架龙门架、施工机具、土石方工程等。事故高发的部位主要是洞口临边、脚手架、塔吊、基坑、模板等。2004～2009 年的主要事故部位及其死亡人数占总体死亡人数比例情况见表 4-8。由表中可见，洞口和临边是最易发事故的部位，占比约为 17.75％。脚手架事故居其次，2009 年占比达到峰值 14.34％。塔吊和基坑事故占比近年来呈上涨趋势。图 4-6 直观地描述了 2009 年事故部位占比情况。

2004～2009 年房屋和市政工程事故部位情况　　　　表 4-8

年　度	事　故　部　位				
	洞口临边	脚手架	塔吊	基坑 *	模板
2004	20.39％	13.14％	8.08％	—	5.44％
2005	19.20％	12.66％	10.06％	6.96％	7.38％
2006	17.94％	11.16％	10.59％	6.01％	8.01％
2007	15.51％	11.86％	11.86％	6.72％	6.82％
2008	16.65％	10.96％	11.27％	8.17％	8.48％
2009	16.83％	14.34％	10.60％	8.10％	6.11％
年均	17.75％	12.35％	10.41％	7.19％	7.04％

＊2005 年开始在事故部位中增加基坑类型。

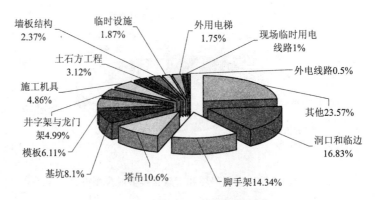

图 4-6　2009 年房屋和市政工程事故部位占比

3. 工程特点。主要是从工程类别、工程阶段、工程用途、工程履行基本建设程序情况等四个方面来分析。工程类别分为新建工程、改扩建工程和拆除工程，从事故发生情况看，以新建工程为主。工程阶段分为内施工准备、基础施工、主体结构、装饰装修和拆除阶段，从事故发生情况看，以主体结构和装饰装修阶段为主。工程用途分为住宅、公共建筑、厂房和其他用途，从事故发生情况看，以住宅和公共建筑为主。工程履行基本建设情况包括完全履行、部分履行和未履行，事故大部分发生在未履行和部分履行程序的工程项目。以2009 年为例，发生在新建工程的事故死亡人数为死亡 746 人，占总数93.02％；发生在工程主体结构阶段的事故死亡 421 人，占总数的 52.49％，发生在装饰装修阶段的事故死亡 193 人，占总数的 24.06％；发生在住宅工程的事故死亡 406 人，占总数的 61.8％，发生在公共建筑的事故死亡 134 人，占总数的 20.4％；在发生事故的工程项目中，未履行基本建设程序和部分履行程序的工程分别死亡 383 人和 117 人，总共占总的死亡人数的 62.35％。

（三）地区分析

历年的全国房屋建筑和市政工程事故起数和死亡人数是由各省、自治区、直辖市上报的数字加总而来。全国各地的事故发生情况很不相同。历年全国各地死亡人数情况、升降情况见表 4-9，各地发生较大及以上事故情况见表 4-10。较大及以上事故的明细情况见本章附表。

2004～2009 年全国各地房屋和市政工程事故情况　　　　表 4-9

地区	2004 年		2005 年		2006 年		2007 年		2008 年		2009 年		人数总计
	人数	升降	人数	升降	人数	升降	人数	升降	人数	升降	人数	升降	
北京市	70	34.6％	71	1.4％	65	−8.5％	45	−30.8％	35	−22.2％	29	−17.1％	315
天津市	17	−5.6％	18	5.9％	10	−44.4％	17	70.0％	14	−17.7％	10	−28.6％	86
河北省	48	4.3％	44	−8.3％	33	−25.0％	28	−15.2％	25	−10.7％	25	0.0％	203

地区	2004 年		2005 年		2006 年		2007 年		2008 年		2009 年		人数总计
	人数	升降	人数	升降	人数	升降	人数	升降	人数	升降	人数	升降	
山西省	10	−9.1%	5	−50.0%	12	140.0%	7	−41.7%	6	−14.3%	25	316.7%	65
内蒙区	18	−18.2%	18	0.0%	23	27.8%	27	17.4%	23	−14.8%	16	−30.4%	125
辽宁省	48	−21.3%	58	20.8%	59	1.7%	40	−32.2%	49	22.5%	19	−61.2%	273
吉林省	17	−19.0%	18	5.9%	26	44.4%	30	15.4%	13	−56.7%	22	69.2%	126
黑龙江	46	−37.8%	58	26.1%	44	−24.1%	45	2.3%	16	−64.4%	16	0.0%	225
上海市	94	−22.3%	74	−21.3%	64	−13.5%	61	−4.7%	59	−3.3%	48	−18.6%	400
江苏省	76	−6.2%	77	1.3%	84	9.1%	103	22.6%	83	−19.4%	57	−31.3%	480
安徽省	37	68.2%	43	16.2%	37	−14.0%	45	21.6%	52	15.6%	48	−7.7%	262
浙江省	108	−22.3%	78	−27.8%	60	−23.1%	66	10.0%	101	53.0%	62	−36.7%	475
福建省	33	−36.5%	32	−3.0%	31	−3.1%	30	−3.2%	30	0.0%	20	−33.3%	176
江西省	29	−53.2%	17	−41.4%	14	−17.7%	14	0.0%	13	−7.1%	19	46.2%	106
山东省	44	−30.2%	35	−20.5%	35	0.0%	36	2.9%	29	−19.4%	25	−13.8%	204
河南省	62	138.5%	35	−43.5%	27	−22.9%	37	37.0%	28	−24.3%	15	−46.4%	204
湖北省	47	−20.3%	42	−10.6%	43	2.4%	38	−11.6%	33	−13.2%	27	−18.2%	230
湖南省	23	−54.0%	28	21.7%	34	21.4%	34	0.0%	53	55.9%	45	−15.1%	217
广东省	105	−4.5%	84	−20.0%	68	−19.1%	60	−11.8%	52	−13.3%	53	1.9%	422
广西区	56	86.7%	28	−50.0%	20	−28.6%	29	45.0%	20	−31.0%	16	−20.0%	169
海南省	21	200.0%	8	−61.9%	6	−25.0%	6	0.0%	10	66.7%	12	20.0%	63
四川省	52	−18.8%	72	38.5%	52	−27.8%	23	−55.8%	35	52.2%	34	−2.9%	268
云南省	47	−21.7%	54	14.9%	40	−25.9%	42	5.0%	54	28.6%	39	−27.8%	276
贵州省	44	−30.2%	38	−13.6%	37	−2.6%	39	5.4%	34	−12.8%	29	−14.7%	221
西藏区	0	−100%	3	—	1	−66.7%	0	−100%	0	—	0	—	4
陕西省	31	6.9%	32	3.2%	25	−21.9%	14	−44.0%	19	35.7%	14	−26.3%	135
甘肃省	52	−10.3%	42	−19.2%	19	−54.8%	19	0.0%	13	−31.6%	14	7.7%	159
青海省	12	−33.3%	13	8.3%	14	7.7%	14	0.0%	14	0.0%	16	14.3%	83
宁夏区	10	−37.5%	10	0.0%	11	10.0%	16	45.5%	10	−37.5%	10	0.0%	67
新疆区	28	16.7%	21	−25.0%	23	9.5%	15	−34.8%	16	6.7%	14	−12.5%	117
重庆市	36	−34.5%	34	−5.6%	31	−8.8%	30	−3.2%	28	−6.7%	21	−25.0%	180
兵团	3	−62.5%	3	0.0%	0	−100%	2	—	0	−100.0%	2	—	10

2004～2009 年全国各地房屋和市政工程较大及以上事故情况　表 4-10

地区	2004 年		2005 年		2006 年		2007 年		2008 年		2009 年		起数总计	人数总计
	起数	人数	起数	人数	起数	人数	起数	人数	起数	人数	起数	人数		
北京市	0	0	1	8	3	9	1	6	1	3	0	0	6	26
天津市	1	3	2	9	0	0	1	3	2	6	0	0	6	21
河北省	1	3	2	6	4	12	1	4	3	9	1	4	12	38
山西省	1	4	0	0	1	6	1	3	0	0	4	15	7	28
内蒙区	1	3	1	4	1	3	0	0	0	0	0	0	3	10
辽宁省	2	6	4	17	2	9	2	15	1	3	0	0	11	50
吉林省	0	0	0	0	0	0	0	0	0	0	1	3	1	3
黑龙江	0	0	3	9	3	13	4	12	0	0	0	0	10	34
上海市	0	0	0	0	0	0	0	0	1	3	1	4	2	7
江苏省	6	21	6	24	4	16	3	17	5	17	3	11	27	106
安徽省	1	3	2	7	0	0	1	4	2	6	2	7	8	27
浙江省	2	8	2	6	1	3	1	4	4	26	2	10	12	57
福建省	1	5	0	0	0	0	0	0	1	12	0	0	2	17
江西省	2	10	0	0	1	4	0	0	1	3	0	0	4	17
山东省	3	11	2	7	3	11	4	13	2	9	1	5	15	56
河南省	6	39	3	10	2	8	3	17	1	3	1	3	16	80
湖北省	1	3	1	3	1	4	2	6	2	8	0	0	7	24
湖南省	1	3	1	4	1	3	0	0	4	36	1	9	8	55
广东省	3	13	4	16	2	7	3	9	2	6	2	9	16	60
广西区	1	3	0	0	0	0	1	7	2	6	0	0	4	16
海南省	1	3	0	0	0	0	0	0	0	0	0	0	1	3
四川省	0	0	4	22	2	8	1	3	2	10	0	0	9	43
云南省	2	9	0	0	2	9	1	3	1	3	0	0	6	24
贵州省	1	3	1	4	3	11	2	7	0	0	0	0	7	25
西藏区	0	0	1	3	0	0	0	0	0	0	0	0	1	3
陕西省	2	10	1	4	1	3	0	0	2	6	0	0	6	23
甘肃省	2	8	2	7	1	3	1	3	0	0	0	0	6	21
青海省	0	0	0	0	0	0	1	3	1	5	1	8	3	16
宁夏区	0	0	0	0	0	0	0	0	1	3	0	0	1	3
新疆区	1	4	0	0	0	0	0	0	0	0	0	0	1	4
重庆市	0	0	0	0	1	4	1	5	1	4	1	3	4	16
兵团	0	0	0	0	0	0	0	0	0	0	0	0	0	0
总计	42	175	43	170	39	146	35	144	42	187	21	91	222	913

无论是从六年的事故总量来看还是从每年的事故总量来看，江苏、浙江、广东、上海四个地区都是最多，属于"第一集团"。此四地区六年总量均达在400人以上，每年总量也在48人以上；其事故总的死亡人数已经占到全国总数的28%。北京、辽宁、黑龙江、河北、安徽、山东、河南、湖南、湖北、四川、云南、贵州等属于"第二集团"，除北京死亡人数总量达到315人外，其余地区死亡人数总量均在200～300人之间。内蒙、吉林、福建、江西、广西、陕西、甘肃、新疆、重庆属于"第三集团"，人数总量均在100～200人之间。天津、山西、海南、青海、宁夏、西藏、新疆建设兵团则属于"第四集团"，人数总量在100人以下。图4-7描述了2008年和2009年全国各地事故死亡人数情况，从中可以直观地观察四个集团在全国各地中的位置。这四个集团的死亡人数在一定程度上反映了各集团的职业安全规制绩效水平，但是并不能完全说明。如东部沿海地区工程建设规模大、建筑业从业人员多，施工量和人数相对较大的基数在一定程度上也增加了事故几率。相反，海南、山西、西藏、青海等地建筑业产值较低，工程任务量远远不及东部地区，事故几率也相对较小，因而事故总量相比较小。部分西南地区，如四川、云南、贵州等地事故总量较大，可能与当地经济发展水平相对不高、建筑业技术装备差等因素有关。

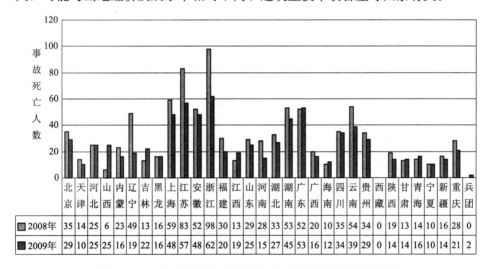

	北京	天津	河北	山西	内蒙	辽宁	吉林	黑龙	上海	江苏	安徽	浙江	福建	江西	山东	河南	湖北	湖南	广东	广西	海南	四川	云南	贵州	西藏	陕西	甘肃	青海	宁夏	新疆	重庆	兵团
2008年	35	14	25	6	23	49	13	16	59	83	52	98	30	13	29	28	33	53	52	20	10	35	54	34	0	19	13	14	10	16	28	0
2009年	29	10	25	25	16	19	22	16	48	57	48	62	20	19	25	15	27	45	53	16	12	34	39	29	0	14	14	16	10	14	21	2

图 4-7　2008 年全国各地房屋和市政工程事故死亡人数比较

从较大及以上事故发生情况来看，江苏省最多，6 年累计达到 27 起、106人；河南达到 16 起、80 人，起数较少人数较多的原因是因为有一起重大事故发生，死亡人数达 21 人[①]，江苏、河南的死亡人数已经占到全部较大及以上

---

① 指 2004 年 5 月 12 日发生在河南省安阳市信益电子玻璃有限公司烟囱工地的重大事故，造成21 死亡、10 人受伤。

事故死亡人数总数的 20%。广东、辽宁、浙江、山东、湖南等地发生较大及以上事故死亡人数在 50～60 人之间，其余死亡人数较多的如四川、河北、黑龙江等地，死亡人数在 30～50 之间。浙江虽然死亡人数总量较大，但是较大及以上事故并不高发。但总体看，较大及以上事故多发的地区基本与全部事故多发地区基本一致。

　　事故的升降幅度与事故死亡人数绝对数字相比，在衡量规制绩效方面似乎说服力要大一些。尽管死亡人数基数较大，但是上海连续 6 年实现逐年死亡人数逐年下降，由 2004 年的 94 人下降到 2009 年的 48 人，下降幅度达 48.9%；广东连续 5 年实现下降，由 2004 年的 105 人下降到 2009 年的 52 人，下降幅度达 50.5%；北京连续 3 年实现下降，由 2005 年的 71 人下降到 2009 年的 29 人，下降幅度达 59.2%；江苏最近两年也是逐年下降。这说明这些地区经济社会发展程度高、法规比较健全、管理理念也比较先进，在降低事故发生方面取得了较好的效果。另外一些地区，也实现了连年事故下降的目标。如重庆市连续 6 年下降，河北、福建、江西连续 4 年下降，湖北、甘肃连续 3 年下降，天津、内蒙、山东、广西、贵州等地最近两年也呈事故下降趋势。从表 4-8 中的数据看，山西、吉林、安徽、湖南、海南、青海、浙江等地区的事故形势不稳定。尤其是山西，2006 年事故死亡人数猛增了 140%，2009 年又猛增了 316.67%；海南最近两年也是逐年增长；浙江、湖南经历了前期几年的下降后，又出现事故反弹。事故上升有两种情况，一是工程建设规模突然增长，事故几率大大增加，在原有较小基数上增加很小数量就会体现为很大的幅度；二是经过多年下降后，事故下降空间已经缩小，极易出现反弹现象；三是形成交替上升、下降的态势，如上一年下降较多，第二年就可能在上一年基础上有所上升，而第三年又可能在第二年基础上再次下降。

（四）绩效总结

　　根据上述对建筑业中房屋建筑和市政工程职业安全事故的分析，应该说自 2004 年以来，我国建筑业职业安全规制取得了明显的成效。全部事故起数和事故死亡人数、较大及以上事故起数和死亡人数，以及百亿元产值死亡率均有大幅的下降，且有效地达成了每年制定的房屋建筑和市政工程安全生产控制指标和年度工作目标，大部分地区职业安全状况总体稳定、趋向好转。以 2009 年为例，全国共发生房屋建筑及市政工程职业安全事故 684 起、死亡 802 人，同比分别下降 12.08% 和 16.80%；全国有三分之二的地区死亡人数与上年同比下降，下降幅度超过全国下降平均值的达 14 个地区。

　　但是，当前的建筑业职业安全事故形势仍然不容乐观，反映出职业安全规制还需进一步有针对性的加强。首先，建筑业各个工程类型之间职业安全规制绩效不均衡。由本部分分析可知，建筑业中的房屋建筑和市政工程职业安全事故以较大的平均幅度实现逐年下降，但是其他工程类型如铁道、交通、水利等工程事故降低情况则并不稳定。虽然没有获得上述各个工程领域的具体事故数据，但从建筑业的总体事故数据与房屋建筑和市政工程事故数据的比对可以证明上述结论。据国家安全生产监督管理总局数据，2005 年全国建筑业事故死亡人数下降 6.5%，到 2006 年下降幅度减小为 2.6%，2007 年则由下降变为上升，上升幅度达 6.9%，2008 年又转为下降，幅度为 0.7%，及至 2009 年又再次发生反弹，事故死亡人数上升 2.1%。而与此同时，房屋建筑和市政工程事故死亡人数 2005、2006、2007、2008、2009 年分别以 9.89%、12.15%、3.44%、4.45%、16.8% 的幅度下降，由此可以推知，如果单从事故死亡人数这一指标衡量，其他工程领域职业安全规制绩效可能并不尽如人意。尤其是 2007 年和 2009 年，全部建筑业事故呈上升趋势，房屋建筑和市政工程事故却分别下降 3.44% 和 16.8%，说明其他工程领域的事故可能比建筑业事故的平均上升幅度还要大。

其次，不同地区的建筑业职业安全规制绩效很不平衡。东部沿海和另外一些经济发达地区事故总量一直较大，居于全国前列，但是近几年来死亡人数的下降幅度也很大，有的地区如广东、北京等地下降幅度超过 50%，上海、江苏等地连续五、六年实现下降。西南内陆地区事故总量也比较高，如云、贵、川等地，因经济不发达带来的事故风险是主要原因。而像山西、海南等地，虽然事故总量不大，但是由于近些年来工程规模逐步增大，事故死亡人数增长幅度较大，需要规制者特别重视。宁夏、甘肃等地事故总量很小，但是百亿元产值死亡率却很高，如 2007 年两省百亿元产值死亡率分别为 11.16 和 10.33，远远超过全国平均 1.98 的水平，这主要是因为其建筑业总产值相对较低的缘故。

再次，较大及以上事故仍然多发。这些事故往往因为死亡人数较多引起社会广泛关注并留下较深印象，造成实际规制绩效与人的直观认识不符的现象发生。尤其是 2008 年，在房屋建筑和市政工程较大及以上事故连续几年下降之后，突然猛增，由 144 人增至近几年的峰值 187 人。近年来，影响力较大、冲击力较强的建筑业重特大事故，主要有 2005 年的河南 "5.12" 信阳烟囱倒塌事故（房建工程事故），造成 21 人死亡；2007 年的湖南 "8.1" 大桥坍塌事故（交通工程事故），造成 64 人死亡；2007 年的湖北 "11.20" 铁路隧道坍塌事故（铁路工程事故），造成 35 人死亡。在全国事故总量持续减少的同时出现重特大事故反弹的现象，一方面说明安全生产工作的复杂性、长期性、偶然性和艰巨性的特点，另一方面也反映出现代化生产具有高能量、系统化、连续作业的特点，一旦发生事故，较之传统工业，其规模、危害程度和经济损失更大、更严重①。

---

① 刘铁民主编. 中国安全生产 60 年. 中国劳动社会保障出版社，2009：230.

第四，整治事故高发易发类型工作成效不明显。近几年来，规制者一直试图"通过采取有针对性的整治措施，加强施工现场重大危险源监控，严格审查危险性较大工程专项施工方案，逐步推行安全防护设施定型化、工具化、标准化"[①]，有效降低高处坠落、施工坍塌等事故的总量和比例。但是，上述这两类事故仍然是最主要的事故类型，年均分别占到总数的 46.34% 和 19.05%，2009 年的占比不但没有降低反而比 2008 年又有提高。这固然反映出规制工作成效没有显现出来，但另一方面对于规制的目标也要反思，即降低高处坠落和施工坍塌事故的占比是否必要和可行？除非有重大的施工流程或技术装备的变革，否则建筑产品的生产大都是在高处作业，同时广泛使用塔吊、模板等设备、建材，在这种情况下，不发生事故则已，一旦发生事故自然是高处坠落和施工坍塌事故居于首位。

总之，中国建筑业职业安全规制绩效可谓喜忧参半。如果考虑到工程建设规模日益加大，各类高难施工项目逐年增多，而与此同时一些影响建筑业职业安全问题的深层次矛盾尚未根本解决，科技、应急救援等支撑体系还不完善，非法违规施工、瞒报事故现象时有发生，在建筑业职业安全领域，规制者仍有很长的路要走，甚至要做好在未来某一段时间事故波动乃至出现较大反复的准备。

附：

2004～2009 年全国房屋和市政工程较大及以上事故明细表

序号	时 间	工 程 名 称	人数	类型
1	2004.1.5	江西省吉安市井冈山师院学生会堂工程	5	坍塌
2	2004.2.16	贵州省铜仁市黑松塘锦天花园工程	3	坍塌
3	2004.2.25	福建省晋江市霞行村行元大厦改造工程	5	高处坠落
4	2004.2.26	河南省西峡县茱萸有限公司办公楼工程	5	坍塌
5	2004.2.29	云南省文山县污水处理厂截污干管工程	4	中毒
6	2004.3.10	广东韶关市松山职业技术学院旧食堂改造工程	4	坍塌
7	2004.3.25	海南省海口市明月路天宜大厦工程	3	高处坠落
8	2004.3.30	山东中材里能有限公司 2500T/D 塑料水泥生产线项目	3	高处坠落
9	2004.4.3	河北省邯郸市广泰路污水工程	3	坍塌
10	2004.4.7	山东济南蓝翔职业技能培训学校 4 号教学楼工程	3	高处坠落
11	2004.4.10	江苏省常州市武进区湟里镇铭兴印刷厂车间工程	3	坍塌
12	2004.4.26	江西省永新县新锦蚕丝绸有限责任公司旧仓库拆除工程	5	坍塌

---

① 原建设部工程质量安全监督与行业发展司负责人在全国建筑安全生产联络员第四次会议上的讲话（2006 年 2 月 23 日）。

序号	时 间	工 程 名 称	人数	类型
13	2004.5.4	新疆乌鲁木齐市钻石城1号盈科国际中心增设电梯工程	4	高处坠落
14	2004.5.8	江苏省245省道城区段工程	4	触电
15	2004.5.12	河南安阳市安彩集团信益二期工程	21	高处坠落
16	2004.5.14	河南洛阳市一广场玻璃幕墙及钢结构装饰安装工程	3	高处坠落
17	2004.5.27	广东省东莞市中堂镇吴家涌顺达水泥厂立窑拆除工程	5	坍塌
18	2004.5.30	广东省广州市交通运输中等专业学校运动场及人防工程	4	中毒
19	2004.6.5	甘肃省平凉市庄浪县水洛镇贺庄村综合楼工程	5	高处坠落
20	2004.6.14	辽宁省沈阳市泰宸湖畔家园G座工程	3	坍塌
21	2004.6.17	浙江省温州市苍南县龙港镇金融大厦工程	4	高处坠落
22	2004.6.19	江苏省丹阳市坤城镇华宇灯具有限公司在建厂房工程	3	坍塌
23	2004.6.29	广西马山县广源铁合金厂厂房工程	3	坍塌
24	2004.7.4	浙江宁波慈溪市南二环线集污管工程	4	中毒
25	2004.7.22	河南省南阳市唐河县万家家具批发市场工程	4	坍塌
26	2004.7.31	江苏省江都市邵伯华茂玩具配件有限公司厂房工程	3	坍塌
27	2004.8.19	湖北黄石市快速路下路段道路工程	3	坍塌
28	2004.9.1	江苏省商业管理干部学院现代教育中心工程	5	坍塌
29	2004.9.9	山西省长治市郊区中天焦化厂835e通廊工程	4	高处坠落
30	2004.9.9	河南省汤阴县韩庄乡苏庄村村委会村民一组综合楼工程	3	触电
31	2004.9.14	天津市咸阳路立交桥桩基础工程	3	坍塌
32	2004.9.20	云南省昆明市北京路污水管网工程	5	中毒
33	2004.10.2	内蒙古赤峰市疾病预防控制中心综合楼工程	3	高处坠落
34	2004.10.6	甘肃省武威市银城小区8号楼工程	3	中毒
35	2004.10.18	辽宁丹东市知春园小区4号住宅楼工程	3	高处坠落
36	2004.11.8	江苏省昆山市玉山镇华东造纸机械有限公司门卫工程	3	坍塌
37	2004.11.10	河南省登封市大冶镇卫生院病房楼拆除工程	3	坍塌
38	2004.11.11	安徽省庐江县汤池镇西大街逍遥别院工程	3	机伤
39	2004.11.14	陕西省旬阳县振旬路鲁家台社区综合办公楼工程	3	机伤
40	2004.11.20	湖南省郴州市第一人民医院惠爱楼拆除工程	3	坍塌
41	2004.11.28	陕西汉江钢铁有限责任公司新建配套工程3号高楼	7	坍塌
42	2004.12.6	山东省济南市天桥区药山办事处厂房工程	5	高处坠落
43	2005.1.14	四川省宜宾市原"宜宾电大"教学楼B区拆除工程	8	坍塌
44	2005.1.27	广东省广州大学华南理工小区学生宿舍工程	4	高处坠落
45	2005.4.7	江苏连云港市金秋情缘住宅工程	4	坍塌

序号	时 间	工 程 名 称	人数	类型
46	2005.4.9	广东省广州市东邦怡丰发泡胶有限公司在建厂房工程	5	坍塌
47	2005.4.15	安徽省庐江县大江水泥股份有限公司水泥熟料库工程	3	坍塌
48	2005.4.23	河南省开封市河南大学新校区 9 号组团 E 标段工程	4	高处坠落
49	2005.4.27	河南省洛阳市美好家园 2 号楼工程	3	坍塌
50	2005.4.28	西藏自治区日喀则市第三小学教学综合楼工程	3	车辆伤害
51	2005.5.21	河北省石家庄市栾城县河北电机专特电机生产厂房工程	3	触电
52	2005.6.4	辽宁省辽阳市恒威水泥厂扩建工程	6	机械伤害
53	2005.6.20	四川省成都市高新西区兴港路市政改造工程	3	中毒
54	2005.7.2	内蒙古巴市西山咀镇工业与城市污水合排应急工程	4	中毒
55	2005.7.4	甘肃省定西师范高等专科学校学生公寓工程	4	坍塌
56	2005.7.6	贵州省黄平县重兴乡九年义务教育扩建拆除工程	4	坍塌
57	2005.7.8	江苏省徐州市东甸子"楚岳山庄"建筑工地临时宿舍	3	坍塌
58	2005.7.11	江苏省南京市秦淮区五一沟整治工程	3	淹溺
59	2005.7.20	广东省佛山市狮山镇万石村工业厂房（在建食堂）	4	坍塌
60	2005.7.21	广东省广州市海珠城广场	3	坍塌
61	2005.7.28	山东省临清市大剧院工程	3	坍塌
62	2005.8.5	天津港集装箱物流与国际航运贸易中心服务区工程	6	触电
63	2005.8.11	天津市南开区盛达园小区二期工程	3	高处坠落
64	2005.8.12	四川省成都市蘸桥乡南桥村二组村民在建农房	8	坍塌
65	2005.8.16	江苏省苏州工业园区苏州中茵皇冠国际社区工程	3	机械伤害
66	2005.8.28	江苏徐州市鼓楼区朱庄村煤港拔丝厂在建厂房工程	3	坍塌
67	2005.8.30	辽宁省沈阳市天明（沈阳）酒精有限公司淀粉车间工程	3	起重伤害
68	2005.8.31	山东省淄博奥克新材料有限公司新建厂房工程	4	坍塌
69	2005.9.5	北京市西西工程 4 号地项目工程	8	坍塌
70	2005.9.22	黑龙江省哈尔滨市磨盘山水库供水工程配水管网工程	3	坍塌
71	2005.9.24	黑龙江省哈尔滨市道里区新阳路 358 号铂宫工程	3	坍塌
72	2005.9.25	湖南省长沙市四季美景水木轩 5 号楼工程	4	中毒
73	2005.9.25	四川阆市四炜皮革旧房拆除工程	3	坍塌
74	2005.9.27	河南省郑州市郑东新区热电厂主厂房工程	3	起重伤害
75	2005.10.4	河北省张家口市东沙河污水干管（经三路段）工程	3	中毒
76	2005.10.7	江苏省泰州市海东镇益民果蔬有限公司在建冷库工程	8	火灾
77	2005.10.12	安徽省蚌埠市蚌埠学院教学楼工程	4	高处坠落
78	2005.10.12	辽宁省沈阳市财富中心外装修工程	3	高处坠落

序号	时 间	工 程 名 称	人数	类型
79	2005.10.21	陕西省西安市明德门小区集中供热站锅炉改造工程	4	坍塌
80	2005.10.25	甘肃省兰州女子监狱	3	坍塌
81	2005.10.28	辽宁省抚顺市清源县馨怡家园住宅楼工程	5	高处坠落
82	2005.11.4	湖北省南漳县城关国土资源所综合楼工程	3	高处坠落
83	2005.11.7	浙江省永康市污水管道工程一期二标工程	3	坍塌
84	2005.12.12	浙江武义明招国际大厦	3	高处坠落
85	2005.12.16	黑龙江省哈尔滨市磨盘山供水工程输水管线三标段	3	中毒
86	2006.1.4	黑龙江省林业勘察设计院职工集资住宅工程	3	坍塌
87	2006.1.11	江苏省无锡市北塘区尚城欧风国际商住公寓楼工程	4	坍塌
88	2006.1.16	湖北省宜城市楚都工业园区横二路排水工程	4	坍塌
89	2006.1.17	重庆市南岸区龙腾新居工程	4	坍塌
90	2006.2.21	北京市四道口果品仓储用房及配送中心临建拆除工程	3	坍塌
91	2006.2.21	云南省景谷县半坡乡中心小学房屋拆除工程	3	坍塌
92	2006.2.21	四川省绵阳市富临丽景花城住宅楼工程	3	高处坠落
93	2006.2.27	北京市地铁十号线十标段工程	3	物体打击
94	2006.3.16	北京市怀柔区飞羽建筑工程有限公司厂房工程	3	触电
95	2006.3.16	河南省平顶山市明源工业城2号公寓楼工程	3	触电
96	2006.3.17	云南省文山州新兴水泥厂原料配料站工程	6	起重伤害
97	2006.3.22	浙江省湖州市安吉县涌金苑商住楼工程	3	高处坠落
98	2006.4.13	河北省保定市涞源县山水名都工程	3	坍塌
99	2006.5.2	陕西省蔚蓝印象城市花园二期工程	3	高处坠落
100	2006.5.18	山西省太原市敦化坊新村村委会旧办公楼拆除工程	6	坍塌
101	2006.5.19	辽宁省大连市沈阳音乐学院大连教学楼主体工程	6	坍塌
102	2006.5.21	江苏省苏州昆山黄浦江路管网改造A标段工程	5	中毒
103	2006.6.6	山东省文登市抱龙河十五孔景观桥工程	5	坍塌
104	2006.6.10	江苏省南京化工职业技术学院01幢宿舍楼工程	3	机具伤害
105	2006.7.18	内蒙古乌海市海勃湾区清泉街道路改造工程	3	中毒窒息
106	2006.8.6	黑龙江大庆市萨尔图区福瑞家苑工程	3	坍塌
107	2006.8.19	河北省石家庄幼儿师范专科学校学生宿舍4号楼工程	3	起重伤害
108	2006.8.24	江苏省溧阳市上黄镇江苏扬子水泥有限公司二期工程	4	坍塌
109	2006.8.31	甘肃省兰州市天星科技园会所工程	3	坍塌
110	2006.9.1	广东佛山市南海区大沥镇中海地产金沙湾会所工程	3	坍塌
111	2006.9.10	黑龙江省牡丹江市粮油贸易综合楼1号楼B段工程	7	起重伤害

序号	时 间	工 程 名 称	人数	类型
112	2006.9.21	湖南省永州市双牌县粮食局食堂	3	坍塌
113	2006.9.30	山东省淄博市高新区付山集团碳酸钙厂生产厂房工程	3	坍塌
114	2006.10.2	山东省聊城市鲁西化工集团东阿化工工业基地厂房工程	3	坍塌
115	2006.10.13	贵州省铜仁地区沿河县红星桥社区房屋拆迁工程	4	坍塌
116	2006.10.17	河北省秦皇岛市步鑫生大厦内装修工程	3	起重伤害
117	2006.10.22	河南省安阳市林州市姚村镇北杨村	5	坍塌
118	2006.10.27	贵州省贵阳市花溪区欣盛楠苑经济适用房工程	4	坍塌
119	2006.10.30	广东省广州市广东外语外贸大学体育馆工程	4	高处坠落
120	2006.11.11	四川省崇州市成都丰丰食品有限公司在建水塔工程	5	坍塌
121	2006.11.21	辽宁省朝阳市北票市银河小区管网（排水）工程	3	坍塌
122	2006.11.27	贵州省铜仁地区石阡县水利局办公楼拆除工程	3	坍塌
123	2006.12.3	河北省廊坊市西外环污水提升泵站附属管道工程	3	中毒窒息
124	2006.12.29	江西省瑞昌市亚泥三期生料磨车间工程	4	坍塌
125	2007.1.20	山东省临沂城日供水30万吨项目工程	3	火灾爆炸
126	2007.2.2	浙江省杭州市望江地区改造拆迁安置工程	4	高处坠落
127	2007.2.12	广西医科大学图书馆二期工程	7	坍塌
128	2007.3.25	河南省南阳市百乐商务大厦旧楼拆除工程	3	坍塌
129	2007.3.28	北京地铁十号线苏州桥工程	6	坍塌
130	2007.4.2	辽宁省鞍山市社会福利院挡土墙维修加固工程	5	坍塌
131	2007.4.4	江苏省太仓市仓庆金属制品有限公司5#厂房工程	3	起重伤害
132	2007.4.12	黑龙江省双鸭山市兴盛家园1号住宅楼工程	3	起重伤害
133	2007.4.19	河北省张家口市"容辰庄园"建筑工地拆除工程	4	其他伤害
134	2007.4.27	青海省西宁市银鹰护卫基地边坡工程	3	坍塌
135	2007.4.29	山东省潍坊市清平路道排工程	3	中毒窒息
136	2007.5.4	四川省成都市凯丽滨江花园二期工程	3	机具伤害
137	2007.5.7	广东省东莞市袁家涌村一空置厂区办公楼阳台拆除工程	3	坍塌
138	2007.5.14	黑龙江省哈尔滨市开发区平湖路道路排水工程	3	坍塌
139	2007.5.30	安徽省合肥市肥西县桃花镇华山路道路排水工程	4	坍塌
140	2007.6.5	河南省南阳市锦江公寓高层综合楼工程	7	坍塌
141	2007.6.21	辽宁省本溪桓仁东方饲料公司饲料加工机组设备平台	10	坍塌
142	2007.07.06	贵州省贵阳市金阳新区小平坝河排水工程	4	坍塌
143	2007.07.14	黑龙江省哈尔滨市尚志大街综合楼	3	起重伤害
144	2007.07.22	江苏省无锡市医疗中心病房大楼	3	起重伤害

序号	时 间	工 程 名 称	人数	类型
145	2007.08.11	黑龙江省哈尔滨市东方美晨家园小区"化粪池"工程	3	中毒窒息
146	2007.08.15	贵州省黔东南州黄平县饮食服务公司综合楼	3	中毒窒息
147	2007.08.19	山东省菏泽金地饮料有限公司平房车间	3	其他伤害
148	2007.09.04	山东省淄博职业学院综合楼附楼礼堂工程	4	坍塌
149	2007.09.06	河南省郑州市富田太阳城 B2 区	7	坍塌
150	2007.09.30	湖北省武汉市新洲区阳逻湖滨花园工程 6 号楼工地	3	坍塌
151	2007.10.5	广东省广州水泥股份有限公司一拆卸工程	3	坍塌
152	2007.10.22	甘肃省陇西县景家桥道路改造工程 1 号商住楼	3	起重伤害
153	2007.11.03	广东省深圳市宝安区碧水龙庭工程	3	起重伤害
154	2007.11.14	江苏省无锡市崇安区银仁-御墅花园工程	11	高处坠落
155	2007.11.21	天津市河东区第一香料厂还迁房工程	3	高处坠落
156	2007.11.25	山西省侯马市汽车客运站候车楼工程	3	坍塌
157	2007.12.04	重庆市江北区中亿花园一期（一组团）2 号楼工程	5	坍塌
158	2007.12.21	湖北省荆州市公安县金隆大厦工程	3	坍塌
159	2007.12.22	云南省文山州文山县卧龙安置区电力沟工程	3	坍塌
160	2008.1.7	浙江上虞市金通华府二期工程	3	高处坠落
161	2008.3.13	陕西省宝鸡市法门寺一期建设正圣门工程	3	坍塌
162	2008.3.19	江苏泰兴市滨江镇宁兴机械有限公司新建厂房	5	高处坠落
163	2008.3.19	江苏省南京国际商贸城一期工程	3	坍塌
164	2008.3.22	湖北鄂州市福源江域蓝湾 H 标段 15 号楼	3	高处坠落
165	2008.4.1	广东省深圳市轨道交通二期 3 号线 3106 标	3	坍塌
166	2008.4.8	浙江百合化工控股集团有限公司 3 号车间仓库	3	高处坠落
167	2008.4.30	北京京棉一厂改造工程	3	机具伤害
168	2008.4.30	湖南省长沙市上河国际广场商业 B 区	8	坍塌
169	2008.5.1	湖北省武汉市东湖高新技术开发区光谷一号 C2 栋	5	坍塌
170	2008.5.3	安徽龙湖体育馆	3	坍塌
171	2008.5.13	天津三星通信新建二栋厂房工程	3	坍塌
172	2008.5.14	河北中法燕达医院值班宿舍北楼	3	起重伤害
173	2008.5.25	河北骏捷馨视界	3	物体打击
174	2008.6.27	江苏常州市武进区虹桥消费品综合市场工程	3	坍塌
175	2008.7.9	安徽省合肥市 CNG 加气站建筑安装工程	3	中毒窒息
176	2008.7.14	陕西省宝鸡市万合花园小区 2# 住宅楼	3	起重伤害
177	2008.7.18	广东省汕头市 14 街区工业大厦（厂房及配套）工程	3	起重伤害

序号	时 间	工 程 名 称	人数	类型
178	2008.8.5	河南新乡华中首座 4 号楼工程	3	坍塌
179	2008.8.6	广西省南宁市半岛·半山 A6 号楼	3	中毒窒息
180	2008.8.13	辽宁省沈阳宜必思酒店	3	坍塌
181	2008.8.20	四川华润凤凰城一期二标段	3	中毒窒息
182	2008.9.23	江西金溪县行政中心	3	坍塌
183	2008.9.23	广西来宾市兴宾区鑫都国际商贸城	3	坍塌
184	2008.10.5	四川成都蓝光富丽·碧漫汀工程	7	机具伤害
185	2008.10.7	宁夏建发大厦	3	高处坠落
186	2008.10.10	山东省淄博市沣水镇刘家村旧村改造 10 号住宅楼	5	起重伤害
187	2008.10.20	浙江台州城市港湾三期工程	3	起重伤害
188	2008.10.22	河北乐凯佳苑 5 号住宅楼外墙外保温及涂料	3	高处坠落
189	2008.10.29	山东恒宇橡胶有限公司全钢密炼车间扩建工程	4	坍塌
190	2008.10.30	福建迪鑫阳光城	12	高处坠落
191	2008.11.5	江苏南京海院路新建工程	3	坍塌
192	2008.11.7	云南昆明官渡区子君村经济适用房	3	起重伤害
193	2008.11.10	青海互助金圆水泥有限公司均化库	5	坍塌
194	2008.11.15	浙江省杭州地铁 1 号线湘湖站及湘滨区间工程	17	坍塌
195	2008.11.17	湖南永顺县信用合作社综合大楼	7	坍塌
196	2008.11.30	天津紫金泉城二期住宅楼工程	3	坍塌
197	2008.12.4	重庆秀山武陵三磊水泥有限公司技术改造工程	4	坍塌
198	2008.12.7	江苏世茂香槟湖 7 号房	3	高处坠落
199	2008.12.21	上海德化金属网带有限公司厂房	3	坍塌
200	2008.12.27	湖南省长沙市上海城二期住宅工程 19 栋	18	机具伤害
201	2008.12.29	湖南金色年华世纪家园	3	机具伤害
202	2009.01.15	山西省吕梁地区燎原大厦外装修	4	起重伤害
203	2009.02.23	河南省郑州市清华·忆江南二期五区（地下车库）	3	坍塌
204	2009.03.19	青海省西宁市佳豪广场	8	坍塌
205	2009.04.02	山东省青岛市云南路拆迁改造工程 E 区 7 号楼	5	高处坠落
206	2009.04.09	江苏省苏州金竹置业发展有限公司商业厂房	4	其他伤害
207	2009.04.16	山西省长治市长北污水处理工程临时排水管线工程	4	坍塌
208	2009.04.19	上海市华英达电子有限公司 B 栋厂房改建工程	4	坍塌
209	2009.05.17	湖南省株洲市 320 国道红旗路高架桥拆除工程	9	坍塌
210	2009.06.08	广东省河源职业技术学院二期实训楼工程	3	坍塌

序号	时　间	工　程　名　称	人数	类型
211	2009.06.12	浙江省台州市丰润生物化学有限公司综合楼工程	3	中毒窒息
212	2009.07.04	山西省晋城市佳馨住宅小区5号住宅楼	4	高处坠落
213	2009.08.31	河北省石家庄市人民医院热换站工程	4	坍塌
214	2009.09.01	山西省吕梁地区湖滨路管道安装工程	3	坍塌
215	2009.09.09	浙江省台州市路桥区幸福人家住宅小区工程	7	坍塌
216	2009.09.23	吉林省长春高新食品有限公司厂房二期工程	3	坍塌
217	2009.10.04	安徽合肥三一机械有限公司研发综合楼	4	坍塌
218	2009.10.15	安徽省亳州蒙城县政通路中段道排工程	3	坍塌
219	2009.12.05	江苏宜兴国家粮食储备库分库	3	坍塌
220	2009.12.12	广东省深圳市凤凰花苑	6	高处坠落
221	2009.12.13	重庆市互邦大厦平基土石方工程	3	坍塌
222	2009.12.16	江苏省盐城市南洋经济区农产品交易中心蔬菜大棚工程	4	坍塌

第五章　中国建筑业职业安全
规制问题分析

总体来看，中国现行的建筑业职业安全规制体系取得了不小成效，尤其是房屋建筑和市政工程领域，职业安全事故总量在最近几年里以很大的幅度下降。但正如本书上一章所分析的那样，如果对事故数据进行深入的结构分析，就会发现建筑业职业安全规制绩效并不完全尽如人意。喜忧参半的规制绩效反映了中国建筑业职业安全规制的客观处境，即从数据上直观地看规制是成功的、有效的，但是深入审视规制体系又会发现诸多问题，既有规制者的问题，也有被规制者的问题；既有规制政策本身的问题，也有规制政策执行过程中的问题。这些问题的存在有时使得规制成本大大超过规制收益，形成规制失灵现象。正如森斯坦教授分析规制失灵时所言："制定法所提供的解决办法可能设计得非常拙劣，并造成一种与市场失灵——其最初导致了规制的产生——类似的或者代价更高的'政府失灵'"，同时，"即使制定法得到了立法机关的巧妙设计，它们在实施过程中也会被歪曲"[①]。对中国建筑业职业安全规制存在问题进行深入分析，探寻其产生机理，是提出针对性治理和改革措施、提高规制绩效可持续性的必经环节。本章首先构建一个分析规制问题的框架，然后利用这一框架对中国建筑业职业安全规制面临的问题进行详细分析。在分析方法的使用上，本章将更多地采取案例分析的方法，以引出或佐证相关观点。

一、分析框架

为了更为清晰地讨论分析中国建筑业职业安全规制问题，本部分试图构建起一个分析框架。鉴于社会性规制问题的相似性，这一框架也可适用于对其他特定行业社会性规制问题的分析。

规制相关者。规制作为一种公共的、社会的活动，必然涉及到一系列相关的利益主体，本书将其定义为规制相关者。这些相关者在规制活动中充当不同的角色，并进行着互动和博弈。分析规制存在问题，罔顾相关者的因素是不明智的。有学者即指出："规制制度运行的相关行动者决定这种规制制度文本的具体表述，所以，研究这些行动者的具体行动及其所处的各种博弈，能够考察到行动者与制度运行绩效之间的关系。"[②] 规制相关者一般可以分为规制者、

---

① ［美］凯斯·R. 森斯坦著. 权利革命之后：重塑规制国. 中国人民大学出版社，2008：95.

② 李月军著. 社会规制：理论范式与中国经验. 中国社会科学出版社，2009：123.

被规制者、规制受益者和其他相关者几类。就中国建筑业职业安全规制而言，规制者指从中央到地方的各级住房城乡建设、安全生产监督管理以及铁道、交通、水利等有关主管部门，当然还包括具有中国特色的建筑安全监督机构。规制者的职能、权限、资源、法律地位等是应当重点讨论的方面。被规制者除包括最容易观察到和意识到的施工企业外，还包括工程项目的建设单位（或称为甲方、业主）、监理单位、起重机械设备的出租、安装、拆卸单位、施工现场材料供应单位等。在本书中，将主要聚焦施工、建设和监理单位，因为这3个单位是与建筑业职业安全最为相关的被规制者。规制的直接受益者当然是建筑工人，在中国的语境之中，他们既是规制受益者，又是事故的受害者，还有可能是事故的直接制造者。其他相关者范围很广，只要与规制活动有联系的均可称为其他相关者，但本书将主要关注工会和行业协会的表现，他们的有效行动很可能是提升规制绩效的潜力之一。

规制过程。规制本质上是一种公共政策，因为公共政策就是"社会公共权威在特定情境中，为达到一定目标而制定的行动方案或行动准则。其作用是规范和指导有关机构、团体或个人的行动，其表达形式有法律法规、行政规定或命令、国家领导人口头或书面的指示、政府的大型规划、具体行动计划及相关策略等"[①]。根据本书前几章的阐述，规制显然符合上述定义。公共政策过程模型是讨论和审视公共政策的重要方法。托马斯·戴伊指出：可以把政策过程看做是一系列的政治活动，包括问题确认、议程设定、政策形成、政策合法化、政策执行和政策评估等[②]。实际上前4项行为都属于政策制定的范畴，因此政策过程也可以简化为政策制定、执行和评估3个阶段。本书对于中国建筑业职业安全规制问题的分析，也采用上述3个阶段的政策过程模型。在政策制定阶段，主要讨论建筑业职业规制政策本身的问题，亦即森斯坦所说的"制定法的失灵"；在政策执行阶段，重点分析制约规制绩效的执行层面障碍；在政策评估阶段，则审视目前的建筑业职业安全规制绩效评估办法及其对规制绩效的影响。

规制环境。规制环境是指作用和影响公共政策的外部条件的总和。按照系统论的说法，对政策行动的要求产生于环境中存在的问题和冲突，并由利益集团、官员以及其他政策行动者传递到政治系统；与此同时，环境限制和制约着决策者的行动[③]。可见，规制体系与规制环境之间存在着明显的互动关系，**规制环境对于规制绩效产生将很大的影响。规制环境一般可以分为一般环境和工**

---

① 谢明著. 政策分析概论. 中国人民大学出版社，2004：25.

② [美]托马斯·戴伊著. 理解公共政策. 孙彩红译. 北京大学出版社，2008：14.

③ James E. Anderson. *Public policy Making*：An Introduction. Boston：Houghton Mifflin Company，2003：38. 转引自陈庆云主编. 公共政策分析. 北京大学出版社，2006：77.

作环境，一般环境包括政治环境、经济环境、社会文化环境和国际环境等，工作环境是指真正与规制发生作用的环境因素，是一般环境中的不同部分在特定时间点上的聚合①。卡斯特和罗森茨韦克指出，一般环境影响着某一特定社会的一切组织，工作环境更直接地影响着个别组织②。本书既要对影响建筑业职业安全规制的一般环境进行分析，也要选择与其密切相关的工作环境进行分析。其中，工作环境中建筑市场环境将是分析的重点。

综上所述，本书试图建立一个分析中国建筑业职业安全规制问题的"规制相关者——过程——环境"的分析框架，其核心逻辑在于：规制相关者的互动和博弈，以及规制政策制定、实施和评估过程中的瑕疵，都会造成规制失灵，而规制所处的环境除对规制绩效产生较大影响外，还对规制相关者和规制过程产生影响。该分析框架如图 5-1 所示。

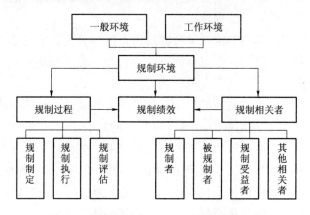

图 5-1　规制相关者—过程—环境分析框架

另外，在分析过程中，本章将在相关问题后引出实际发生过的建筑业职业安全事故案例，以对问题形成呼应和佐证，但不再具体对案例进行详细分析。

二、规制相关者分析

中国建筑业职业安全规制相关者分析关注规制活动中人和组织的行为给规制绩效带来的影响和问题。

（一）规制者的问题

1. "综合监管"与"统一监管、分工负责"之间规制竞争现象突出。根据本书第四章的描述，中国建筑业职业安全的规制体制是安全生产监督管理部门综合监管、住房和城乡建设部门统一监管、各专业建设部门分工负责。按照规

---

① 陈庆云主编. 公共政策分析. 北京大学出版社，2006：78.
② ［美］弗里蒙特·卡斯特，詹姆斯·罗森茨韦克著. 组织与管理. 中国社会科学出版社，1985：154.

制体制设计的初衷，"综合监管"是代表国家对建筑业履行安全生产法律法规情况进行监察，而对建筑业职业安全的规制由"统一监管、分工负责"来具体进行。但是在实践中，两者权限不清、关系不顺，致使政出多门，规制工作交叉重复，令被规制者无所适从。事实上，这种规制竞争现象在 20 世纪 90 年代初即已出现，只不过当时的综合监管被称为国家监察并由劳动部负责。当时的情形是，劳动部门"从职工培训发证到设备检测，从企业的安全认证到劳保用品的经销，统包统揽"，"未与行业主管部门协商颁发了一些与现行规定相矛盾的文件，以致管理纠纷增加"，"严重影响了各行业主管部门对企业的日常安全管理工作"①。当前，上述规制竞争现象虽然有所缓解，但是依然突出。以建筑施工特种作业人员考核为例，住房和城乡建设主管部制定了《建筑施工特种作业人员管理规定》②及《关于对建筑施工特种作业人员考核工作的实施意见》③，要求"建筑施工特种作业人员必须经建设主管部门考核合格，取得建筑施工特种作业人员操作资格证书，方可上岗从事相应作业"。但同时国家安全生产监督管理总局"三定规定"④明确规定"组织指导并监督特种作业人员的考核工作"是其第十一项主要职责之一。这样一来，在很多地方，建筑施工特种作业人员既要取得住房城乡建设主管部门的考核证书，又要取得安全生产监管部门的考核证书，造成管理混乱、规制资源浪费、特种作业人员负担加重。此外，很多地方的安全生产监管部门直接对辖区内建筑施工企业进行安全生产条件评估，对建筑施工现场进行监督检查甚至行政执法，"游说"同级人民政府将建筑业职业安全事故调查权委托给安全生产监管部门⑤，这些行为在很大程度上影响甚至替代了直接规制者的规制工作。

2. "统一监管、分工负责"体制造成职业安全规制绩效不均。建筑业职业安全规制体制与整个建筑业的管理体制一样，即名义上由住房和城乡建设部门实施统一监督管理，实质上则按工程的专业领域由铁道、交通、水利等建设部门分别监管，住房城乡建设部门则只负责规制房屋建筑和市政工程部分⑥。这

---

① 根据本书作者获得的有关调研资料。

② 建质〔2008〕75 号文件.

③ 建办质〔2008〕41 号文件.

④ 《国务院办公厅关于印发国家安全生产监督管理总局主要职责内设机构和人员编制规定的通知》（国办发〔2008〕91 号）.

⑤ 《生产安全事故报告和调查处理条例》规定，生产安全事故根据事故级别，可以由不同级别的人民政府委托或授权有关部门组织事故调查。但并未明确此处的"有关部门"是安全生产监督管理部门，实际上负有安全生产监督管理职责的部门（即行业主管部门）也应包括在"有关部门"之内。

⑥ 这一体制源自计划经济体制下的基本建设管理体制。基本建设管理取代了建筑业的行业管理，形成按部门划分的管理体制……这些部门作为国家在其本行业投资的代理人，代表国家行使对投资的管理权和对工程建设实施全过程的监督，同时也是本行业建设施工队伍的管理者。参见范建亭著. 中国建筑业发展轨迹与产业组织演化. 上海财经大学出版社，2008：380.

一体制造成建筑市场被部门分散规制，各个专业工程领域职业安全规制绩效不平衡。主要问题有几个方面，一是统一监管形同虚设。从目前情况来看，住房城乡建设主管部门的统一监管主要体现在制定一些通行的职业安全法规、标准及对建筑施工企业资质和安全生产许可证的最终审批上。实际上，通行法规标准对于专业建设领域职业安全约束力并不大，由专业建设部门制定的专用法规标准的执行效力则大大优先于通行法规标准。住房城乡建设部门对于专业领域施工企业资质和安全生产许可证的审批大都是最终环节的形式审批，真正起决定作用的往往是专业建设部门的初审。所以，住房城乡建设部门的"统一监管"没有过硬的约束手段，专业建设部门基本上都形成了独立运行的规制体系。尽管住房城乡建设部门的职业安全规制体系比较健全，但其也难以要求其他专业建设部门效仿。二是造成行业内部保护。在各成体系的局面之下，出于对本行业建筑市场活动主体的保护，一些专业建设部门可能对于企业的违法违规行为网开一面，造成整个建筑业的执法尺度不一，企业所受处罚轻重也不相同。如对于施工企业安全生产许可证监管方面，住房城乡建设部制定了动态监管办法，对于企业的处罚情形、额度等做了详细规定，但该办法只适用于房屋建筑和市政工程领域。其他专业建设领域尚无相关的规定。三是规制职能交叉。如本书第四章提及的，各专业建设部门均可以对施工企业主要负责人、项目负责人和安全生产监督管理人员进行考核发证，虽然住房城乡建设部明确上述人员只取得一个部门的证件即可上岗，但是互不认证、重复发证现象仍然普遍存在，企业和相关人员反应比较强烈。四是部分工程领域"分工负责"主体缺位。尽管房屋建筑、市政工程、铁道、交通、水利、信息、电力等专业建设工程已经明确了规制部门，但是建设工程是非常复杂的，远非上述几类就可涵盖。很多工程类别尚无相关部门"认领"职业安全规制职能，如矿山工程、海洋石油建设工程、化工、冶金生产设施工程、野外通信传送架线工程、长距离输油、输气、供水工程、水井钻探工程等等。这些工程领域的职业安全状况由于没有明确的规制部门而变得更为不确定。

事故案例 1[①]：2005 年 12 月 10 日，某建设工程有限公司承建的某核工业理化工程研究院制造厂工程，采用燃煤炉火进行消防水池混凝土冬期施工养护，因一氧化碳中毒造成 5 人死亡。该工程属国家保密工程，对此类工程的职业安全规制责任即出现争议。

3. 规制机构与产业政策部门"政规合一"。中国建筑业是较早进行市场化改革的行业，政府部门与建筑业企业之间的"政企分开"早已基本实现，为规

① 根据本书作者获得的有关调研资料。

制主体依法对市场主体进行职业安全规制奠定了独立性基础。但目前在规制机构设置方面还存在一个"独立性"不足的问题，即"政规合一"的问题。也就是说，规制机构与产业政策部门同一设置或从属设置。从本书第三章对于规制机构变迁的回顾来看，自建国以来任一时期，中国建筑业职业安全规制机构都同时是行业管理和政策制定机构，具体承担规制职能的机构基本上都是产业政策部门的内设机构。如建设部先是设置建筑管理司，该司承担建筑业发展和管理职能的同时又承担职业安全规制职能。后建设部又设工程质量安全监督与行业发展司，更是将规制职能与行业发展政策职能明确体现在司局的名称之上。住房城乡建设部成立之后，单独设置工程质量安全监管司，行业发展政策制定职能移至建筑市场监管司。但工程质量安全监管司仍是部的内设机构，并和建筑市场监管司一起由一位副部长分管。其他相关部门和地方各级部门对建筑业职业安全规制机构的设置也存在上述问题。在"政规合一"的体制下，政府政策目标出现多元化现象，既要制定产业政策、促进行业发展，又要规制职业安全、保障生命和财产安全，而这两种目标并非总是一致。在目标冲突之时，职业安全目标很可能被忽视甚至牺牲。尤其是在一些大型的、高资质企业发生职业安全事故后将依法被处罚之时，同时作为行业发展推进者的高层规制者往往考虑或者被游说对这些企业从轻发落甚至通过变换方式帮助企业避免实质性的处罚。即使直接规制者（如内设职业安全规制机构）坚持依法处罚，也可能因为要服从上级领导的决定而不得不放弃。在规制实践中，出现过一些地方规制者到中央规制机构替企业求情的情况，这些地方规制者往往即是企业资质的审批者又是职业安全规制者，他们的理由往往包括维护企业形象、避免企业经营受损、防止出现社会不稳定现象等。显而易见，此时的某些规制者已经成为了被规制者的偏袒者和保护伞。

4. 建设工程安全监督机构处境尴尬。建设工程安全监督机构是地方直接面对建筑市场活动主体和施工现场的职业安全规制者，但是目前建设工程安全监督机构的状况与日益增长的规制任务的需要极不相适应。首先，法律地位尴尬。《建设工程安全生产管理条例》虽然明确了建设工程安全监督机构的法律地位，但是只是将其作为行政委托的对象负责施工现场的监督检查。实际上，很多地方的建设工程安全监督机构都承担了行政许可、行政执法等政府规制职能，只是必须以政府主管部门的名义出具有关文书。这样，其机构性质与实际从事工作产生矛盾，因为根据《行政许可法》和《行政处罚法》，接受许可、处罚等委托职能的单位必须是行政机构，而建设工程安全监督机构属事业单位性质。因此，建设工程安全监督机构的执法权威性受到很大挑战。其次，机构和人员数量严重不足。虽然近些年来，我国建设工程安全监督机构和监督队伍有了长足的发展，但是与日益增长的建筑业规模相比还是杯水车薪。《建设工程安全生产管理条例》并未强制性要求各地必须成立建设工程安全监督机构，成立与否属地方事权范畴，主要取决于城市人民政府的决定。从全国来看，目前建设工程安全监督机构的设置状况是"省会城市基本建立、地级城市未全建立、县级城市较少建立"；实有人员仅2万余人（正式编制者更少，只有不到14000人）①。而与此同时，工程建设量大幅增长，2009年仅全国房地产投资房屋建筑施工面积就达31.96亿 m²②，相当于每个安全监督人员要监督近16万 m² 的建设工程，远远高于10万平方米的满负荷工作量。第三，监督执法人员素质有待提高。建设工程安全监督机构的人员大部分不是安全管理专业，往往由工程质量监督系统该行而来，因此专业素质和知识还比较欠缺，难以有效地实施监管。此外，一些机构后勤人员、行政人员较多，也在一定程度上影响了整体的专业水平。第四，工作经费难以保障。目前，全国2000多个建设工程安全监督机构中，仅有40％左右是财政全额拨款，其余60％左右以在工程质量监督费中列支和自收自支为主③。2008年11月，财政部"财综〔2008〕78号"④ 文取消了建设工程质量监督费后，安全监督经费基本上失去了固定的来源渠道。而随着行政事业性收费的逐步规范和创收渠道的堵塞，自收自支模式也难以为继。监督执法人员工资和工作经费的短缺已经成为制约建设工程安全监督机构发展的最大瓶颈。

（二）被规制者的问题

1. 施工单位安全保障体系不健全。施工企业是直接进行建筑产品生产的主体，也是控制建筑业职业安全水平的核心环节之一。但是，从目前情况看，相当数量的施工企业不重视或者只是表面重视职业安全，普遍存在着重生产、重效益、轻安全的现象，基本上没有形成自我约束和我要安全的职业安全管理理念和体系。

首先，企业和工程项目职业安全监管机制不健全。企业层面，虽然法律法规规定，施工企业主要负责人对本单位安全生产工作全面负责、分管负责人也承担相应责任，但是其只是一个问责主体，不具体从事职业安全监管工作，真正的监管是从企业中层职能部门开始的。因此，企业职业安全监管机制在领导班子层面出现断层，这是职业安全摆不到企业领导工作日程上的重要原因之一。另外，部分企业不按规定设置职业安全管理机构、配备专职安全管理人员；有的即使设置配备了也是有职无权，难以有效行使监督检查职责。项目层面，项目负责人应依法对项目的安全施工负责。但实际上，真正的项目负责人很少在施工现场，而是忙于跑经营、拉业务，施工现场往往由一些"项目执行

---

① 根据本书作者获得的有关调研资料。

② http：//ex.51bxg.com/008002/2010012700384.html.

③ 根据本书作者获得的有关调研资料。

④ 财政部，国家发改委《关于公布取消和停止征收100项行政事业性收费项目的通知》（财综〔2008〕78号）.

经理"、"项目副经理"等负责。如此,真正的项目负责人自然难以有效控制现场职业安全。

事故案例 2[①]:2007 年 8 月 13 日,湖南省凤凰县堤溪沱江大桥在施工过程中发生坍塌事故,造成 64 人死亡、4 人重伤、18 人轻伤,直接经济损失 3974.7 万元。该工程项目经理,因对工程施工质量安全工作管理不力而对事故发生负有责任,被建设部处以吊销项目经理资质证书,5 年内不予建造师注册的行政处罚[②],并被移送司法机关追究刑事责任。

其次,层层转包、以包代管、资质挂靠现象对职业安全影响极大。高资质的施工企业在承揽工程业务后,往往将工程转包给较低资质的施工企业,较低资质的施工企业又往往将工程交给"包工头"的施工队,最终直接进行施工操作的基本都是农民工。由于发包单位只是通过转包收取管理费用获得利润,不进行职业安全监管,所以现场的管理和技术水平根本达不到最初承揽业务的高资质施工企业应有水平。同时,分包公司或包工头很多属于无资质企业,根本不具备基本的安全生产条件,出现事故的概率自然大大增加。事实上,很多无资质或低资质企业为能够承揽业务主动要求挂靠在高资质企业名下或以"联营体"的名义出现,高资质企业为赚取管理费用往往"欣然"接受,"目前,大部分一、二级资质的施工企业和高资质企业已演变成纯管理型的公司"[③]。

事故案例 3[④]:2006 年 8 月 24 日,江苏省溧阳市某建材项目二期扩建工程在浇筑楼板混凝土过程中,发生模板支撑系统坍塌事故,造成 4 人死亡、2 人受伤,直接经济损失 94.38 万元。该工程事故原因之一是总包单位随意签订施工总承包合同,后全部转包给了无资质的建筑劳务公司,并任命无执业资格人员为项目负责人,该负责人又将工程转包给无资质的包工头组织施工。

第三,企业和工程项目安全生产投入严重不足。由于建筑市场竞争十分激烈,施工企业为获得工程而压低工程造价、垫资施工、让利、签订阴阳合同等行为十分常见。在这种情况下,为最大限度降低成本、获取利润,施工企业很难保证足够的安全投入费用。另外,上文提及的层层转包的每个环节都要收取

---

① 摘自住房和城乡建设部工程质量安全监管司. 建筑施工安全事故案例分析. 中国建筑工业出版社,2010:1. 下引该书,简注为案例分析第某页.

② 建设部行政处罚决定书(建质罚字〔2008〕第 4 号). 中华人民共和国住房和城乡建设部政府,http://www.cin.gov.cn/zlaq/cfjds/2008n/200804/t20080428_166651.htm.

③ 刘雪林,赵长颖. 建筑施工安全生产管理中存在问题之我见. 建筑安全,2009,8:9.

④ 案例分析,83-84.

一定比例的管理费用，最后接手的单位基本已无合理利润空间，压缩职业安全投入便成为其最"理性"的选择。正是因为职业安全费用投入严重不足，才出现了大量施工现场安全防护设施不到位、脚手架搭设偷工减料、个人防护用品不合格等现象，成为重大的事故隐患。

事故案例4[①]：2006年5月19日，辽宁省大连市经济技术开发区某教学楼工程施工现场在混凝土浇筑过程中，发生坍塌事故，造成6人死亡、18人受伤，直接经济损失357万元。该工程模板支撑系统所用杆件不符合要求，标准杆件应为Φ48×3.5mm，但在事故现场随机抽取的20个样本平均值为Φ48.15×2.85mm，钢管壁厚仅为规定厚度的81%，承载能力降低约17.62%。

第四，施工方案和实际操作"两张皮"现象突出。施工方案是施工的重要依据，但其制定执行情况很不理想。一是虽然制定了施工方案，但未按规定组织专家进行审查论证，导致施工方案存在风险隐患，不能指导施工实际；二是施工企业没有按照规定在工程施工前，向施工作业班组、作业人员进行技术交底，致使施工人员根本不知道施工方案内容或技术要求；三是施工总包企业只是利用相关软件做出施工方案备查，而该施工方案与工程项目实际情况根本不符，分包单位也即不顾方案直接组织施工人员进行施工。四是没有制定施工方案，施工人员冒险、盲目进行施工操作。

事故案例5[②]：2006年8月31日，甘肃省兰州市某科技园区会所建筑工程中厅屋面板在混凝土浇筑施工过程中，发生模板支撑系统坍塌事故，造成3人死亡、4人重伤、4人轻伤，直接经济损失44.5万元。该事故原因之一即是施工单位在施工前未按规定组织专家对模板工程安全专项施工方案进行论证；作业时也未按已有的设计方案进行施工，随意蛮干。

2. 监理单位安全监理责任不落实。作为职业化的社会咨询服务机构，工程建设监理单位接受工程项目建设单位的委托，代表建设单位对工程项目进行全面的监督管理。其最初只是负责控制施工质量、建设工期和建设造价，《建设工程安全生产管理条例》颁布以后，又明确了监理单位对工程安全生产的责任。从制度设计的初衷来看，是将监理作为重要的第三方监督力量，审查施工单位的安全技术措施及施工方案，及时发现和督促施工单位整改事故隐患。但目前这一控制环节并未发挥其应有作用。尽管条例颁布已经7年，不少监理单

---

① 案例分析，86-87.
② 案例分析，79-81.

位仍然未从思想上扭转一个误区，即始终认为安全生产是施工单位责任，只要建设单位委托合同中未明确委托安全控制事项，就不必进行相关工作。与此同时，工程建设监理队伍人才短缺、专业单一，注册监理工程师只占整个从业人员的1/3，其余人员大部分是退休技术人员和刚走出校门的大学生[①]，很多总监理工程师在多个工程上挂名，大大削弱监理力量；从业人员专业以土木工程为主，涉及到安全生产的机械设备、临时用电、安全工程、脚手架搭设等方面的人才极少。由于长期从事工程质量等方面的控制管理，监理人员对于职业安全方面的法律法规、标准规范和规制部门的政策措施知之甚少又学习不够，难以有效审查施工方案、发现事故隐患、履行安全监督职责。另外，目前实施的工程监理取费偏低，尚不能满足原有控制内容的需要，再加上安全控制部分更显掣肘。在上述多重因素的综合作用下，工程建设安全监理工作进展缓慢。规制部门在检查中发现，一些监理单位监理人员对自身应承担的安全监理责任和岗位职责认识不清；安全监理大纲、监理方案千篇一律，与工地实际不符；监理日志中很少记录有关安全检查和安全隐患内容；对于施工过程中易发生安全事故的关键部位未进行定期巡视检查；对于安全隐患不能及时督促建筑施工企业整改，并根据情况及时向建设单位、主管部门反映；有些总监理工程师对施工方案没有严格把关，签字盖章流于形式[②]。因此，监理环节的安全控制没有达到预计效果。

事故案例6[③]：2008年10月30日，福建省宁德市某房地产开发项目施工现场发生一起施工升降机吊笼坠落事故，造成12人死亡，直接经济损失达521.1万元。该工程监理单位违规协助配合建设单位降低工程监理收费标准，降低监理标准，总监理工程师长期不到位。

事故案例7[④]：2005年7月2日，内蒙古巴彦淖尔市某污水河流排洪应急工程自留排水管道的观察井中发生硫化氢气体中毒事故，造成4人死亡、1人轻伤，直接经济损失70万元。工程监理单位未按《施工组织设计方案》监督各道工序的进展情况，对拆除管堵阶段的安全问题一无所知，更谈不上采取纠正措施。

3. 建设单位相关行为不规范。工程项目建设单位是建设项目的投资者和拥有者，对项目目标实现主导作用，是项目建设的责任主体[⑤]。可以充当建设

① 江苏省建设厅编. 建设工程监理热点问题研究. 中国建筑工业出版社，2007：7.
② 孙颖. 浅议建设工程的安全监理. 建筑安全，2009，11：4.
③ 案例分析，91-93.
④ 案例分析，161-162.
⑤ 刘中强. 认真履行工程项目业主的职责，实现项目目标. 建筑管理现代化，2002，1：15-16.

单位的主体很多，除房地产开发企业以外，国家机关、企事业单位和自然人等都可以因投资和拥有建筑产品成为建设单位。近年来，我国建设工程投资主体日趋多元化，外商投资、港澳台商投资、私人投资比重逐步提高，但利用政府财政性资金或政府融资进行投资建设的政府投资工程仍然扮演重要角色。有一种看法认为，建设单位是建筑产品的购买者，因此要关心产品质量，至于产品生产过程中的安全问题则不应在考虑范围之内。实际上，在工程建设领域已形成买方市场的背景下，拥有强势地位的建设单位特别是一些政府投资工程建设单位的不规范市场行为，已经成为影响建筑业职业安全的重要因素。这些不规范行为包括：

一是违反基本建设程序，规避政府监管。建设单位未办理立项、规划、用地、招投标、施工许可等审批手续就擅自开工建设，"边立项、边设计、边施工"的"三边"工程大量出现。这些工程游离于政府规制范围之外，包括职业安全在内的工程管理处于失控状态。据统计，2009 年未履行或者仅仅部分履行基本建设程序的工程发生事故死亡人数占总人数高达 62.35%①。

事故案例8②：2008 年 7 月 14 日，陕西省宝鸡市某商住楼工程施工现场，发生塔式起重机顶升倒塌事故，造成 3 人死亡、3 人受伤，直接经济损失 155 万元。该工程建设单位在未取得规划许可证和施工许可证的情况下即自行开工，且未按规定程序选择施工、监理单位，也未将保证安全施工措施报主管部门备案。

二是任意肢解工程，违规直接发包。受利益驱使或某种"寻租"需要，部分建设单位将工程划分为多个标段，将应该由一个承包单位完成的工程直接发包给多个分包单位。这些分包单位很多属不符合资质要求或无资质的单位，安全生产保障能力差，职业安全事故风险极大。另外，肢解发包造成整个工程建设在职业安全管理上缺乏统筹协调，致使施工秩序混乱，责任不清，事故隐患严重。

事故案例9③：2006 年 1 月 11 日，江苏省无锡市某商住公寓工程，发生塔式起重机倒塌事故，造成 4 人死亡、4 人受伤。该工程建设单位肢解工程，将土方施工违法指定分包给无资质的施工单位，将桩基施工违规指定发包，造成总包单位无法有效履行总承包管理职责。

---

① 住房和城乡建设部《全国建筑施工安全生产形势分析报告（2009 年度）》。
② 案例分析，99-100.
③ 案例分析，143-144.

三是压缩合理工期。合理工期是保障工程质量和安全的必要劳动时间。但一些建设单位急于求成或为早日完成"献礼工程"，不顾客观规律，任意压缩合同约定的合理工期。为了赶抢工期，施工单位通常需要增加施工人数、调动设备、材料等大量资源，甚至需要简化施工程序和流程，职业安全控制难度大大增加。

　　事故案例 10[①]：2004 年 5 月 12 日，河南省安阳信益二期工程发生井架倒塌事故，造成 21 人死亡、10 人受伤，直接经济损失 268.3 万元。该工程建设单位在有关建设手续未办理完备情况下，急于开工建设，要求施工单位将合同约定的 110 天压缩到 71 天。

　　四是拖欠工程款，不及时提供安全费用。拖欠工程款是工程建设领域一个"顽疾"。一些建设单位在资金不足、融资渠道未落实情况下，盲目上马工程；还有的随意增加预算，扩大工程建设规模。利用建筑市场竞争激烈的局面，罔顾市场经济的诚信原则和市场交换的基本规则，要求施工单位带资、垫资施工，不及时偿还工程款甚至恶意欠款。施工单位得不到工程款，资金周转出现问题，自然对安全投入产生严重影响。此外，一些建设单位不按《建设工程安全生产管理条例》要求，及时地支付安全施工文明措施费用，致使施工现场防护水平不能满足要求。

　　（三）规制受益者的问题[②]

　　目前，我国建筑业从业人员约为 4000 万人，其中 80％以上为农民工，占建筑业一线作业人员的 90％以上。因此，建筑业职业安全规制的最大受益者应为在建筑工地上务工的农民工群体。从地域来源上看，建筑业农民工主要来自江苏、河南、四川等建筑业大省和一些经济不发达地区；从年龄构成上看，一般在 18～50 岁之间，其中 30 岁左右的年轻人占 60％以上；从文化素质上看，初中及以下文化程度者约占 60％以上；从维权行动资源上看，由于工人的区域性和季节性流动特点，难以组建自己的工会与企业进行谈判维护权益。上述状况决定了建筑业农民工是典型的弱势群体，虽然作为规制受益者，但其真实受益效果并不理想。一是劳动合同签订率低。由于农民工主要由"包工头"负责招募、管理（约为 70％以上），属于非法用工，因此农民工与施工企业劳动合同签订率很低，部分地区仅在 10％～20％。包工头用工比较随意，

---

　　① 王力争，方东平. 中国建筑业事故原因分析及对策. 中国水利水电出版社，知识产权出版社，2007：155-159.

　　② 本部分数据除单独注明外，均来自于中国海员建设工会. 直面农民工——建筑业农民工现状调查报告. 建筑，2005，2：14-17. 以及本书作者获得的有关调研资料。

管理十分混乱，包括职业安全在内的农民工合法权益很难得到有效保障。二是社会保险参保率低。据劳动保障部 2005 年快速调查数据，参加工伤保险的农民工仅占农民工总数的 12.9%[①]。当然，这与建筑业的主要人身伤害险种为意外伤害保险有关。但是，意外伤害保险的投保情况也不理想，在建工程的投保率仅占 80% 左右；理赔情况更是不佳，只占应赔付死亡人数的 50%～60%[②]。三是作业和生活条件恶劣。建筑业农民工每日持续工作时间一般为 10～11 小时，在施工高峰期还要经常加班赶工。一般生活在施工现场临时设置的生活区内，居住条件简陋，设施环境较差。这些情况使得农民工劳动强度高、压力大，又得不到充分的休息，精神状态差，极易发生职业安全事故。四是工资拖欠现象普遍。建筑业农民工工资本就低于建筑行业平均工资水平，又经常不能及时、足额发放，容易与企业方面产生对立情绪，影响安全生产。农民工工资的拖欠与施工企业垫资施工、建设单位拖欠工程款等有较大关系。五是安全培训教育状况堪忧。目前，全国建筑业农民工仅有约 70 万人接受过两周或一个月以上的正规培训。虽然法律法规规定企业必须对建筑工人进行安全教育，但执行情况很不乐观，很多是流于形式、走过场或者根本不培训。许多农民工"放下锄头即拿砖刀"，未经任何培训就上岗作业，操作技能和安全意识很差，造成大量违章作业、冒险蛮干现象，成为很多事故的直接导火索。据统计，建筑业职业安全事故中 90% 以上的死亡者都是农民工。通过上述分析可见，建筑业农民工自身的低素质、微弱的维权话语权、不规范的用工制度、未得到落实的安全培训等多种因素导致农民工在很大程度上并未受益于规制政策。

事故案例 11[③]：2008 年 3 月 13 日，陕西省宝鸡市扶风法门寺合十舍利塔正圣门工程在浇筑混凝土梁板过程中，发生一起模板支撑系统坍塌事故，造成 4 人死亡、5 人受伤，直接经济损失 150 万元。事故伤亡的 9 人均是事故发生当月从农村招来，进场后未经任何业务和安全培训即直接上岗作业。

事故案例 12[④]：2008 年 12 月 4 日，重庆市秀山县某水泥公司改造项目施工过程中，在浇筑混凝土过程中，发生模板支撑系统坍塌事故，造成 4 人死亡、2 人轻伤，直接经济损失 192 万元。该工程使用的 8 名架子工没有一人经过培训取得特种作业资格证书。

---

① 焦娜，李永欢. 浅析建筑业农民工的从业现状. 山西建筑，2007，3：204.
② 尚春明，方东平主编. 中国建筑业职业安全健康理论与实践. 中国建筑工业出版社，2007：78-79.
③ 案例分析，55-56.
④ 案例分析，45-46.

（四）其他相关者的问题

1. 行业协会尚未发挥作用。与建筑业职业安全关联较大的行业协会是中国建筑业协会建筑安全分会。该分会自 20 世纪 90 年代成立以来，一直致力于推动建筑施工安全的科学管理和技术进步，开展了一系列活动，如组织评选全国建设项目安全标准化工地、举办有关法规和技术标准培训班、接受规制者委托承办安全论坛、组织建筑安全管理和技术经验交流等。该协会还曾一度作为建筑业行业安全技术标准的归口管理单位，起草或组织起草了《建筑施工安全检查标准》、《建筑施工工具式脚手架安全技术规范》等行业标准，对提高建筑业职业安全水平发挥了一定的作用。但是，该协会在提高行业职业安全自律水平、向规制者反映被规制者及建筑工人的愿望与诉求、为规制者提供规制政策咨询服务等方面还未发挥相应作用，对规制者和规制政策设计影响力较小。总体看来，虽然目标一致，但协会的工作与规制者的规制实践没有形成较好的协调、配合和补充格局，几乎成为平行线。造成上述尴尬局面的原因，主要是在中国的治理格局中，基于历史传统的原因，政府力量太强大，社会组织则发展缓慢、资源匮乏、相对较弱，市场主体对于行业协会的认同度和服从性低。当然，与规制者的自负、行业协会开展相关工作的主动性、积极性以及行业协会领导人的能力也有很大关系。

2. 工会组织维权效果不佳。根据《安全生产法》，工会依法组织职工参加本单位安全生产工作的民主管理和民主监督，维护职工在安全生产方面的合法权益，并有相关的纠正、建议权[1]。从应然角度看，工会本可以在推进建筑业职业安全水平方面发挥很大作用。但是，事与愿违，在现实中鲜见工会组织在这方面的行动记录，偶尔见到也大多是联合规制者进行检查、共同表彰安全先进单位个人、组织安全文艺汇演等，维护建筑工人职业安全权益、影响规制者规制政策的事例更是凤毛麟角。事实上，建筑企业成立农民工工会的极少[2]，根本谈不上工会维权。深入分析可以发现，中国的工会组织"处于一种角色冲突之中，既依附于政府（接受党的领导，维护政府提出的社会稳定目标），又要与企业合作（以企业与职工之间调节者的身份分担了企业的部分管理职能），同时还要担负维护工人权利的职责。隐藏在这种角色冲突背后的是政治精英与经济精英对工会在人事、财政经费等方面的控制。工会的这种角色与现状，决定了工会的功能与价值取向，使之不能独立地维护工人的合法权利与利益"[3]。

三、规制过程分析

完整的中国建筑业职业安全规制过程，实际上包括规制政策制定、执行、

---

① 《中华人民共和国安全生产法》第 7 条、第 52 条。

② 李睿等. 北京地区建筑农民工工作和生活状况调查. 建筑经济，2005，8：15.

③ 李月军著. 社会规制：理论范式与中国经验. 中国社会科学出版社，2009：188.

评估、改革、终结等环节。本部分主要关注前 3 个环节存在的有关问题。

（一）规制制定的问题[①]

1. 协调失灵。建筑业职业安全规制政策包括法律、法规、部门规章、国家及行业标准、地方法规规章等，分别由不同的机构和部门负责起草制定，很多地方存在矛盾和冲突之处，令基层规制者、被规制者难以清晰把握和有效执行。如《安全生产许可证条例》规定，生产经营单位申领安全生产许可证的法定条件之一是参加工伤保险，没有要求参加意外伤害保险。而《建筑施工企业安全生产许可证管理规定》（简称《规定》）则要求施工企业申领安全生产许可证必须同时参加工伤保险和意外伤害保险。显然，《规定》是增设了许可条件。根据上位法优先原则，施工企业理论上是可以不参加意外伤害保险而获得安全生产许可证的。因为《建筑法》和《建设工程安全生产管理条例》虽然规定施工企业必须参加建筑意外伤害保险，但没有明确该行为是申领安全生产许可证的必要条件。但实际上，建筑意外伤害保险对于保障工人权益是非常重要的，理应作为重要的安全生产条件之一。所以，《安全生产许可证条例》也没有充分考虑到现有建筑领域法律法规的规定，忽视了建筑业职业安全的特性。

还有一个例子比较典型。《生产安全事故报告与调查处理条例》第三十七条、三十八条规定，事故发生单位或其主要负责人对事故负有责任的，分别按照事故级别不同予以不同额度的罚款。该条例第四十三条规定上述罚款决定机关是安全生产监督管理部门。以上 3 条规定实际上导致了安全生产监督管理部门针对事故进行罚款的垄断权。因为，无论是《建筑法》还是《建设工程安全生产管理条例》，其设定的罚款等行政处罚都是针对违法违规行为本身的，而未规定对事故负有责任情况下对于责任单位和责任人的行政处罚，只是提及"造成重大安全事故，构成犯罪的，对直接责任人员依照刑法有关规定追究刑事责任"。所以，发生建筑安全事故，只能由间接规制者安全监管部门进行罚款，而作为直接规制者的建设等主管部门却无权行使罚款权。法规冲突造成的现实窘境可见一斑[②]。

2. 操作困境。良好的规制政策的生命力在于可操作性。但在我国目前的部分建筑业职业安全规制政策中，却不同程度地存在着可操作性不强的问题。一类是由规制政策语言模糊造成的操作困境。考察建筑业职业安全规制的政策条文，"相关部门"、"相应措施"、"不同施工阶段"、"根据有关法律法规"、"按照国家有关规定"、"依照刑法有关规定追究刑事责任"等不确定的用语随

---

① 本部分引用了本书作者硕士学位论文《论我国建筑安全生产法规体系》中的部分观点和例子。在本书研究过程中，发现我国建筑业职业安全规制政策几年前存在的问题，在目前仍有部分依然如故。

② 其实，《生产安全事故报告与调查处理条例》只是一部程序性法规，主要应调节事故报告、调查、处理等环节的行为模式，不应出现对于生产经营单位违法后如何处罚的内容，这些应该是职业安全实体法规应解决的事项。

处可见，相关部门到底是哪个部门，相应措施究竟是什么措施，有关规定又具体指的哪条哪款？被规制者不清楚，规制者自己也难以说明。另外还有很多类似"专业性较强的工程项目"、"从事危险作业的人员"、"具有相应资质的单位"、"情节严重的"、"法律、法规规定的其他条件"等词句，看似精准，实际上有着很大的解释空间，令人不得要领①。规制者在制定规制政策时，对于一些尚未理清或也许根本不愿说清的事项往往采用模糊性语言，规避矛盾或政策妥协的目的或可实现，但是却给操作执行环节设置了很大的障碍。

另一类是由于有些规制政策设计与建筑业特点不相适应而带来的操作困境。以企业安全生产许可为例，《安全生产许可证条例》对矿山、建筑施工、危险化学品、烟花爆竹、民用爆破器材生产等五种企业设定了安全生产许可制度。但是，建筑施工企业与其他四类企业有着很大的不同，其生产活动是工程项目上。这一特性与以企业为单位审批安全生产许可产生了很多矛盾。根据《生产安全事故报告与调查处理条例》和《建筑施工企业安全生产许可证管理规定》，建筑施工企业发生重大事故后将被处以暂扣或吊销安全生产许可证的行政处罚，不能从事任何施工活动。也就是说，因为一个工程项目出现了事故，整个企业所有工程项目都必须停工。这无论对于施工企业还是建设单位来说，都将是巨大的经济损失。尤其对于大型企业，其同时开工的项目往往有几百甚至上千个。这显然有失公允②。此外，由于安全生产许可证的颁发管理机关是省级人民政府建设主管部门，其很难对某一企业分布在不同县市甚至不同省区的所有施工现场安全生产条件进行动态规制。同时，由于铁道、水利、交通等专业工程项目由专业建设主管部门负责监管，作为统一颁发安全生产许可证主体的建设主管部门也难以掌握专业工程项目的安全生产条件变化情况，从而使"谁发证、谁监管、谁负责"成为空话。

3. 技术落后。规制政策制定的技术不先进，是阻碍规制绩效的一个重要方面。从规制风格上看，中国建筑业职业安全规制在很大程度上依赖命令和控制策略，而较少采用市场激励的灵活策略。这种命令控制策略"试图由中央集权的全国性官僚体系指导私人的行为"，"它们常常要求所有或大多数企业在指定时间内采用僵化的法定方法实现有关目标"③。比如，硬性要求施工企业成

① 比如何谓从事危险作业的人员？既可以指从事《建设工程安全生产管理条例》第二十六条规定的危险性较大工程作业的人，也可以指所有施工现场作业的人，因为只要是在施工现场就会有危险存在。

② 在吊销的情形中更显矛盾，比如工程项目进行一半时发生重大事故，企业安全生产许可证被吊销。此时，是继续让该企业进行完毕这个工程，还是重新招标选择新的企业进场？如果继续由该企业施工，则该企业属于无证非法施工；如果企业退场，将产生一系列诸如合同纠纷、社会稳定、经济损失等问题。

③ 〔美〕凯斯·R·桑斯坦著. 权利革命之后：重塑规制国. 中国人民大学出版社，2008：99.

立的安全生产管理机构必须是独立的职能部门，提出开展地毯式排查、坚决消除施工现场各项隐患等。实际上，这种硬性的要求往往由于过于严苛而成为"口号"或"宣言"，以至于施工企业难以做到也不打算去做到，形成"严苛的规制控制导致规制不足"①的规制悖论。从规制策略上看，存在规制对象失衡现象。突出的表现是过于偏重对施工过程和施工单位的规制，而轻视对建筑活动其他过程和其他责任主体的规制。本章前面的分析已经证明建设单位、监理单位等对建筑业的职业安全也有很大的影响，理应成为规制的重点对象。但反观整个规制政策体系，《安全生产法》对于生产经营单位的要求绝大部分只适用于施工单位；《建筑法》第五章共 16 条，其中没有一条涉及监理单位、勘察单位，只有 1 条涉及设计单位，3 条涉及建设单位，涉及施工单位的却有 10 条；《建设工程安全生产条例》虽然将建筑活动的各方主体均纳入规范范围，但是仍然是轻重失衡，涉及施工单位的 19 条，建设单位 6 条，勘察、设计单位各 1 条，监理单位也仅 1 条，而且对于建设、监理单位的规定并未触及实质，同时也比较原则。

4. 内容缺失。从规制相关者的角度审视，对规制者的规定存在缺失。一是执法程序缺失。目前，《建筑法》、《建设工程安全生产管理条例》对规制者的规制手段、内容等有所规定，但是唯独缺少规制程序的规定。尽管《行政处罚法》、《行政许可法》规定了行政处罚、许可的程序，但是并不完全适用于建筑业职业安全规制；而且，规制工作不仅仅是行政处罚和许可两种，还有巡查、抽查、动态监管、安全生产评价等多种手段，目前对于这些手段在法律法规层面上都没有明确的程序性要求，各地操作起来标准也不一致。虽然《建筑安全生产监督管理工作导则》、《建筑施工企业安全生产许可证动态监管暂行办法》等对执法程序有所规定，但是上述两个文件均是规范性文件，权威性和效力很低。二是规制者层级之间的职责分工缺失。对于各级规制者，尚未从法律法规的角度对其权利、义务做出明确规定，除了事故调查处理的分级管理外，法律授权的职能从上到下几乎没有区别。目前比较多的是按照投资单位的隶属关系决定由哪级规制者进行执法。上述情况造成工作重复、任务交叉和职责混淆等现象，影响了规制绩效。三是建设工程安全生产监督机构规定缺失。虽然《建设工程安全生产管理条例》承认了建设工程安全生产监督机构的存在，但是对于机构如何设置、人员如何匹配、人员素质要求怎样、执法资源如何保障尤其是职责权限如何等关键内容都没有任何规定。这也是造成目前建设工程安全生产监督机构尴尬处境的重要原因之一。

从规制范围的角度审视，对于村镇建设工程的规制内容缺失。目前随着农民生活水平提高，全国村镇房屋建设规模逐渐增大，每年都维持在 8 亿 m² 左

① ［美］凯斯·R·桑斯坦. 权利革命之后：重塑规制国. 中国人民大学出版社，2008：120.

右，其中农房占6亿多平方米①，与此同时，村镇建设工程事故也屡有发生，并呈逐年上升的趋势。但是，由于我国长期以来实行的是"城乡二元结构"，规制者更加关注城市建设工程的规制，对于村镇建设工程的规制基本上处于空白状态。比如《建筑法》和《建设工程安全生产管理条例》都明确规定，农民自建低层住宅的安全生产管理，不适用于本法或本条例。对于限额以上的村镇建设工程，虽然规定要纳入规制范围，但是现有规制政策大都只适用于城市，与村镇的实际情况不完全相符，难以直接应用。

事故案例13②：2003年8月9日，福建省厦门市湖里区禾山镇一栋两层砖混结构仓库在浇筑混凝土过程中，模板支撑系统坍塌，造成7人死亡、38人受伤。该工程由两个村民共同出资建设，未办理任何土地、规划、建设手续，有关单位和部门没有及时发现和制止。

事故案例14③：2008年10月10日，山东省淄博市刘家村住宅楼工程，在施工过程中发生塔吊倒塌事故，造成工地临近一幼儿园5名儿童死亡、2人受伤。该工程建设单位是该村委会，项目未办理施工许可和质量安全监督手续。

5. 修订迟滞。建筑业职业安全规制面临的形势和环境变化很快，但是与之相适应的规制政策制定及修订却相对迟缓。最为典型的例子是《建筑法》，颁布至今已经10余年，很多情况已经发生变化，但依然未进行修订④。比如关于调整范围，《建设工程安全生产管理条例》的调整范围是"土木工程、建筑工程、线路管道和设备安装工程及装修工程"，而《建筑法》的调整范围仅是"各类房屋建筑及其附属设施和与其配套的线路、管道、设备安装工程"，显然这一调整范围太过狭窄。另外，建设单位、监理单位的安全生产责任制度、建筑施工企业的安全生产许可证制度、"三类人员"任职考核制度等现在看来非常基本的制度也没有及时纳入该法。实际上建筑业职业安全领域应用《建筑法》的几率已经大大减少，这与该法的修订迟滞有着很大关系。职业安全技术标准方面也存在类似问题，如《建筑安装工程安全技术规程》颁布已经

---

① 建设部工程质量安全监督与行业发展司.《关于印发〈吴慧娟同志在全国村镇建设工程质量联络员第一次工作会议上的讲话〉的函》(建质质函〔2005〕122号).

② 《关于厦门市湖里区禾山镇"8.9"村民自建厂房施工坍塌重大伤亡事故的通报》(建质〔2004〕56号).

③ http://news.163.com/08/1010/19/4NTSOCN20001124J.html.

④ 实际上，《建筑法》的修订已经纳入规制者视野，但由于规制者之间的博弈导致修订难产。参见本书第三章的相关分析。

将近 50 年，当前建筑工程安全技术有了较大发展，但是至今仍在执行；《建筑施工安全检查标准》也需要根据实际情况进一步的修改、完善。

（二）规制执行的问题

1. *层级监督失效*。为了保证下级规制者认真贯彻执行规制政策，上级规制者通常要开展各种类型的层级监督活动[①]。由于中国目前的行政体系是条块结合的结构，上级规制者对下级规制者只有业务指导的权利，下级规制者则要接受掌握其人事、财政的同级人民政府的领导。在这种情况下，上级规制者对下级规制者几乎没有什么实质性的约束手段，政令不畅现象时有发生。如住房和城乡建设部对于各地省级人民政府建设主管部门的层级监督，只是在每年的年度形势分析报告及重大事故通报中，对事故总量上升、恶性事故较多的地区进行排序或点名批评，稍微力度大些的是对一些重点地区进行约谈和督办，但由于基本触及不到地方建设主管部门的核心关切，这些方式的效果只能停留在劝诚、提醒、警示等功能上面。对于上级规制者每年都要密集进行的直接到地方的层级督查，下级规制者的抱怨颇多，认为这使得基层部门不堪重负、应接不暇，不但行政成本巨大，而且在某种程度上干扰了地方正常的规制活动。以上级规制者组织一次针对全国 10 个地区的层级督查为例，一般需要组成 5 个督察组，每个督察组负责督查 2 个地区，每地区需要 3 天左右。督查组成员除 2 名规制机构的行政人员外，还需聘请 3 个管理或技术专家。包括机票费用、住宿费用、就餐费用、劳务费用在内，上级规制者最少需要支付 20 万元人民币[②]。而接受督查的基层规制者通常需要首先组织自查，产生相关费用，再加上接待上级规制者的费用，最少需要支出 5 万元[③]，10 个地区就是 50 万元。所以上级规制者组织一次层级督查，需要消耗最少 70 万元的行政成本。督查通知一般提前 1 个月左右下发，基层规制者从准备汇报材料、对辖区内施工现场进行排查到陪同上级规制者督查、督查后进行督促整改、再将整改情况上报上级规制者，一般需要 2 个月左右的时间。如果每年接受 2～3 次督查，则很大一部分时间都用在迎检上面，自然缺少足够的精力去维持正常的职业安全秩序。

2. *监督执法乏力*。直接针对被规制者的监督执法是规制者最重要的规制执行行为，监督执法力度如何也就成了某一地区规制绩效如何的重要前提。建设部负责人在约谈部分地区和中央企业时指出，目前的建筑安全薄弱环节，"从主管部门自身来看，主要问题是一些地方……未将足够的监管资源配置到安全生产方面，执法不严，监管不力[④]"，可谓一语中的。从资源配备上看，

① 参见本书第四章的相关分析。
② 本书作者根据目前的行政费用定额测算。
③ 根据本书作者对山东等地基层规制者的访谈资料。
④ 建设部副部长黄卫在部分地区和中央企业建筑安全生产工作督办约谈会议上的讲话，见 http://www.mohurd.gov.cn/ldjh/jsbfld/200704/t20070427_165516.htm.

一些地区尤其是县级以下地区至今尚未建立专门的监管机构和队伍，只由相关人员监管；有的即使成立了机构，也不能保证执法资源。从监督情况来看，一些地区重安全审批、轻动态监管，对于市场主体降低安全生产条件情况不能有效监控；对施工项目的定期检查和抽查频率较低，难以掌握辖区内施工现场的基本职业安全状况，也不清楚隐患和危险源分布情况；有的虽然对施工现场下达了隐患整改通知书，但是缺乏后续的复查，以至于对于企业的持续违法行为没有及时发现。从执法来看，部分地区对违法违规行为的处罚失之于轻、失之于软，不能起到有效的震慑作用。凡此种种，造成部分地区建筑业职业安全监督执法力度层层衰减，不能实现有效规制。

事故案例 15[①]：2006 年 9 月 10 日，黑龙江省牡丹江市粮油贸易综合楼 1 号楼 B 段工程，8 名施工人员违章乘坐物料提升机上楼作业，上行过程中钢丝绳断裂，乘坐人员坠地，造成 7 人死亡、1 人重伤。施工单位在安全生产许可证暂扣期间擅自复工，监管部门却未能及时发现制止，最终酿成事故。

3. 检查方式粗放。安全生产检查是各级规制者最为偏好的规制方式，但目前的检查方式比较落后。一是运动式检查[②]。每逢"五一"、"十一"、"元旦"、"春节"等重要节日以及全国"两会"等重要活动期间或是重大事故高峰期时，通常高密度地组织各个层级的安全生产大检查。层层转发检查通知，层层召开动员部署会议，检查人员浩浩荡荡，表面声势轰轰烈烈。一旦敏感时期过去，一切又恢复如旧。行政成本极大，实际效果有限。二是告知式检查。无论是日常的规制检查，还是上级开展的层级检查，大多数都是事先告知被检查者检查的时间、流程和重点内容，被检查者往往根据检查要求详细地进行提前准备。所以，规制者看到的往往都是大幅的欢迎标语、极为整洁的施工现场、崭新的安全密目网和少得可怜的施工人员，检查结果自然也是达标、合格为主。这种告知式的检查很难发现被规制者的常态和真实情况，根本起不到通过检查来促进职业安全水平提高的目的。三是普遍式检查。对于辖区内的企业不分职业安全业绩优劣，平均发力，采取普查方式进行"一个都不能少"的检查。特别是在发生重大事故后，"一人有病，大家吃药"，强行对所有企业全面排查，甚至要求所有企业停工受检。这种方式既无谓消耗了宝贵的规制资源，对平时职业安全绩效良好的企业产生了负激励效果，还可能导致整个社会成本提高，影响经济运行。四是实体式检查。在检查过程中，集中精力在施工现场

---

① 案例分析，124-126.
② 本书第三章从制度变迁的角度分析了运动式检查的路径依赖机理。

实体安全防护情况上面而不是市场主体遵守法律法规情况和建立安全保障体系情况。这种事无巨细的检查，使得监督执法人员成为企业的"安全员"，变"监督"行为为"管理"行为，造成企业责任和规制者责任不清，也容易养成企业对于规制者才能发现隐患的依赖心理。上述粗放落后的检查方式，已经使得安全检查在各项规制方式中影响度极低[①]。

4. 政府利益博弈。在建筑业职业安全规制领域的博弈格局很多，包括不同规制者之间的博弈、上下级规制者之间的博弈、规制者与被规制者之间的博弈等等，还有一类博弈是地方政府与规制者之间的博弈。上级规制者制定的一些规制政策，之所以在下级规制者那里出现有令不行、有禁不止的情况，地方政府的因素占有很大比重。比如，在城市规划范围内，建筑工程无论处于哪个区域，都应该执行统一的职业安全规制政策，接受规制者的规管。但是，目前在一些地方的经济技术开发区、科技园区、高教园区、保税区，地方政府为"优化投资环境"、招商引资、尽快发展经济，往往承诺投资主体简化各种法定手续和建设程序，使得这些园区独成体系、封闭管理，游离于正常的建筑业职业安全规制范围之外。这种管理体制造成园区内的建设工程职业安全管理失控，近年来已经导致很多较大事故的发生。据统计，发生在各类园区内的房屋建筑和市政工程事故死亡人数占总数近 20%[②]左右。另外，一些地方政府负责人政绩观偏向，追求"政绩工程"、"形象工程"、"献礼工程"，不顾客观建设规律，默许工程建设单位在未齐全办理法定手续的情况下即开工建设，并要求工程在某一时点前必须完成。这种瞎指挥的行为也是一些事故发生的重要原因。在中国目前情况下，基层规制者很难违抗同级人民政府的命令而坚持上级规制者制定的规制政策。

事故案例 16[③]：2005 年 1 月 14 日，四川省宜宾市经济技术开发区四川电大宜宾分校教学楼在拆除施工中局部坍塌，造成 8 人死亡、2 人重伤、1 人轻伤。

事故案例 17[④]：2005 年 1 月 27 日，广东省广州大学城华南理工校区学生宿舍工地发生一起塔吊拆卸事故，造成 4 人死亡、2 人受伤。

---

① 根据研究，安全生产检查或督查在法律、领导人讲话、安全专项整治等 11 项政策措施中影响度列倒数第二，仅高于安全生产工作会议。刘铁民著. 中国安全生产若干科学问题. 科学出版社，2009：138.

② 根据建设部、住房城乡建设部历年建筑施工安全生产形势分析报告。

③ 《关于对四川省宜宾市"1.14"四川电大宜宾分校教学楼拆除坍塌等事故的通报》（建办质电 [2005] 6 号).

④ 《关于对四川省宜宾市"1.14"四川电大宜宾分校教学楼拆除坍塌等事故的通报》（建办质电 [2005] 6 号).

5. 规制问责失当。目前在中国的社会性规制领域，从矿难到食品药品事故再到健康卫生问题，可谓掀起了一股问责风暴。这无疑是进步的，因为它使得渎职失职或规制不力的规制者承担起了应有责任，对于促进继任规制者不遗余力提高规制绩效起到了很大作用。建筑业职业安全规制领域也不例外。但是，目前似乎有一种倾向，即只要发生职业安全事故，作为直接规制者的建设工程安全监督机构及相关人员就会被纳入责任追究范围甚至会被追究刑事责任。当然，真正有失职渎职行为的监督人员理应被问责，问题是问责泛化或是迫于社会压力的情绪化问责大有增多之势。这使得职业安全规制成为了一种风险极高的工作，在煤矿安全规制领域，已经先后出现了湖南涟源 48 名安监员集体辞职和重庆綦江 26 名安监员集体辞职事件。建筑业领域虽然还没有出现类似情况，但各级建设工程安全监督机构的监督人员每天也是如履薄冰，不知哪天就会成为问责对象。与本章前面的分析相联系，造成上述局面的原因，一是目前法律层面没有明确监督执法人员的职责范围和应该承担责任的界限，不能向问责者提供可以免责的法律依据，以致问责泛化；二是在安全生产高压政策之下，监督人员高频度地到施工现场进行实体检查、帮助企业查找隐患并限期整改，这实际上是一种越位管理，替代了企业本身的作用，以至于在问责者眼里这些成了规制者应当的责任。"一旦发生事故，就可能追究事前曾到过现场的检查人员为什么没有发现隐患，为什么没有采取措施，从而可能追究他们的失职责任；而他们如果没去这个现场，似乎可以理所当然地查问为什么没去，追究他们的渎职责任"[①]。除去上述两个客观原由外，目前的问责泛化失当在几个方面。第一，执法资源是有限的，尤其是与日益增长的工程建设规模相比更是杯水车薪。监督人员不可能每天把所有工地都检查一遍，更不可能24 小时盯住每个角落和每个人。第二，建筑施工是动态变化的。随着工序变化、高度变化，工人工作条件不断在变化。这一时刻监督人员确认为安全状态，下一时刻因条件变化而造成事故，不能追究监督人员责任。第三，监督人员的职责应是监督，而不是管理。只能追究他的监督行为是否到位，不能因为没有被监督到的企业有不安全行为而追究监督人员责任。就像发生交通事故不能追究交警责任一个道理。第四，在追究责任时，应该充分考虑监督人员在预防事故方面所做的大量努力，公平、客观地确定问责的程度。

事故案例 18[②]：2008 年 11 月 15 日，正在施工的杭州地铁湘湖站"北2 基坑"现场发生大面积坍塌事故，造成 21 人死亡，24 人受伤，直接经济损失 4961 万元。在涉嫌犯罪而被刑事起诉的事故责任者名单中，包括

---

① 刘铁民著. 中国安全生产若干科学问题. 科学出版社，2009：54.

② http://news.qq.com/a/20100210/000029.htm.

杭州市建筑质量监督总站副站长、杭州市建筑质量监督总站科长等基层规制者。

6. 事故统计缺陷。事故统计资料是客观判断建筑业总体职业安全形势、分析事故多发类型部位、查找规制薄弱环节的重要依据。科学性的事故统计对于建筑业职业安全规制工作至关重要。目前住房城乡建设部使用《建设系统安全事故和自然灾害快报系统》，利用信息技术统计事故，与原来的人工统计相比，在即时性、准确性和工作效率方面有了很大的进步。但现有的事故统计方法还是存在一些缺陷。首先，只统计死亡事故，而不统计受伤事故。除了没有死亡人员的单纯受伤事故不在统计范围之内外，死亡事故中的受伤人数也未统计。根据事故金字塔理论，每发生一起死亡事故，就将伴随发生 30 起左右的伤害事故。一些受伤事故只不过是没有达到致命的伤害程度，而与死亡事故发生的原因可能是相同的。因此，将受伤事故排除统计范围，对于研究事故规律、分析事故原因十分不利。其次，只统计房屋建筑和市政工程事故，而不统计其他专业建设工程的事故。虽然其他专业建设工程由相关主管部门进行规制，但作为"统一监管"的住房和城乡建设部应当对整个建筑业的事故情况承担起统一统计的职责。目前，这一职责由国家安全生产监督管理总局负责，但其事故数据来源是其本系统内部，住房和城乡建设部以及其他部门等直接规制者并没有向其报送事故数据。这样，事故统计口径其实是不一致的，数据的准确度自然要打折扣。再次，在房屋建筑和市政工程领域，也并非全部事故都在统计范围。被认定是在因突发疾病致死的工人伤亡事故、因暴雨泥石流滑坡等自然灾害引发的伤亡事故、农民自建低层住宅事故、未纳入基本建设程序的事故、由发展改革系统"开工报告"批准工程的事故，以及经地方事故调查组或安全监督管理部门认定不属于建设系统监管范围的事故均不在统计之列。之所以将这些事故排除在外，主要是因为落实安全生产控制指标制度的考虑。其实，这样做有两个弊端，一是不利于全面总结事故教训以及制定预防事故措施；二是可能掩盖了当前建筑业尤其房屋建筑和市政工程领域职业安全的真实状态。可以判断，如果加上这些被排除在外的事故，房屋建筑和市政工程领域的职业安全形势也许远不如现在的统计数字所显示得那样乐观。

（三）规制评估的问题

本书中的规制评估指的是规制绩效评估，即对规制者履行规制职能、完成规制任务、实现规制目标的过程、实绩和效果所进行的综合性评价。规制评估是规制过程中一个极其重要的环节，其目的在于客观公正地评判规制者的工作绩效，检查规制执行过程中存在的问题，提供改进规制和分配规制资源的依据，通过构建科学的指标体系引导规制者正确的规制导向，最终促进提升规制质量和效率。

目前，在建筑业职业安全规制领域，基本上还没有引进规制绩效评估的理念和方法，对于规制者规制绩效的评价仍然比较传统、粗放和简单。从评估主体上看，基本上是上级规制者对下级规制者或地方人民政府对其所属规制部门的评估，缺少其他规制相关者和社会的评估与监督；从评估内容上看，缺乏成形的、合理的评估指标体系，简单地以死亡人数情况作为唯一指标，忽视了规制者的过程行为。对此，下文还将进行详细讨论。从评估过程上看，透明度不高，多为行政体系内部的封闭运作，评估中的社会参与明显不足；从评估结果的使用上看，存在两种极端现象，要么将评估结果束之高阁，与规制者奖惩、任用和资源配置相互脱节，要么急功近利，不分情况地进行问责，貌似激进，实则不尽科学①。

下面重点对上文提到的评估内容进行分析。本书第四章提及了中国建筑业职业安全规制执行体系中的指标控制手段。实际上，指标控制既是一种执行手段，同时也是对规制绩效进行评估的重要内容。因为，正是有了指标控制的要求，才有了对指标落实情况的考核评价。目前通常的运作模式是，年初由有关人民政府向规制部门下达死亡人数指标，在年终则根据当年实际死亡人数是否超过既定指标来检验规制者的工作成效。如果未超指标，则将其列入安全生产先进行列并给予相应奖励，如果超出指标则要遭到通报批评。死亡情况的确应该是绩效评估重要甚至是最重要的指标，问题在于不能将其作为唯一的指标。目前上述评估方法已经逐渐暴露出诸多缺陷②：一是过于偏重结果导向，即只关注最终结果而不关心过程中的控制和投入，只有关于事故的指标而无其他工作指标。这极易导致基层规制者产生短期行为，忽略对程序正义、行政公平和勤勉为政价值的追求，不利于促进规制政策走向理性、保证足够的执法资源等基础建设。二是强调绝对指标胜于相对指标，即考察重点聚焦于事故死亡的绝对人数是否实现下降，而对相对于产值规模、从业人数的死亡率变化情况重视不够。这是一种非常粗放的理念，这对于工程建设任务量较大的地区是不公平的。事实上国外很多发达国家都是重视采用相对指标来表征规制绩效。三是即使是绝对指标也有失偏颇，目前做法是简单地在上年死亡人数的基础上再下降一定幅度来确定当年指标，而事实上事故死亡人数经过多年大幅下降后再下降的空间已经非常狭小。以美国为例，在经过相对较大幅度的下降周期后，目前每年的死亡人数基本维持在一个稳定水平，上下波动是很正常的现象③。四是片面追求安全生产控制指标的逐年直线下降，而没有充分考虑到我国现阶段的生产力、技术和管理水平，以及工程建设规模和施工风险逐年增大的实际情

① 周志忍. 政府绩效管理研究：问题、责任与方向. 中国行政管理，2006，12：13-15.
② 张强. 建筑安全工作绩效评估指标体系研究. 建筑经济，2008，4：5-6.
③ 参见本书第二章的分析。

况。从世界的情况来看，在工业化快速推进阶段，事故往往是呈上升趋势的。五是带来一系列不良后果。过度重视安全生产控制指标，有可能引起基层规制者过分重视数字，为了避免超出指标不惜做技术处理，甚至瞒报，使得事故统计结果失真、上级规制者决策失准。另外，在规制者宣传指标落实情况的同时，容易使得社会舆论误认为政府鼓励事故死亡，影响政府的公信力。另一个负面效应是"鞭打快牛"和"奖励失败者"。如今年规制绩效良好、实现死亡人数较大幅度下降的 A 地区，明年还要求其保持相应下降幅度才能维持绩效先进的评价，而在大幅下降的基础上再下降的难度可想而知。相反，今年死亡人数大幅上升的 B 地区，明年下降一个死亡人数都有可能成为先进，实际上 B 地区的死亡人数总量和总体上升幅度要远远大于 A 地区。这在很大程度上影响基层规制者的工作积极性和主动性。

四、规制环境分析

对于中国建筑业职业安全规制所处环境的分析，包括从宏观视角的一般环境分析和从中观、微观视角的工作环境分析。

(一) 一般环境

1. 政治环境。通过本书第三章的制度变迁分析可知，自建国以来，执政党和中央政府就高度重视安全生产工作，并把保障工人生命安全作为政府的重要职能之一。1949 年 9 月第一届中国人民政治协商会议通过的《共同纲领》就包括了对劳动者安全保护的条款。这是由社会主义国家的人民性所决定的。在计划经济时期，政企不分，政府自上而下地全面控制包括安全生产在内的企业生产经营活动；改革开放以后，企业逐渐成为独立的市场主体，但政府对于安全的规制较之以往更加严格，只是在规制风格上由行政管理转化为依法规制。所以，促进职业安全始终是国家的利益所在。但与此同时，职业安全规制系统基本处于封闭状态，企业和工人缺乏参与职业安全规制过程的制度化途径，这也使得被规制者和规制受益者对规制者产生很大的依赖性，其对安全生产的主体作用和主体责任难以有效发挥和承担。此外，近年来，以人为本、安全发展等理念逐步确立和深入人心，大众媒体对安全生产舆论监督力量与日俱增，国家对于政府分管领导和直接规制者的问责力度不断加大，这在为安全生产工作创造了更加有利环境的同时，也使得安全生产的政治化色彩越来越浓厚。在一些地区和行业，不计行政和社会成本追求绝对安全的现象比较普遍，造成职业安全规制的实际受益下降。另外，由于问责压力较大，一些地区和行业的基层规制者不愿承担安全规制工作，诱发了规制队伍的不稳定现象。

2. 经济环境。中国目前正处于一个非常特殊的经济时期。首先是由计划经济向社会主义市场经济的转轨期。政府职能还在转变之中，面对变化了的经济社会形势和企业所有制结构，尚未有效掌握和娴熟使用除行政手段之外的职业安全规制手段。一些地方政府行为企业化，片面追求经济增长，牺牲职业安全利益。包括国有和私营在内的企业还没有成为成熟、规范的市场活动主体，一味追求利润最大化，缺乏社会责任担当，远未形成自我约束的安全管理体制。其次，处于工业化中期阶段。2008 年，我国工业化率达到 43%①。这一阶段，农村劳动者大规模地向包括建筑业在内的非农产业转化，新的劳动环境和劳动方式，不可避免地会带来新的职业安全风险。根据学者研究，工业化中期阶段，正是安全生产事故达到高峰并逐步得到控制的阶段。最后，处于城镇化加速发展时期。一般而言，城镇化率从达到 30% 开始步入快速发展阶段。2009 年，我国城镇化率已经达到 46.6%②。一方面，随着城镇化的推进，城市范围日益扩张，各类基础设施、公共建筑、住宅、厂房等工程建设规模将大幅增长；另一方面，原有产业结构和劳动就业格局被打破，城镇劳动者面临转换工作环境与就业岗位的压力，新的职业风险增多，这些都给职业安全规制带来很大挑战。

3. 文化环境。安全文化是安全价值观和安全行为准则的总和。近些年来，中国的安全文化有了很大改观，关爱生命、关注安全的意识正逐渐在人们心中生根发芽。但是，在一些地方或行业，还存在重精神价值、重物质财产价值、轻生命价值的现象。奉献精神在一段时间被"左"的思想推向了极端，"小车不倒只管推"、"活着干、死了算"的思想导向，影响了人们对生命价值的科学评价。另外，长期以来，全社会大力倡导保护国家财产的意识和观念，这无疑是正确的，但过度强调又造成了以物为本而不是以人为本的思想倾向。此外，部分劳动者本身也存在不重视安全、缺乏保护自己的意识，宿命论、"生死有命，富贵在天"的封建思想对安全文化造成很多不利影响。除了安全文化之外，影响职业安全规制执行力度的还有"人情社会"的文化，亦即诺思提到的人际关系交换现象。在制度变迁过程中，"非人际关系交换化是政治稳定以及获取现代技术的潜在经济收益所必需的"③。而人际关系化交换亦即人情关系交换则既不能带来政治稳定，也不能充分发挥经济收益。目前，中国"官本位"、"人情网络关系"、"人治大于法治"等传统社会现象依然普遍。尤其是在县级以下城市或偏远地区，由于地域范围狭小，人际交往密切，基层规制者与建筑企业等市场主体低头不见抬头见，社会关系联系紧密。在这种情况下，一些基层规制者碍于情面或迫于领导"打招呼"、熟人说情，放松对企业的规制，

① 根据国务院新闻办公室 2010 年 3 月 29 日新闻吹风会发布数据. http://www.china.com.cn/news/2010-03/29/content_19709680.htm.

② 根据国务院新闻办公室 2010 年 3 月 29 日新闻吹风会发布数据. http://www.china.com.cn/news/2010-03/29/content_19709680.htm.

③ ［美］道格拉斯·C. 诺斯. 制度、制度变迁与经济绩效. 格致出版社，上海三联书店，上海人民出版社，2008：161.

降低对企业的处罚，致使规制政策不能得到有效执行，真实情况不能得到及时反映，严重影响了规制绩效。

（二）工作环境

1. 混乱的建筑市场秩序。我国正处于经济转轨时期，建筑市场的体制机制尚未理顺，市场活动主体行为失范，加之规管乏力，建筑市场秩序一直处于混乱状态。由于工程建设资金投入规模大，多方利益关系在建设领域集中、纠结、博弈，包括政府投资和国有投资业主在内的各类市场主体规避管理，各类违法违规行为屡禁不止。2009年7月，中共中央办公厅、国务院办公厅印发了《关于开展工程建设领域突出问题专项治理工作的意见》①，集中指出了建筑市场目前存在的主要问题：一是一些领导干部利用职权插手干预工程建设，索贿受贿；二是一些部门违法违规决策上马项目和审批规划，违法违规审批和出让土地，擅自改变土地用途、提高建筑容积率；三是一些招标人和投标人规避招标、虚假招标，围标串标，转包和违法分包；四是一些招标代理机构违规操作，有的专家评标不公正；五是一些单位在工程建设过程中违规征地拆迁、损害群众利益、破坏生态环境、质量和安全责任不落实；六是一些地方违背科学决策、民主决策的原则，乱上项目，存在劳民伤财的"形象工程"、脱离实际的"政绩工程"和威胁人民生命财产安全的"豆腐渣"工程。上述突出问题和不规范行为，一个重要的负面后果就是导致工人的职业安全权益被忽视甚至牺牲。违反科学规律决策工程，只能使得工程建设过程失控，安全风险极大；违反规定招投标，将不具备资质资格和安全生产条件的企业放进建筑市场，只能导致野蛮施工、冒险施工，工人生命悬于一线；而各种豆腐渣工程，由于偷工减料、包括安全投入在内的各项投入不到位，更是工人安全的极大威胁。

深入考察许多的事故案例，可以发现，导致建筑市场混乱、职业安全事故多发的一个重要原因就是腐败。由于权力制约和监督机制不健全、建筑市场管理存在制度漏洞等客观因素，工程建设领域一直是一个腐败问题多发的领域。腐败主要表现在以下几个方面②：一是工程发包中存在以权谋私现象，私相授受、贪污侵吞、索贿受贿、徇私舞弊，索贿受贿。二是管理职能中存在权钱交易现象，在工程建设的立项审批、规划选址、工程招投标、用工选择、竣工验收等各个管理环节"吃拿卡要"。三是工程承包中存在违规作假现象，采取假资质、围标串标、肢解发包、层层转包等违法违规手段，最大限度榨取经济利益。四是工程物资采购中存在回扣现象，造成工程生产资料质量低劣，为工程质量安全埋下隐患。企业是以追求利润最大化为目标的，为弥补腐败成本，一

---

① 中办发〔2009〕27号文件。

② 陈贵章. 关于建筑市场的完善与拒腐的思考. http：//jw. shantou. gov. cn/lawx/mewda. asp? id＝860&lx＝%C1%AE%D5%FE%C2%DB%CC%B3.

些违法违规企业必然会在降低工程造价、削减安全投入上大做文章，在这种情况下，职业安全事故频发也就在意料之中了。这也正是中央下决心开展工程建设领域突出问题专项治理工作的原因所在，上述《关于开展工程建设领域突出问题专项治理工作的意见》中第一条指出的问题就是腐败问题。所以，整顿规范建筑市场的一项重要工作就是反腐败，腐败不根除，秩序难规范。

2. 原子型的市场结构[①]。一般把卖方市场高度分散的结构（前四位卖方集中度CR4不到20%）称之为"原子型"结构。在这种结构中，卖方集中度低，企业规模小，数量多。每个企业都难以达到规模经济的要求，企业经济效益难以保证，也就难以安排资金用于安全投入；另外由于大量企业的存在，每个企业都面临着残酷竞争，必然不惜代价压低生产成本，严重影响职业安全。我国建筑业是典型的原子型市场结构，1997年的CR4、CR10、CR50、CR100分别为1.06%、2.35%、8.16%和12.86%。改革开放以来，我国各种类型的建筑业企业数量都有增长，但从企业的结构组成来看，国有、集体企业比重下降，私营、个体等中小建筑业企业比重则大幅上升，仅1995～2005年间，企业单位数、就业人数和总产值比重就分别由2.5%、2.1%、2.7%上升到74.5%、68.1%和66.2%，参见表5-1。

中国建筑业企业所有制变化情况　　　　　　　表5-1

项目	企业单位数（%）		就业人数（%）		建筑业总产值（%）	
年份	1995年	2005年	1995年	2005年	1995年	2005年
国有企业	31.2	10.2	55.0	17.8	63.3	24.4
集体企业	63.6	13.8	42.2	13.4	32.8	8.1
港澳台企业	1.4	0.9	0.3	0.3	0.6	0.5
外资企业	1.3	0.7	0.4	0.4	0.6	0.7
其他	2.5	74.5	2.1	68.1	2.7	66.2

非公有制中小企业的大量增长，进一步降低了建筑业集中度，使得原子型结构更加固化，加剧了市场竞争，影响了建筑业职业安全水平的提高。另一方面，也给从计划经济走来的规制者提出了挑战。显然，对于数量众多的非公企业，很难简单采用过去控制国有企业的行政手段来硬性的管控职业安全。

3. 最低价中标的竞标规则。我国《招标投标法》第41条规定"中标人应当符合下列条件之一：（一）能够最大限度地满足招标文件中规定的各项综合评价标准；（二）能够满足招标文件的实质性要求，并且经评审的投标价格最低，但是投标价格低于成本的除外"。但是，在工程建设领域，很多地区将

---

① 黄群慧等著. 中国工业化进程与安全生产. 中国财政经济出版社，2009：97-98，118-125.

"经评审的投标价格最低"在现实操作中演变成简单、绝对的最低价中标方式。在目前供求失衡的市场状况下，施工企业为了承揽到工程，不得不以绝对低于成本的价格投标。而低价中标后，为最大限度维持利润，施工企业往往大大压缩削减职业安全投入，施工现场防护不到位，对工人培训教育不到位，甚至为了降低成本简化流程、偷工减料，最终导致重大事故发生。其实，如图5-2[①]所示，从工程项目的发展周期来看，影响工程造价程度最大的阶段是约占项目建设周期1/4的技术设计结束前的工作阶段，其影响程度为75％～95％；在技术设计阶段，影响项目造价的程度为35％～75％；而在施工阶段，影响项目造价的程度仅为5％～35％。这是因为，对于一般的建筑工程，材料和设备的消耗费用大约占工程成本的70％，并且都是在设计阶段随着建筑设计、建筑结构型式、材料选用、设备选型等确定的。在施工阶段的造价控制主要不是控制工程成本，而是控制可能增加的新的工程费用。所以，企图在施工、设备采购等阶段大幅度降低成本，以求保本、盈利是不现实的，因为在这一阶段降低工程造价的空间已经非常有限[②]。

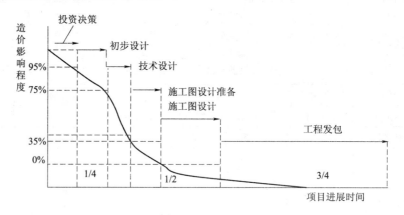

图 5-2　工程造价影响程度

4. 落后的行业科技水平。实现建筑业职业安全状况的根本好转，除了提高规制质量、发挥各方主体作用、实行经济激励政策之外，还有一个关键就是科技进步。只有施工设备机具和防护设施达到先进水平，生产工艺和流程得到重大改进，建筑业的职业安全水平才能有质的飞跃。但我国建筑业的科技进步水平与制造业相比，以及与国外发达国家的建筑业相比都差距很大，这在一定程度上制约了职业安全规制绩效。由于长期的过度竞争状态，我国建筑业企业积累水平低，科技投入普遍不足。据调查，2002年企业技术研发投入只占企业营业总收入的0.18％，2003年也仅占到0.25％；建筑业的信息化还停留在

①　姚兵著. 建筑管理学研究. 北方交通大学出版社，2003：66.
②　姚兵著. 建筑管理学研究. 北方交通大学出版社，2003：66.

数据存储和交流、单项业务处理的阶段，信息系统集成化运行，利用信息手段进行资源优化配置和决策水平都还远远不够[①]。建筑业企业的技术装备率和动力装备率徘徊不前，提高水平极为有限，参见表 5-2[②]。从技术进步对于产业的贡献程度来看，建筑业技术进步贡献率仅为工业的一半左右，远低于第三产业中的电信、邮政行业，以及第一产业中的农业、畜牧业。中国各主要产业科技进步贡献率如表 5-3[③] 所示。

2004～2008 年建筑业企业技术装备率和动力装备率　　　　表 5-2

年份	平均技术装备率 （元/人）	平均动力装备率 （千瓦/人）	国企技术装备率 （元/人）	国企动力装备率 （千瓦/人）
2004	9297	5.8	12919	7.5
2005	9273	5.1	13292	7.2
2006	9109	4.9	12363	6.9
2007	9208	5.0	12393	7.0
2008	9915	5.5	14502	7.4

各产业技术进步贡献率比较　　　　表 5-3

产业名称	电信产业	邮政行业	畜牧业	农业	工业	建筑业
技术进步贡献率	76.39%	66.19%	50.4%	40.15%	27.11%	13.15%

---

① 建设部工程质量安全监督与行业发展司，建设部政策研究中心编著. 中国建筑业改革与发展研究报告（2005）——市场形势变化与企业变革. 中国建筑工业出版社，2005：34.
② 中国统计年鉴（2009）. 中国统计出版社，2009.
③ 建设部工程质量安全监督与行业发展司，建设部政策研究中心编著. 中国建筑业改革与发展研究报告（2007）——构建和谐与创新发展. 中国建筑工业出版社，2007：132.

第六章　中国建筑业职业安全
规制改革对策分析

　　根据上一章的分析，中国建筑业职业安全规制体系存在一些规制失灵现象，主要表现在规制相关者、规制过程和规制环境等主体或环节出现了一些亟待解决的问题。应对规制失灵，简单地主张像西方一些国家那样采取放松规制、降低规制的办法并不能奏效。本书在规制正当性分析的章节已经表明，在职业安全领域，缺乏外部纠正机制的市场失灵带来的后果更为严重。而在诸种外部力量之中，政府规制具有明显的优势。更值得注意的是，与西方发达国家情况不同，中国的规制体系产生于计划经济体制逐步瓦解的过程之中，是与市场体制逐渐完善、政府职能逐渐转变相伴行的。在目前我国市场经济还未健全、市场活动主体还不成熟的状况下，将一切问题归咎于规制制度本身极不明智。而且，西方发达国家的放松规制大多针对经济性规制，对于职业安全等社会性规制领域，规制活动不减反增，"风险承受能力下降与减少对个人责任的信赖，是管制行政从以代理市场为核心转变到以环境、健康和安全为中心的主要原因"[1]。在经合组织国家，放松规制早已被规制管理改革和全面的规制政策所取代，规制改革日益占据经济政策的核心地位[2]。此外，本书作者真正忧虑之处在于，虽然从官方公布的事故数据上看，中国建筑业尤其是房屋建筑和市政工程领域的职业安全规制绩效很好，但是如果考虑到工业化发展阶段与职业安全事故的关系规律、快速城镇化带来的工程建设任务压力、事故统计存在的缺陷以及指标控制手段引致的一些负面效应，其真实绩效是否如数字显示的那样好？或者说，面对着本书上一章分析的一系列问题，现有规制体系是否能依然维持以前的良好绩效？

　　所以，对于中国建筑业职业安全规制而言，更现实地恐怕在于怎样去改革和完善规制体系，最大限度地克服现有弊端，发展出一种持续、长效的机制，促进建筑业职业安全状况不断稳定好转。本章针对建筑业职业安全现有规制体系存在的问题，借鉴国外经验，提出改革的政策建议，期供规制者和决策者参考。这些政策建议更多关注总体制度设计层面和热点难点问题，较少对现有的某一项具体规制政策提出改进意见，也没有面面俱到地涉及规制体系的每个方面。在论述和分析结构上，则仍采用规制相关者—规制过程—规制环境的

---

①　[美] 戴维·H·罗森布鲁姆，罗伯特·S·克拉夫丘克著. 公共行政学：管理、政治和法律的途径（第五版）. 张成福等校译. 中国人民大学出版社，2002：433.

②　参见《经合组织国家规制改革报告》，http://www.oecd.org/dataoecd/40/41/39219442.pdf.

框架。

一、改革目标和总体思路

中国建筑业职业安全规制改革的目标是：以科学发展、安全发展的理念贯穿改革过程，建立起符合我国社会主义市场经济要求的统一、高效、权威、规范、科学的规制体系，充分发挥市场机制和其他机制作用，健全规制体制，创新规制方式，提高规制效能，构建保障建筑工人职业安全的长效机制。具体而言，通过改革实现：规制政策完善并具有较强的可操作性，得到有效的执行和落实；规制机构独立、专业、权威和可问责，与其他部门协调配合良好；被规制者市场行为规范，自我规制意识逐步增强；建筑工人自觉维护自身合法权益，职业安全素质和谈判能力提升；其他相关者积极主动参与规制过程，成为规制重要力量。

改革的总体设计思路可以从国外的规制改革经验和理念中获得启发。从20世纪七八十年代开始，世界一些主要国家对规制进行了一系列结构和实体方面的改革，提出了指导规制活动的原则，这些原则对于确定中国建筑业职业安全规制改革思路很有帮助，参见表6-1[①]。

部分国家规制改革指导原则 表6-1

国家	年份	出处	原则
美国	1993	总统12866号行政命令	1.界定需要解决的问题。2.评估现存管制方式对问题解决的贡献。3.确认管制的备选方案。4.考虑风险。5.评估成本效果。6.权衡成本与效益。7.基于所获得的最佳信息作出决策。8.评价各种管制的可能方案。9.考虑州、地方政府和部族的意见。10.避免不一致性。11.最少的社会成本。12.用简单、容易理解的语言来描述管制行为
英国	1993	"善"的规制指导纲要	1.确定议题……确保规制与问题成比例。2.尽量简单……以目的为基础的规制。3.为将来预留灵活性……设定规制发展的总体性目标而非具体方式。4.尽量简短。5.预测对竞争及贸易的影响。6.最小化合规成本。7.与先前的规制相结合。8.确保规制得到有效实施和监管。9.确保规制的实施效力能够得到评估。10.允许充足的时间

---

① 美国部分参见［美］戴维·H·罗森布鲁姆，罗伯特·S·克拉夫丘克著. 公共行政学：管理、政治和法律的途径（第五版）. 张成福等校译. 中国人民大学出版社，2002：448. 英国部分参见［英］安东尼·奥格斯著. 规制：法律形式与经济学理论. 骆梅英译. 中国人民大学出版社，2008：345. OECD部分参见王云霞著. 改善中国规制质量的理论、经验和方法. 知识产权出版社，2008：104-105.

国家	年份	出 处	原 则
OECD	1997	规制改革报告	1. 能有效地为明晰的政策目标服务。2. 有健全的法律基础。3. 资源在全社会进行分配时产生的收益大于成本。4. 最小化成本和市场扭曲。5. 通过市场激励的方法和目标导向的方法促进创新。6. 对使用者而言清晰、简单、实用。7. 与其他规制和政策保持一致。8. 在国内和国际水平都与竞争、自由贸易和促进投资等目标相协调

由上表可见，规制问题界定清晰、最大限度降低合规成本、规制语言简单明了、充分利用市场激励机制、确保规制有效实施等是各个国家在规制改革时共同关注和坚持的原则，上述原则可以有机地借鉴到中国建筑业职业安全规制改革当中。结合西方发达国家的经验和我国的实际情况，中国建筑业职业安全规制改革的思路主要应包涵以下几个要点。

明确规制目标。建筑业职业安全规制的终极目标应该是一元的，就是保障建筑工人的生命安全。应当把人的生命价值放在首位，避免与保护财产安全相提并论。更不能把保障职业安全与促进经济发展[①]等可能产生冲突的目标同时作为规制目标。惟其如此，规制政策才能聚焦，才不致在经济目标压力下产生妥协。

推进综合治理。建筑业职业安全是一个系统工程，单凭任何一个主体、任何一种方式都难以取得良好绩效。必须综合运用法律、经济、行政、文化、科技等多种手段，落实建设、施工、监理等多个被规制者责任，把住建筑活动市场和现场管理等多个环节，动员规制体系内外多种力量，才能有效实现规制目标。

坚持预防为主。严格处罚和事故赔偿只是事故发生之后的补救措施，彼时工人生命已经不可挽回。"有预见的政府做两件根本性的事情：他们使用少量钱预防，而不是花大量钱治疗；他们在作出决定时，尽一切可能考虑到未来[②]。"因此，规制政策的重点和关键是预防，即在事前设计好对策防止事故发生。

关注成本效益。规制的制定和执行都是有成本的。泛政治化的、不计成本的规制方式方法，不但根本不可能实现零风险，还会给被规制者造成巨大负担

---

① 《安全生产法》第一条：为了加强安全生产监督管理，防止和减少生产安全事故，保障人民群众生命和财产安全，促进经济发展，制定本法。这实际上导致安全规制目标多元化，在安全与经济指标发生冲突时，安全通常成为牺牲对象。

② ［美］戴维·奥斯本，特德·盖布勒著. 改革政府：企业家精神如何改革着公营部门. 周敦仁等译. 上海译文出版社，2006：164.

和损失，导致社会总成本过大，从而抑制经济社会可持续发展。应当逐步引入成本效益分析的理念，要求规制政策以最低的成本实现某一既定目标。

科学配置资源。面对庞大的建筑业生产规模，职业安全规制的资源通常是有限的。如果不分轻重缓急、眉毛胡子一把抓，势必造成规制资源浪费，使得排序在前的风险没有得到充分规制，对于普通风险又出现过度规制现象。应当创新规制资源配置方法，根据风险大小科学合理地分配规制力量。

明晰各方责任。建立明确清晰的责任体系是职业安全规制工作的重要内容。建筑业职业安全规制相关者众多，必须公平、合理地分配安全责任，使得各相关者各负其责、各司其职。特别是要注意严格区分规制者的规制责任和被规制者的主体责任，防止责任混淆造成问责失当现象。

重视激励相容。对于被规制者，采用市场激励机制，促使其追求经济利润最大化的行动与保障工人职业安全的目标相吻合，从而从"要我安全"转化为"我要安全"，建立自我约束、持续改进的机制。对于规制者，通过正向和负向的激励措施，增强其执行规制政策的积极性和自觉性。

过程结果并重。结果导向的规制很重要，但是绝不能偏废过程导向，二者要实现有机结合。既要通过建筑业职业安全事故发生情况这个"结果"来反映规制者的工作绩效，也要强调过程控制，考核规制者依法履行规制职责的过程和产出，鼓励规制者对程序正义、行政公平和勤勉为政价值的追求。

促进公共治理。政府不应包揽建筑业职业安全规制的一切工作，而应引入治理理念，让一些非政府组织承担部分规制职责。这样既有利于增加规制力量，分担政府规制责任和压力，又有利于培育市场机制和其他社会调控机制，形成良性的社会治理结构。

符合国情业情。中国的国情与西方发达国家不同，建筑业的情况又与其他行业有着较大差别。规制政策设计必须充分考虑中国的生产力发展阶段、经济社会转型时期、工业化和城镇化演进节点，以及建筑业生产方式和管理方式的特点，客观、理性地确定规制的目标、范围、方式和手段。

二、重塑规制相关者

针对规制相关者的改革是整个规制体系改革的基础，因为没有人和组织的能动，任何系统也难以有效运转。

（一）再造规制机构

由对规制者存在问题的分析可知，目前规制竞争、规制分散、政规合一是规制者体系的最大症结，因此应该把建立统一、独立、权威、高效、规范的规制机构作为规制者再造的目标。实现这一目标，需要从国家行政机构改革的总体规划来考虑，应重点把握以下几个方面。

1. 实现对建筑业的统一规制。目前，对于建筑业而言，我国仍然维持计划经济体制时期延续下来的按部门管理体制，这一体制已经造成了建筑市场多头管理、部门垄断和保护、职业安全规制绩效不均等不良后果。其实，虽然各部门管理的建设工程形式、功能、生产流程各有不同，但是在立项、招投标、承发包、现场管理等方面有很大的同质性，属同类产品，应由一个统一的部门进行规管。建筑业职业安全规制是整个建筑业规制的重要组成部分，要想避免出现规制标准不一、绩效不均等问题，必须首先实现对整个建筑业的统一规制。《建筑法》、《建设工程安全生产管理条例》等法律法规虽然明确由建设主管部门对建筑业进行统一监督管理，但基本等于一纸空文。因此，建议按照大部制的原则，将铁道部、交通运输部、水利部、工业和信息化部、电力监管委员会等部门的工程建设规制职能全部划归住房和城乡建设部，由住房和城乡建设部统一负责包括职业安全规制在内的建筑业规制。这一划归不应简单是纸面上的职能转移，而是包括规制人才、相关机构、工作经费、法规标准等规制资源在内的全面划归，以保障划归之后规制活动的平稳和顺利过渡，避免因专业性过强等问题导致的规制失灵。同时，对于一些没有行业主管部门的建设工程如本书上一章提到的冶金、化工、矿山工程等也明确归住房和城乡建设部规制。对整个建筑业实行统一规制，有利于住房和城乡建设部将成熟的职业规制方法和经验在各个工程建设领域施行，用同一法规标准公平公正地对待所有建筑活动主体，防止因多部门职能交叉给企业带来的规制负担，也可以避免出现对于部分专业建设工程的规制缺位和推诿扯皮现象。

2. 建立独立于政策部门的规制机构。在解决了统一性的问题之后，应当着力解决独立性的问题，核心是规制机构相对于政策部门的独立性。由于受长期历史传统的影响，监管机构如果完全独立于政策部门，可能会在两者之间产生很强的不是"一家人"的疏离感，使得规制机构无法得到部门的政策支持。反之，如果简单地将监管机构当作部门内的司局设置，又会产生职能不分与权力过于集中的"家长制"弊端，不利于形成科学的政府治理结构[①]。因此，可以考虑一个折中方案，即在部门内设立相对独立的规制机构。实际上，这种设置模式在西方发达国家很普遍（如英国、美国），更有利于部门首长的统一指挥、监督和整个行政系统的协调，也比独立于部门设置的规制机构能够得到更多的资金和人事等行政支持[②]。目前，建筑业职业安全规制机构基本都是政策部委的内设司局。建议在已经对整个建筑业实行了统一规制的住房和城乡建设部内，设置一个独立的副部级的行政单位——建筑业职业安全规制局，行使对建筑业的职业安全规制职能。部内其他政策部门则应专门行使制定宏观政策和促进产业发展等职能。在建筑业职业安全规制局内部，可以根据工程类型设置

① 周汉华. 监管制度的法律基础. 吴敬琏. 比较（第二十六辑）. 中信出版社，2006：79.
② 周汉华. 监管制度的法律基础. 吴敬琏. 比较（第二十六辑）. 中信出版社，2006：80.

不同的司或处，如房屋建筑工程司、铁路工程司、水利工程司、工业工程司等。为确保该局的独立性和权威性，应赋予其规制规则制定权和行政许可、行政处罚、行政检查、裁决争议等行政裁决权力，且上述权力的配置应由行政法规以上的法律规范确认。实行行政首长负责制，首长由部长提名、国务院任命。该局由国家财政预算保证具有充足的行政经费，且具有人事调整的自主权，可以录用国家公务员，也可以招聘能够满足知识结构合理化的非公务员申请者[1]。此外，还应维护建筑业职业安全规制机构相对于国家安全生产监督管理部门的独立性。安全生产监督管理部门应专司综合监督管理职责，加强对建筑业职业安全规制工作的指导和协调，对于属于建筑业职业安全规制体系内部的权限和具体规制工作不应干预甚至取代。

3. 合理配置中央和地方规制机构的职责权力。中央层面独立的建筑业职业安全规制机构建立完毕后，接下来应着手建立地方规制机构，并明确中央规制机构和地方规制机构的职责分工。从美国等发达国家的经验来看，中央和地方规制机构的最佳关系模式是从中央到地方全部实行垂直管理。垂直管理的模式可以使中央规制机构对地方规制机构实现有效控制，统筹安排资源配置，人员调动、资金配备、设施增加等，最大限度地在基层落实统一的规制政策。同时，由于地方规制机构在人事、财务上独立于地方政府，可以有效避免地方政府干扰，保证政令畅通，增强规制的权威性、统一性。而且，在建筑领域，企业跨省从事施工活动极为普遍，需要无地方背景的规制机构公平公正的规制和执法。因此，从长远上来看，建筑业职业安全规制机构应该实行从上到下垂直管理的体制。但目前，中国还有其特殊的国情，地域辽阔，各地经济发展水平、施工条件、施工时期、劳动力素质差异极大，如果实行"一杆插到底"的完全垂直模式，恐怕难以实现有效规制。同时，如果从中央到省到市县全部实行属地规制也不利于全国的协调一致，并影响到中央方针政策的执行力[2]。所以，应结合国情和行业特点，充分发挥中央和地方两个积极性，兼顾个性与共性，建立一种分级垂直的规制模式，即中央规制机构和省级规制机构之间属分级管理体制，而省级以下规制机构则实行垂直管理体制。省级规制机构对基层规制机构的人事配置具有建议权甚至否决权，对于其规制工作计划、资源使用等具有领导和调配权。此外，应制定相关法律法规，明确中央和地方规制机构的职责分工，避免上下一般粗、职能和力量配置雷同的现象。中央规制机构重点是制定建筑业职业安全规制的方针政策和法规标准，完善各项规制制度，加强对省级规制机构的业务指导和层级监督，协调和解决跨省区施工的规制问题。省级规制机构应当围绕中央规制机构的统一政策、制度，制定符合本地实

---

① 王云霞著. 改善中国规制质量的理论、经验和方法. 知识产权出版社，2008：199.
② 刘铁民著. 中国安全生产若干科学问题. 科学出版社，2009：69.

际的实施细则，加强对市、县级规制机构的工作领导，协调解决一些省内重要项目规制问题。市、县级规制机构应当是建筑业职业安全的最直接规制者，重点是依据中央和省级规制机构制定的法规标准，对工程建设项目进行现场规制，直接地常态地行使检查、执法等规制行为。

4. 改革建设工程安全监督机构。建设工程安全监督机构目前面临着身份危机、素质危机、数量危机和经费危机等多重危机，亟需进行改革。在建筑业职业安全规制机构进行重塑的背景下，市县级规制机构承担了大量直接规制工作，为此，市、县级规制机构必须大幅增加规制力量，提高规制队伍素质，充分保障规制资源。要充分利用现有建设工程安全生产监督机构的工作队伍，同时根据规制任务需要不断进行充实，发挥其专业性、技术性的长处，将其作为对施工现场职业安全的基本技术规制力量。在省级层面，则没有必要专门设置建设工程安全监督机构。根据国家对于事业单位改革的统一部署，应将建设工程安全生产监督机构逐步纳入行政系统或参照公务员管理单位，实行财政全额拨款，保证其充足的工作经费。修改《建设工程安全生产管理条例》，赋予建设工程安全监督机构以独立的行政执法权限。同时，明确建设工程安全监督机构的设置条件、职责范围、工作权限、资源保障等内容。实行建筑业职业安全监督执法人员职业资格制度，加强对其法律和业务知识培训，规范任职资格条件、职责、职权和工作程序，逐步建立起一支职业化的建筑业职业安全监督执法队伍。

对于规制者的改革，在某种程度上是规制者对于自身的改革，无疑是整个规制体系改革中最为关键也最为艰难的部分。上述再造规制机构的构想，只是一种理想的改革方案或是一种可能的改革路径。这一方案，涉及到部门乃至地方利益的深度调整和建筑业管理体制的重大变革，需要经过较长时间的研究、协调、妥协、博弈、磨合过程才能成为现实。着眼于实现这一长期的目标，可以首先采取一些基础性的过渡性的措施。近期，可以先行成立由住房和城乡建设部牵头的建筑业职业安全规制部门联席会议，创造一个统一的议事平台，协调解决建筑业职业安全规制中有关执行标准、行政处罚、行政许可等重大问题。涉及到专业建设工程的职业安全规制政策、标准，由专业建设部门与住房和城乡建设部联合制定发布，并由住房和城乡建设部统一公布全口径的建筑业事故数据。

（二）建立以建设单位为核心的被规制者责任体系

长久以来，我国一直把建筑施工阶段作为职业安全规制的重点，相应的，施工单位也成为最重要的被规制者。不可否认，施工单位是建筑产品的直接生产者，职业安全事故也基本都发生在施工阶段。但是，建筑产品生产过程包括可行性研究、招投标、勘察、设计、施工、现场管理、竣工验收等多个阶段，涉及到建设单位、勘察设计单位、施工单位、监理单位等多个主体。职业安全事故的发生，可能是上述任意一个阶段和任意一个主体出了差错的结果。因此，必须科学分配职业安全责任，全面预防职业安全事故。《建设工程安全生产管理条例》出台以后，对建筑活动各方主体规定了安全责任，但仍然过于偏重对施工单位的规制。

实际上，建设单位是整个建筑产品生产过程的核心主体。首先，建设单位是建筑产品的需求者，没有需求就没有工程建设项目。建设单位在项目管理中要履行决策、计划、组织、协调、控制等职能，处于主导和中心环节。其次，建设单位需要与不同的参与方分别签订相应的经济合同，要参与从可行性研究直至竣工交付的全过程，是唯一贯穿项目始终的主体。最后，在中国目前已经形成建筑买方市场的情况下，建设单位具有绝对的强势地位。建设单位的意愿、要求和态度往往可以左右其他建筑活动参与主体。因此，根据建设单位的上述特点，应当将建设单位作为建筑业职业安全规制的核心。当然，将建设单位作为规制核心，并不意味着建设单位要承担一切安全责任，设计、施工、监理等其他活动主体仍然要承担各自的法定和合同约定职责。这一改革的目的在于，一是通过有效规范建设单位的市场行为，最大限度降低其不规范行为给职业安全带来的负面影响；二是通过合理配置其安全责任，促进其参与职业安全管理，增加对建筑产品生产全过程的职业安全控制力量；三是通过使得建设单位成为安全责任体系的核心，改变其原有对职业安全管理的态度和意愿，进而间接地促进设计、施工、监理等单位更好地履行职业安全管理职责。事实上，在很多情况下，通过业主间接地对承包商的安全管理提出要求比直接用法律来规范承包商更有效[1]。

在具体配置建设单位安全责任方面，英国的《建设（设计与管理）条例》(CDM) 提供了一个可供参考的范本。该条例规定了建设单位在可行性研究、项目决策、施工前、承包商选择、施工、竣工交付等各个环节的所需完成的安全工作，如表 6-2[2] 所示。其中一个比较有特色的做法是，建设单位在项目建设全过程中必须委任安全计划监督员，全面负责协调健康与安全方面的问题。安全计划监督员并不一定是单独的个体，在复杂项目中也可以是一个团体。建设单位有义务和责任保证他所任命的监督员有能力和足够的资源承担其工作。根据 CDM，安全计划监督员的主要职责是：在工程设计和初步计划中协调有关健康安全事宜；在任命总承包商之前确保其健康安全计划已经准备完毕；采取可行措施确保各设计单位之间的协调，以达到健康安全目的；在开工之前对

---

① 方东平等著. 建筑安全监督与管理——国内外的实践与进展. 中国水利水电出版社，知识产权出版社，2005：175.

② ［英］皇家特许建造学会. 业主开发与建设项目管理实用指南（第三版）. 李世蓉等译. 中国建筑工业出版社，2009：153.

总承包商和设计方进行审查，并提出健康安全方面的建议；向政府健康安全环境部门通报工程情况；工程结算时，保证有关健康安全文件资料全面移交给业主[①]。由此可见，安全计划监督员代表建设单位在项目中的安全工作权力很大。

英国《建设（设计与管理）条例》建设单位安全责任　　　　表 6-2

工程阶段	CDM 工作
可行性研究、项目决策和施工前阶段	确定项目是否在条例规定的范围内。 委托设计人员和安全计划监督员，确保他们具备个人能力并且能够分配足够的资源用于确保健康与安全。该项委托应当尽早进行。 向设计人员及安全计划监督员提供项目健康与安全方面的信息。 在总承包商的委托工作开始之前，安全计划监督员需要确认项目已经向 HSE 通报、业主任命的设计人员具备了能力、健康与安全文件已经公布，而招标前健康与安全计划已经编制完成
总承包商的选择	通过招投标阶段的资格预审，确保总承包商具备能力并且提供**足够**的资源用于健康与安全事务。业主应当就这个问题征求安全计划监督员的意见
施工阶段	确保在总承包商准备好符合条例要求的令人满意的健康与安全计划之前，施工工作不能进行。业主应当就这个问题征求安全计划监督员的意见。 确保任何会影响到施工的活动符合健康与安全法律要求
完工与交付阶段	确保检查所需的健康与安全文件齐备。 安全计划监督员负责文件的准备、整理并提交业主

　　在我国建立以建设单位为核心的被规制者责任体系，需要修改完善《建筑法》和《建设工程安全生产管理条例》，除要继续坚持编制工程概算时确定安全作业环境及安全施工措施费用、不得压缩合同约定工期、不得提出违反强制性标准的要求和及时规范提供有关工程安全资料等之外，还要合理增加建设单位应承担的安全责任，并明确规定违反这些责任应受到的处罚。可以从以下几个方面考虑：一是招投标环节，建设单位在编制招标资格预审文件和招标文件中，应当明确要求投标人提供安全生产许可证、安全业绩等证明其安全能力的文件资料，以及保障职业安全的工作计划和技术措施，并单独列出安全防护、文明施工措施项目清单。评标时加大对投标人职业安全管理水平的评审分值，确保选择具有合格安全生产能力和条件的承包商。还应进一步明确，建设单位不得迫使承包单位以低于成本的价格竞标。不得将应由一个承包单位完成的建设工程肢解成若干部分发包给几个单位，不得违规直接指定分包单位。二是合

---

　　① ［英］皇家特许建造学会. 业主开发与建设项目管理实用指南（第三版）. 李世蓉等译. 中国建筑工业出版社，2009：152.

同管理环节，完善建设工程合同示范文本，增加建设单位对安全技术、防护设施、劳动保护的要求和安全文明措施费用支付、使用、调整等条款，设定职业安全管理目标。明确合理工期要求，严格约定工期调整的前提和条件，不得不顾客观规律随意调整。三是现场管理环节，可以参考英国的做法，规定建设单位必须委任安全计划监督员或监督团队，全权代表建设单位在施工现场负责职业安全控制，协调解决重要事项，督促企业加强安全管理、按规定落实安全培训教育制度，定期组织安全检查，提出安全管理要求等。四是在事故责任追究环节，事故发生后，第一顺序追究建设单位是否存在责任，包括是否严格履行工程建设基本程序、是否及时支付安全费用、是否存在违规发包情况等，一经查实严格依法处理。同时，还应追究建设单位法定代表人的领导责任。五是对于政府投资工程的建设单位，应更加严格管理。由于公共性的背景，政府投资工程除了考虑投资效益之外，还应更多考虑对于社会、环境和文化方面的影响。上述几项措施如在短期内难以立法规定，可以首先在政府投资工程中施行，以发挥政府投资工程建设单位的示范作用。

此外，鉴于工程项目投资者投资后的建设行为，专业性强、要求高、过程长，一些实务工作者还建议将建设单位从工程项目投资者中分离出来，对其实施专业化管理。亦即使建设单位成为专门的工程组织建设企业，纳入资质管理范围，对有不规范的建设行为的，降低或吊销建设单位资质①。

（三）促进一线工人提高职业安全素质

本书前面章节已经提及，建筑施工现场一线操作者的主体是农民工，他们既是职业安全事故的受害者，在很大程度上又是事故的制造者。其中一个重要原因就是农民工文化素质低，很少或从未接受系统正规的职业技能训练，职业安全意识淡薄，安全防护和逃生救护能力差，在施工现场违章作业、野蛮作业、冒险作业，最终导致事故发生。因此，加强对农民工的培训和教育，提高其职业安全素质，应当是建筑业职业安全规制政策的一个重要组成部分。

施工企业是农民工职业安全培训的主体，规制政策应坚持强化施工企业的责任，督促企业按照《建设工程安全生产管理条例》的规定做好企业内部教育②。但是也应看到，没有外部规制的企业安全培训教育效果大都不尽如意。一是企业培训师资、教学设备等资源薄弱，培训内容单一，培训形式简单，往

① 姜敏. 对建设单位监管的思考：加强质量安全监管一个都不能少. 中国建设报，2009，12（5）：2.

② 《建设工程安全生产管理条例》规定，施工单位应当对管理人员和作业人员每年至少进行一次安全生产教育培训，其教育培训情况记入个人工作档案。安全生产教育培训考核不合格的人员，不得上岗。作业人员进入新的岗位或者新的施工现场前，应当接受安全生产培训教育。未经教育培训或者教育培训考核不合格的人员，不得上岗作业。施工单位在采用新技术、新工艺、新设备、新材料时，应当对作业人员进行相应的安全生产教育培训。

往使得培训过程流于形式，难以起到实效；二是工程工期通常较紧，企业为降低成本、加快进度，对于农民工即招募即上岗，省却培训环节；三是农民工流动性较强，企业不愿在安全培训方面进行投入，使得其他企业不付出成本即得到收益。从促进农民工成为新型产业工人的角度来看，农民工也应属人力资源开发的对象。根据发展经济学理论，人力资源开发的投资主体应该是政府[①]。因此，政府应当在农民工职业安全培训教育方面深度介入，并将其作为公共服务的一项重要内容。

建立劳务输出地培训基地。劳务输出地（如河南、四川、江西等省）是农民工转移就业的源头，应担负起职业安全培训职责，把好农民工外出务工前的第一关。可以在市、县就近建立起建筑业劳务培训基地，对于每一个有意愿在建筑业就业的农民工进行职业技能和安全知识培训，培训合格的颁发职业安全从业资格证。有职业安全从业资格证的，方可进入劳动力市场。劳务培训基地要充分依托现有的优质培训资源，配备符合规定条件的教学设施和实训设备，保证农民工得到足够的实训，掌握实操能力。由于劳务输出地对农民工的职业安全培训具有溢出效应[②]，即输出地付出了培训成本却使输入地受益，成为"搭便车"者。因此，中央政府应出面矫正溢出效应问题，对输出地劳务培训基地建设予以财政补贴。

实行建筑业工人职业安全考核上岗制度。目前，国家只对施工企业主要负责人、项目负责人和专职安全生产管理人员实行安全生产考核任职许可制度，对于真正在一线从事危险作业的工人尚无任何职业安全许可。建议增设对农民工上岗的职业安全考核，考核合格的方可持证上岗。但要注意，由于农民工普遍文化素质较低，所以考核内容要以基本的操作技能和安全知识为主，考核方式则以实操为主笔试为辅。由于农民工数量比较庞大，建立这一制度需要充分发挥社会和企业力量，比如可由中央施工企业负责本系统农民工的安全考核，委托行业协会具体组织对农民工的考核等。

发展建筑劳务企业。尽管目前在施工企业资质序列中已经包含了劳务分包，但是目前劳务企业的发展并不理想，"包工头"仍然是农民工队伍的主要组织者。这使得农民工群体处于无序管理状态，难以保证包括职业安全在内的

---

① 关柯等著. 建筑业经济新论（下）. 重庆大学出版社，2007：107.

② 在经济学理论中，溢出效应是指一项公共服务的外部性超出一个行政区域之外，对其他行政区域产生的外部效应。这将影响地方政府提供相关服务的积极性，导致公共服务供给的不足和无效率。为解决公共服务的溢出效应，财政联邦主义提出两种假设：一是可以考虑建立更大的辖区，使溢出效益内部化；二是建议中央政府进行干预，或者要求相关地方政府支付补偿金。在实际中，由于因溢出效应而调整行政区划几无可行性，而要求得到溢出效应的地方政府支付外溢部分的成本在技术上很难加以测量计算，因此，由中央政府（或上级政府）矫正溢出效应问题，如对地方政府提供相关服务给予财政补助，就成为比较现实可行的选择。参见沈荣华著. 政府间公共服务职责分工. 国家行政学院出版社，2007：45-46.

合法权益。所以，应当继续大力推进建筑劳务企业发展，让农民工纳入成建制企业管理。一方面，劳务企业加强对农民工的基本安全教育，为其缴纳工伤保险；另一方面通过劳务企业与总承包、专业承包企业签订合同，农民工享受被承包方的职业安全教育和意外伤害保险，可以有组织地争取合法权益。

保障培训经费。多渠道的筹措建筑业农民工职业安全培训教育经费，并严格监管，确保经费用实用好。一是中央和地方各级人民政府在财政预算中专门安排农民工培训资金，并辟出针对建筑业的专项费用，扶持劳务基地建设，补贴农民工培训学费。二是可由住房和城乡建设部设立建筑业农民工职业安全培训基金，可参照中国香港建造业训练局的做法，征收工程总造价的 0.25％作为职工培训税，专项用于农民工培训。据统计，按照 2004 年的工程造价计算大约可以征收到 100 亿元①。三是建筑施工企业要继续根据国家规定②，按照职工工资总额 1.5％足额提取教育培训经费，有条件的企业按 2.5％提取，列入成本开支。四是争取社会捐助。如香港李兆基先生捐助巨资开展"温暖工程李兆基基金百万农民工培训"项目，住房和城乡建设部争取到 1 亿元资金开展建筑业农民工培训工作。

在全国范围内推行"平安卡"制度。借鉴香港"平安卡"管理经验，利用信息技术，对于每个经过安全培训教育的建筑业农民工发放平安卡（IC 卡）。平安卡中记录农民工个人姓名、性别、出生日期、籍贯、身份证号码、家庭或亲属联系电话、就职企业或工程项目情况以及职业安全培训教育情况。该卡作为农民工进入施工现场的资格卡和上岗卡，全国联网、全国通用。该卡的推行有利于规制者掌握农民工队伍分布和流动情况，确保农民工进入施工现场前经过职业安全培训教育，也有利于农民工凭卡维护合法权益。目前，广东省已经在全省范围内推行了平安卡制度，取得了不错的效果③。

（四）推动行业协会、工会等相关者参与规制

政府对于规制制定和实施的垄断，以及行业协会、工会等相关者在规制事务方面的"失语"，是包括建筑业职业安全规制在内的中国规制体系的一个突出缺陷，正如有学者指出，"缺失多样性实施是我国规制的主要问题"④。这实际上涉及到如何构建科学的规制治理结构和培育社会调控力量的问题。公共治理理论在这方面提供了改革线索。公共治理理论认为，政府并非是公共管理的唯一主体，除此之外，私营部门、第三部门等非政府组织在公共事务的管理中

---

① 关柯等著. 建筑业经济新论（上）. 重庆大学出版社，2007：111.

② 《国务院关于大力推进职业教育改革与发展的决定》（国发［2002］16 号）.

③ 吴普生. 创新建筑施工安全管理模式，实施建筑工人"平安卡"制度管理. 载《二〇〇七年全国建筑安全生产论坛论文集》（《建筑安全》2007 年增刊），第 254～256 页.

④ 徐德信. 规制实施者的多样性——兼评公共强制论. 载傅蔚冈，宋华琳. 规制研究第 1 辑——转型时期的社会性规制与法治. 格致出版社，上海人民出版社，2008：271.

也扮演着重要的角色，它（他）们在介于市场经济与公共部门之间的"社会经济"领域内积极活动并且依靠自身资源参与管理共同关切的社会事务，在某些领域，非政府组织和个人甚至比政府拥有更大的优势[①]。可见，应该充分发挥非政府组织在规制制定实施方面的作用，实现规制的多元化治理，尽管在规制治理结构中政府可能仍然是起主导作用的"元治理"角色。在公共治理语境的规制治理结构中，多元的治理主体存在着权力依赖和互动的伙伴关系，他们将通过合作、协商、伙伴关系，确定共同的目标，实现对公共事务的管理[②]。这样既可以发挥多个治理主体的积极性，促进市民社会的成熟规范，也可以有效降低政府规制成本、提高规制效率。就建筑业职业安全规制而言，一些行业协会、工会等非政府组织已经初步建立起了组织体系，开展了相关工作，也有相当的积极性和一定的被认同度，具有良好基础，因此可以从推动他们参与规制入手培育多元化的建筑业职业安全规制治理主体。关键是规制者本身要切实转变治理理念，真心实意地推动这一进程。

目前行业协会难以发挥有效作用的症结在于，政府希望行业协会作为规制的辅助管理工具，而忽视行业协会首先应该代表的是企业和行业的共同利益，从而使其失去社会合法性；政府对于行业协会的成立实行严格审批制度，以防止社会组织过快发展危及其政治合法性，同时行业协会多为半行政化组织，甚至是政府部门的"附庸"，领导仍由政府任命，缺乏应有的自治性。另外，政府仍然掌握着大量规制的工具和手段，使得企业不得不通过直接影响政府来谋求生存和发展机会，从而致行业协会为可有可无境地[③]。充分发挥行业协会参与规制作用，必须政府与协会自身共同努力。第一，应当放宽行业协会审批条件，由民间、由企业自发而不是由政府牵头成立协会，现有协会要与主管部门脱离直接管理关系，赋予协会以充分的自治权力，复归其应有的社会合法性。第二，规制者要加快职能和规制模式转变，让渡一些规制事务由行业协会完成。如组织制定建筑业职业安全行业标准、负责对建筑施工企业"三类人员"和一线作业人员的职业安全培训考核、推动行业职业安全技术研究等。第三，建立规制者与行业协会之间制度化的交流机制或平台，通过这一机制或平台，行业协会及时向规制者反映行业动态、企业意见和规制政策实施效果，递交调查研究成果和政策建议，推荐强制性职业安全标准。第四，行业协会要重点履行行业自律职能。如制定建筑活动各方主体在保障职业安全方面的行业公约，对于违反公约的，列入违约黑名单，并向全社会公布；协调建立企业竞争行为的基本规范，保护合理竞争，防止靠低于成本价竞标、压缩职业安全投入的恶

---

① 赵黎青著. 非政府组织与可持续发展. 经济科学出版社，1998：86-89.

② 丁煌著. 西方公共行政管理理论精要. 中国人民大学出版社，2005：445-457.

③ 余晖著. 管制与自律. 浙江大学出版社，2008：331-332.

性竞争。第五，行业协会也要加强外部合作。一个可行途径是，依法申请取得保险监督管理部门颁发的保险兼业代理人许可证，接受商业保险公司的委托，利用从建筑意外伤害保险保费中提取的综合服务费，对投保的建筑工地开展技术咨询、农民工职业安全培训等服务，实现行业协会、施工企业和保险公司的"多赢"局面。如能实现像德国那样的意外伤害保险的行业联保，行业协会将在行业自律方面具有更加丰富和权威的资源和手段。

　　较之行业协会，工会参与建筑业职业安全规制更有合法性基础和组织优势。首先，《安全生产法》、《工会法》、《生产安全事故报告与调查处理条例》等法律法规都明确规定了工会可以组织职工参加职业安全民主管理和监督，对于职业安全违法违规行为具有要求纠正权和建议权，并有权参加事故调查并要求追究有关人员责任。其次，与党政系统一样，工会从上到下具有健全的官方组织体系，有财政经费支持，掌握一定的行动资源。尽管如此，正像本书上一章分析表明的那样，我国工会在建筑业职业安全规制方面的作用并不明显。除了我国工会的特殊性之外，关键是要解决企业基层工会的实施机制问题。一是要最大限度地把建筑业农民工纳入工会组织，这是工会发挥作用的基础。根据农民工流动性较强的特点，可以创新工会组建方式，如北京市提出可以在工程项目部成立工会联合会，参加项目施工的若干施工队可推选代表挂靠在项目部工会联合会，参与工会维权工作。当施工队伍流动到下一个项目部时，代表可以再挂靠在下一个项目部的工会联合会，相当于工会跟着职工在流动[1]。二是仿照劳动关系三方协商机制，建立政府、企业和工会职业安全三方协商机制，可以专门成立职业安全委员会，也可在现有劳动关系三方协商机制下分设职业安全部分，搭建工会参与平台，定期就职业安全问题进行磋商，签订职业安全单项集体合同，审议安全投入、安全防护等重要问题。由工会代表工人出面，可以克服工人集体行动困境问题，增强工人群体的谈判能力。三是变被动式参与为主动式参与，即变事后参与事故调查处理到事前做好预防工作，变协助配合行政开展安全生产工作到独立自住地开展劳动安全卫生群众监督工作[2]。一个好的办法是向建筑工地派驻安全监督检查员。如自 2008 年开始，哈尔滨市总工会招聘下岗人员并对其进行业务培训，向全市 50 个 2 万 m^2 以上的大型建筑工地派驻工会安全生产监督检查员，截止 2010 年 1 月，共发现纠正各类隐患 2400 余次，及时纠正违章作业 6000 余人次[3]。四是可以考虑修改相关法律法规，将现有的工会发现危机职工生命安全情况使得建议撤离权，改为工会有权在紧急情况时组织撤离。这有助于预防和减少伤亡事故特别是重大事故的

---

① 北京将有"流动工会"保护建筑业农民工权益. 新京报，2003，12（24）.

② 孟燕华. 工会主动参与劳动安全卫生工作机制的研究. 中国劳动关系学院学报，2007，6：60.

③ 查任. 工会派驻安全监督检查员值得推广. 安全与健康，2010，1：21.

发生[①]。

三、改良规制过程

改良规制过程，并非是从宏观上对整个规制过程的环节、顺序进行调整，而是针对现有规制制定、执行、评估等环节中存在的问题进行改进，以增强规制政策的完善性、规制实施的有效性和规制评估的科学性。

（一）完善规制法律法规和技术标准

法律法规和技术标准既是规制工具的重要种类，也是规制政策的基本载体。完善建筑业职业安全规制法规标准，应坚持"以人为本"，突出立法的实践性和科学性标准，着力提高立法质量和水平，构建符合国情业情的法规标准体系。

1. 改进立法理念和技术。一是增用激励策略。改变目前命令控制策略一统建筑业职业安全法规标准的局面，尝试采用灵活的、市场导向的、以激励为基础的规制策略。通过提供完整的法规标准框架体系，设定被规制者应该达到的绩效标准，鼓励和允许被规制者在必须遵守的法律规则下，自主地去采用一些符合本企业实际的方式方法来实现目标，这样可以激发被规制者的积极性、创造性和责任感，有利于降低对政府规制的依赖，培育自我规制的机制。比如，更多地依赖施工现场的风险披露，而不是直接由规制机构确定风险水平。但是，在目前情况下，不能放弃使用命令控制策略，因为被规制者尤其是一些小型建筑企业并不具备较强的保障职业安全的意识和技术，过多使用激励策略反而会导致这部分企业职业安全失控。因此，关键是要掌握这两种策略的平衡使用。二是注重宽严相济。在出台法规标准之前，应该认真分析规制政策的执行成本和收益，科学地确定宽严程度。因为，政府规制不仅仅要尽可能降低某种风险的发生概率，同时还要衡量规制过程中的资源配置效率，在资源有限的前提下，尽可能达到政府规制意图。过于严苛的法规和标准只能导致规制不足。森斯坦教授指出："不无讽刺的是，对工作场所和环境中有毒物质的严苛控制造成了极度软弱无力的规制，其原因在于政府机构意识到，一旦采取规制行动，它们就不得不顺理成章地规制到一个不合理的地步，以至于威胁到整个产业的生存"[②]。所以，法规标准的宽严程度应该与国家的生产力发展阶段、产业的利润水平和整个社会的可接受程度相适应。三是立法语言尽量精准、直白。法规和标准是给被规制者和基层规制者阅读执行的，应当力求准确、简单、明了，便于把握和遵照。由于种种原因，尚未协调成功或理清的事项，宁可暂时不纳入法规标准也不要采用模糊化处理方式，如"有关部门"、"相应措

---

① 陶志勇. 我国煤矿安全问题与工会参与研究. 中国安全生产科学技术，2007，4：81.

② ［美］凯斯·R·桑斯坦著. 权利革命之后：重塑规制国. 中国人民大学出版社，2008：120.

施"、"按照有关规定"等，因为这样只能给后续的执行环节造成困扰。另外，尽量采用建筑业一些约定俗成的称谓或做法，以使得从业人员更容易理解。比如，《建设工程安全生产管理条例》第二十七条规定的在作业前将安全施工技术要求向施工人员作详细说明的制度，实际上就是在业界已经执行很久的安全交底制度，完全可以直接采用安全交底的说法。该条例刚出台时，很多人以为这又是一项新制度，从而使规制者无端地增加了额外的法规解释成本。

2. 提高系统性和协调性。内容完整、功能完善、协调统一是"善"的规制的基本要求。对于建筑业职业安全规制来说，一是补充法规缺失内容，将村镇建设工程纳入职业安全规制范畴[①]。如规制体制方面，制定相关法规或在既有法规中规定，对于表6-3中的Ⅰ类工程由市、县级规制者负责规制，Ⅱ、Ⅲ类工程由县级规制者授权乡镇建设主管机构进行规制。规制内容方面，主要是控制工程安全选址，确保设计、施工者具有相应资质并按照强制性标准进行设计施工。规制方式方面，设定相应的土地使用、村镇规划、建设许可，建立农村工匠资质制度，加强巡查和技术服务等等，关键是要注意不要简单地将城市建设工程职业安全规制的方式和手段直接移植到村镇建设工程。此外，还要规定村镇建设工程职业安全管理的经费支持内容，可由中央财政针对村镇建设设立专项转移支付，保证管理机构和管理人员的正常费用开支和工作条件。二是尽快修订《建筑法》。《建筑法》是建筑业职业安全规制的重要母法，但其在调整范围、制度设计方面已经远远落后于后续出台的行政法规和部门规章，致使出现该领域无"法"可依的局面，这是对于规制法规标准体系系统性的最大破坏。这时，"如果简单地采用法律形式主义的立场，可能会使一些改革措施陷入不合法的窘境，并进而抑制制度变革的生长空间；反之，如果简单地采用机会主义的态度，改革过程长期无视已经制定的法律规则，久而久之必然会滑向法律虚无主义，对于建立法治权威和独立监管制度同样有百害而无一利"[②]。本书关于再造规制者的建议将有助于减少《建筑法》的博弈主体，加快推进修订进程。三是注重发挥各位阶法律规范的功能互补作用。在母法确定基本规制体制、主干行政法规设定基本规制制度之后，应当充分发挥部门规章同时具有制定灵活性和法律有效性的特点，对于一些亟需规制制度实施细则的领域，及时制定部门规章。如制定《建筑意外伤害保险管理办法》、《建筑安全生产监督管理规定》、《安全生产综合监督管理规定》、《建设工程事故处罚规定》、《建筑工程安全生产费用管理规定》等。另外，可以借鉴英国的做法，制定一些非强制性的建筑业职业安全实施指南，作为企业采取安全措施的建议和参考，如制

---

①　本部分主要参考李德全编. 工程建设监管. 中国发展出版社，2007：144-147.

②　周汉华. 监管制度的法律基础. 载吴敬琏主编：《比较》（第二十六辑），中信出版社，2006：97.

定建筑施工企业安全生产许可证的申报指南等。

村镇建设工程分类 表6-3

村镇地域范围内的所有建设工程	
Ⅰ	省级法律法规规定的需要办理施工许可和质量安全监督的所有工程
Ⅱ	Ⅰ类范围以外的工业、商业建筑和公共建筑
Ⅲ	农民及居民兴建的自用住宅

　　规制者应当下决心解决法规标准体系的系统性和协调性问题。上述几条建议只是针对当前比较突出的矛盾提出来的。建议住房和城乡建设部成立一个专门工作小组，对当前建筑业职业安全规制领域各个层级的法律规范进行梳理、分析，厘清法规标准之间存在哪些抵触或冲突之处、哪些尚需完善修改、哪些尚需制定配套文件、哪些领域还存在法规缺位现象、哪些领域技术标准尚未制定，提出综合整改方案并按计划分步骤进行整改。考虑到本书提出的再造规制者的建议，这一法规标准清理任务可能更为繁重，但却不能逾越，这是改善系统性和协调性的重要和关键的基础工作。

　　3. 解决可操作性问题。根据本书上一章的分析，可操作性问题一是因为立法语言模糊，这一点在上文已经讨论。另一原因是规制政策与建筑业特性脱节。所以，应当根据建筑业的生产和组织特点来设计规制制度。以安全生产许可制度为例，因为职业安全事故基本都发生在工程项目上，可以参照煤矿企业以矿（井）为单位申领安全生产许可证的做法，在工程项目上设立安全生产许可。当然，该项许可可以与既有的施工许可结合起来，由建设单位负责申领。一旦发生事故，即根据情节轻重针对项目的安全生产许可做出暂扣或吊销决定。对于同一施工企业在多个项目发生事故或在同一项目发生多次事故的，达到一定标准后再对施工企业层面的安全生产许可证做出相应处理。这样，既避免了因一个项目发生重大事故所有项目都必须停工甚至退场的现象，又能够强化建设单位的安全责任。同时，还应针对总承包企业、专业承包企业和劳务分包企业的各自不同特点，进一步细化安全生产条件，以便于在许可审批和动态监管时操作把握。职业安全行政处罚方面也应增加可操作性，如对于跨度过大的罚款等处罚，具体规定出不同的情节和档次。《建设工程安全生产管理条例》中对建设单位的罚款，对施工单位主要负责人的罚款等跨度都比较大，处罚主体的自由裁量权比较大，但也会带来不同地区处罚标准不一的问题。美国对职业安全的处罚种类中，也有跨度较大的罚款，如对于雇主故意违规造成雇员死亡的处罚为5000～70000美元，但是同时规定了5种不同的情况，如再犯、篡改记录、攻击检查官等，每种情况分别给予不同数额的处罚，执行起来比较方便。另外，根据建筑业的特点，应当强化对个人从业资格的处罚。对企业的安全生产许可证或者资质证书进行处罚，往往牵动面过大，带来许多次生问题，强化对个人从业资格的处罚应当是建筑业职业安全行政处罚的一个发展趋势。如规定施工单位发生特大恶性事故的，其主要负责人终身不得担任施工企业主要负责人职务，发生事故的项目经理终身不得从事建筑行业活动等，这样既对有关责任人进行了责任追究，又不致因对企业的处罚导致工人失业等问题发生[①]。

（二）设计激励相容的规制执行机制

徒法不足以自行[②]。建筑业职业安全规制绩效的提高关键要靠规制的有效执行。"现有的建筑质量安全法规、规章和强制性标准不可谓不多、不细、不全，但落实的效果并不理想"[③]，严格不起来、落实不下去是包括建筑业职业安全规制在内的公共政策执行的最大痼疾。通过深入分析可知，在规制的委托—代理结构中，作为委托人或代理人的中央规制者、地方规制者、被规制者、规制受益者等规制相关者利益追求不一致、不相容是造成落实困境的最大原因。所以，必须设计和发展一种激励机制，使得规制相关者在职业安全方面利益趋同，这样才能从根本上提高规制政策的执行力。可以引入美国经济学家哈维茨创立的激励相容理论来指导这一设计过程。激励相容是指，在市场经济中，每个理性经济人都会有自利的一面，其个人行为会按自利的规则行动；如果能有一种制度安排，使行为人追求个人利益的行为，正好与企业实现集体价值最大化的目标项吻合，这一制度安排就是激励相容[④]。在这种制度安排中，被规制者或基层规制者实现个体利益最大化的策略，与规制政策设计者所期望的策略一致，因此其将自愿按照规制政策设计者期望的策略采取相应行动。切换到建筑业职业安全规制的语境，就是建筑活动市场主体追求利润最大化的策略与规制者期望保障工人职业安全的策略一致，其将主动采取职业安全管理措施以利于其利润需求，从而使得个体理性与集体理性有机结合。同时，基层规制者也将得到充足的激励，使得有效执行规制政策的过程与其个人职业发展等利益合理相容。

对于建筑市场活动主体的激励，关键是经济激励，核心是赏罚分明。以施工企业为例，除了认真实行《国务院关于进一步加强安全生产工作的决定》[⑤]中设定的建立企业提取安全费用制度、建立安全生产风险抵押金制度、加大企业对伤亡事故的经济赔偿之外，还可以从以下几个方面考虑。一是充分利用建筑意外伤害保险机制。采用浮动费率的方法，鼓励企业加强职业安全管理。可以参照厦门、扬州等地的做法，如对于上年度未发生伤亡事故的或被规制者评

---

① 中国政法大学张强硕士学位论文. 论我国建筑安全生产法规体系（2006 年）.

② 孟子·离娄上.

③ 中国建设报评论员. 对人民负责　对历史负责. 中国建设报，2009，7（9）.

④ http://baike.baidu.com/view/130867.htm? fr=ala0_1_1.

⑤ 国发［2004］2 号文件.

为职业安全管理先进单位、文明工地的，保费费率在原基础上下浮 5％～10％。反之，如果在上年度发生了伤亡事故的，可以根据伤亡事故的死亡人数和事故级别，将保险费率上浮 20％～50％。另外，保险公司还要积极介入投保企业的职业安全管理，提供安全评估、技术咨询、人员培训、技术研究等服务，发挥建筑意外伤害保险的预防激励功能。当然，由于目前保险公司尚缺乏建筑业职业安全管理的知识和专门人员，可以培育并委托相关中介服务机构来具体承担安全技术服务工作。二是在招投标环节加重职业安全业绩评价权重。对于职业安全业绩良好、连续几年未发生职业安全事故的投标人，适当加分，增强其承揽业务的竞争力。对于当年发生过重大以上事故，或连续几年发生较大以上事故的，则直接进行一票否决，取消其投标资格。三是税收、信贷政策调节。税收方面，根据企业职业安全业绩情况，征收事故税，税率根据企业风险评级确定。对于事故记录不良的企业应用重税，但是如果企业采取补救措施，并经专家审查通过，可以不用或减轻税罚。如果企业可以对事故产生的原因加以说明，原因可信，亦可减轻税罚。否则，企业在第一税罚年度，收取附加的 100％额外费用，在随后的每年收取 25％，直到职业安全业绩得到改善或达到 200％的税罚限额①。信贷方面，对于职业安全业绩良好的企业，金融机构优先或提高授信，反之，则减少授信额度或不提供授信。对于积极投入提高安全装备水平、研发安全科学技术的，给予贷款利率优惠。四是规制者可以设立建筑业职业安全奖励专项基金，列入财政预算，用于奖励或资助职业安全业绩良好企业，并可作为隐患治理、事故调查等备用资金。香港特区政府的"支付安全"计划值得借鉴。根据这个计划，承建商需把有关安全的项目纳入标书。倘若承建商能够成功实践这些项目，政府便会向承建商另行支付有关费用；如果未能落实，则承建商不会获得付款。另外，香港政府还推出了"中小企业职安健资助计划"，对于装修及维修业中小企业高空工作防坠装置、安全梯具、建筑地盘中型车辆倒车视像装置等提供购买补贴资金，最高额度可达 5 万港币。五是设立建筑业职业安全奖项。可以比照工程质量领域的优质工程"鲁班"奖，设立建筑业职业安全大奖，颁发给积极推进职业安全绩效、提高工人安全福利的施工企业或工程项目。如香港特区政府就设有"最佳职安健物业管理公司"、"最佳安全施工程序"、"最佳职安健维修及保养承建商"、"最佳职安健棚工"、"最佳安全文化地盘"等奖项，对于建造业职安健先进机构予以表彰鼓励②。

对于规制者的激励则应重点与其职业发展预期结合起来，使其职业安全规

---

① 中国安全生产协会. http：//www.china-safety.org.cn/aqkt_view.asp？D_id＝4748&keyword＝L120.

② 有关香港特区职业安全激励经验方面，见香港职业安全健康局. http：//www.oshc.org.hk/.

制业绩成为仕途的重要资本，同时激发其能够拯救人的生命的极大荣誉感和成就感。比如，对在建筑业职业安全工作有突出贡献的基层规制者，优先选拔、提拔和使用；规定建筑业领域的公务员，晋升到一定职务级别之前，必须有从事建筑业职业安全规制工作的任职经历；除提供正常的薪酬待遇外，还设立职业安全规制岗位特别津贴，并提供优质的高层次的继续培训教育机会，吸引高素质人才进入规制队伍。设立建筑业职业安全规制贡献奖，颁发给勤勤恳恳工作在职业安全规制岗位上的普通工作人员；加大授权力度，对于规制绩效突出的基层规制者，赋予其更大的规制权限和创新空间，满足其更高层次的需要等。以上的激励方式都属于正向激励，还要有相应的负向激励措施，即胡萝卜和大棒要平衡使用。其中，负向激励最为有效的是行政问责制。对此，中共中央办公厅、国务院办公厅发布的《关于实行党政领导干部问责的暂行规定》指出，对于因工作失职以及政府职能部门管理、监督不力，致使本地区、本部门、本系统或者本单位发生特别重大事故、事件、案件，或者在较短时间内连续发生重大事故、事件、案件，造成重大损失或恶劣影响的，要对党政领导干部实行问责，问责的方式有责令公开道歉、停职检查、引咎辞职、责令辞职、免职等。这标志着安全生产问责逐步走上规范化。应严格执行该规定，对渎职、失职行为进行严肃问责甚至追究刑事责任，加大对规制者的负向激励。但是，要特别注意避免问责泛化和政治化，混淆规制责任和企业主体责任，以致不分情形地把规制者送上刑事审判台，造成规制队伍人心不稳、畏难情绪普遍和人才流失现象。所以，在行政问责这个负向激励中还要设置正向激励的因素，对规制者进行合理的保护。一是将规制人员的责任与其在事故预防方面开展的工作联系起来，合理确定担责比例，激励规制人员努力开展预防工作。二是规定免责条款，详细给出规制者履行规制职责过程中不必承担问责责任的情形，鼓励规制人员理直气壮地依法进行规制活动。如安全生产监督管理系统就在《安全生产监管监察职责和行政执法责任追究的暂行规定》[①]第十九条中规定了相关免责内容，参见表 6-4，值得建筑业职业安全领域借鉴。

《安全生产监管监察职责和行政执法责任追究的暂行规定》免责条文　　表 6-4

序号	条 款 内 容
（一）	因生产经营单位、中介机构等行政管理相对人的行为，致使安全监管监察部门及其内设机构、行政执法人员无法作出正确行政执法行为的
（二）	因有关行政执法依据规定不一致，致使行政执法行为适用法律、法规和规章依据不当的

---

① 国家安全生产监督管理总局令第 24 号.

序号	条 款 内 容
（三）	因不能预见、不能避免并不能克服的不可抗力致使行政执法行为违法、不当或者未履行法定职责的
（四）	违法、不当的行政执法行为情节轻微并及时纠正，没有造成不良后果或者不良后果被及时消除的
（五）	按照批准、备案的安全监管或者煤矿安全监察执法工作计划、现场检查方案和法律、法规、规章规定的方式、程序已经履行安全生产监管监察职责的
（六）	对发现的安全生产非法、违法行为和事故隐患已经依法查处，因生产经营单位及其从业人员拒不执行安全生产监管监察指令导致生产安全事故的
（七）	生产经营单位非法生产或者经责令停产停业整顿后仍不具备安全生产条件，安全监管监察部门已经依法提请县级以上地方人民政府决定取缔或者关闭的
（八）	对拒不执行行政处罚决定的生产经营单位，安全监管监察部门已经依法申请人民法院强制执行的
（九）	安全监管监察部门已经依法向县级以上地方人民政府提出加强和改善安全生产监督管理建议的
（十）	依法不承担责任的其他情形

（三）革新监督执法的模式和方法

建筑业职业安全规制资源是有限的。在有限资源的约束下，对所有施工企业、所有工程项目和所有现场风险进行全面规制是几无可能的。事实上，正是规制者试图实现零风险，事无巨细地规制、检查施工现场的每个部位和环节，客观上导致了规制责任与企业责任难以区分，不但没有达到预期目的，而且在愈加使企业自我规制能力退化的同时，也致使规制者自身陷入难以自拔的尴尬境地，成为责任的首问对象。另外，从总体上看，当前建筑业职业安全规制方法和手段落后，应用信息化手段不多，规制效能不高；事故统计范围过于狭窄，不利于全面总结事故教训，针对事故原因采取针对性的规制措施。因此，亟需对规制监督执法的模式和方法进行革新。

1. 分类分级规制。新公共管理管制观的一个重要观点就是："要打破全面执法的神话，要瞄准最危险的事件"①。这种管制观要求规制者发展一种问题解决的能力，也就是对重要风险、问题和不服从的模式进行识别、排序和解决的能力②。上述观念对于建筑业职业安全规制者革新规制模式非常有帮助。规

---

① ［美］戴维·H·罗森布鲁姆，罗伯特·S·克拉夫丘克著. 公共行政学：管理、政治和法律的途径（第五版）. 张成福等校译. 中国人民大学出版社，2002：453.

② ［美］马尔科姆·K·斯帕罗著. 监管的艺术（第五版）. 周道许译. 中国金融出版社，2006：143.

制者应当根据建筑活动主体的不同资质、信誉、技术装备、安保体系、安全业绩，以及工程项目的施工难度、科技含量、使用功能等标准，对企业、工程项目的职业安全风险等级进行识别和确定，然后对其进行科学合理的排序并分类、分级，将有限的优质的规制资源集中用于风险程度高的被规制者，优先组织执法检查，实施一种差别化的规制模式，最大限度提供规制资源利用效率。具体而言，在企业方面，重点规制职业安全业绩不佳、近年多次发生伤亡事故、市场信用不良记录较多的被规制者，加大监督检查频次，纳入跟踪严控范围；而对于市场行为规范、安全生产保证体系健全、未发生职业安全事故的，则可以适当放松规制，降低检查频次，鼓励其自我规制。如上海市在审批安全生产许可证时，设置了三色通道，对于职业安全业绩和市场信誉良好的施工企业进入绿色通道，简化审批内容；反之，则进入红色通道，严格进行审查。在工程项目方面，突出两个规制重点，一是民生工程，如大型公共建筑、城市轨道交通、保障性住房等与居民生活和使用安全紧密相关的项目；二是高难工程，如应用高精尖技术和材料的工程、设计形状比较特殊的工程、隧道桥梁等施工难度大的工程。在分部分项工程①方面，则要关注基坑支护和降水工程、模板工程及支撑体系、起重吊装和安装拆卸、土方开挖工程、脚手架工程、人工挖孔桩工程等危险性较大的工程。从事故分析来看，绝大多数较大以上事故都是发生在这些分部分项工程上。因此重点规制这些环节是遏制建筑业群死群伤事故的有效手段。

2. 巡查抽查为主。检查是监督执法的重要手段，应摒弃以往运动式、告知式、普遍式、实体式的检查方式，采用以检查建筑市场主体落实法规标准情况为主辅以实体检查的随机巡查抽查的检查方式。之所以提倡采用这种检查方式，一是因为随着工程建设规模的日益增大，工程项目遍布每个区域，同时检查人员极为有限，想要全部普查是不可能的，只能随机巡查和抽样检查；二是监督执法的真正内涵是规制者依照法律法规，监督市场主体是否履行法规和标准规定的职业安全职责，发现违法违规行为及时采取行政措施或行政处罚，而不是成为施工现场职业安全的"管理者"，替代企业的详细检查行为。因此，应当通过巡查和抽查的方式来"发现"并惩罚企业不规范行为。市、县级规制机构及建设工程安全监督机构是巡查、抽查的主体，可以组成若干个小组，将地域划分为多个网格，定期或不定期的对施工现场进行检查，也可以是针对群众的投诉举报专项进行检查。如加拿大安大略省，根据工作场所种类、规模和以往健康与安全记录确定视察的频率，对于建筑工程通常是每3～4星期视察

---

① 分部工程是指按照工程部位、设备种类和型号、使用材料的不同划分，如基础工程、砖石工程、装修工程、屋面工程等。分项工程是指按不同施工方法、不同的材料、不同的规格划分，如砖石工程可分为砖砌体和毛石砌体两类，其中砖砌体又可分为内墙、外墙、女儿墙等。

一次①。巡查、抽查的关键是不能事先告知被检查对象，而是采取"突然袭击"或"扫马路"的方式直接进入施工现场，以发现市场各方主体在职业安全管理方面的真实状态。巡查、抽查的重点是市场各方主体根据法规标准要求建立职业安全保证体系情况，如是否成立了管理机构、配备了专职管理人员，是否建立完善了清晰的安全生产责任体系，"三类人员"和一线操作人员是否经安全培训教育合格持证上岗，同时辅以对重要部位和环节的实体安全防护情况的抽查，以验证其安全保证体系运行情况。

3. 充分利用信息技术。重点是建立完善三个信息系统。一是建立全国联网的建筑业职业安全诚信系统。该系统需包括建筑活动各方主体涉及到的职业安全事故和责任划分情况；建筑活动各方主体受到各级规制机构的处罚或表彰情况；建筑活动各方主体资质证书、安全生产许可证的暂扣、吊销情况；"三类人员"、特种作业人员资格证书，以及建造师、监理工程师等执业注册人员注册证书的处理处罚情况。之所以强调必须是全国联网，是因为在建筑业跨地区从事施工活动的现象非常普遍，市场主体在一个地区被暂扣了资格证书，很可能利用其他副本到另外一个地区去承揽业务，如果这个地区的规制者不知道该市场主体曾被暂扣资格证书，就有可能允许其进入本地建筑市场，从而增加了事故发生风险。而职业安全信息全国联网以后，这个问题就可以得到避免。二是推广应用施工现场远程监控系统。通过在建筑工地安装摄像设备，并通过专用网络将信息传递到规制者控制的监控平台，规制者可以随时动态掌握施工现场状态。一旦系统发现危险苗头可以发出预警声音，规制者将迅速向施工企业进行反馈，责令其及时消除事故隐患。利用远程监控系统，规制者可以扩大巡查范围，更有效地进行动态监督。目前，国内有很多经济发达的城市已经建立起了此类系统，监控效果较好。三是建立建筑业职业安全监督执法工作系统。将监督执法涉及到的审批签发、任务分配、程序管理、工作监督、绩效考核等环节用计算机程序进行管理，既可以优化规制工作流程、简化办公程序，提高工作效率，又可以增加规制的权威性和严肃性，比如在涉及到有关程序的规制时，在前一道程序没有完成情况下，计算机自动不允许走下一道程序，最大限度减少人为因素干扰。

4. 改进事故统计方法。事故统计在西方发达国家建筑业职业安全规制体系中占有很重要的地位。如在美国，雇主必须制作、保存，并且使劳动、健康、教育和福利部长代表可以获得职业伤害和疾病记录〔威廉斯—斯泰格尔法案，1970〕，任何死亡或者严重事故必须在 8 小时内向 OSHA 报告。8 人及以上雇员企业必须留存于工作相关的死亡、伤害以及疾病的记录。当有关官员检查时，雇主必须提供 OSHA200 和伤害事件的初始报表等两份关键表格，内容

① 加拿大安大略省劳工部职业安全健康处. 职业健康与安全条例手册. 48. 内部资料。

十分详细，包括伤害、疾病、损失工时、工日等项目，而且这些记录必须留存5年[①]。中国目前的建筑业职业安全事故统计最大的缺陷就是范围狭窄。改进办法，一是要将各类建设工程包括房屋建筑、市政工程、铁道、交通、水利工程事故全部纳入统计范围，全面反映整个建筑业的职业伤害情况。这在形成统一独立的规制机构后应该可以做到。二是将死亡人数和受伤人数全部纳入统计范围，规定施工现场的轻伤和重伤事故也要向当地规制者报告，全面反映施工现场的职业伤害状况。当然，对于单纯的受伤事故，可以规定企业一月一报或一季一报以减轻上报负担。三是要将城镇建设工程和农村建设工程全部纳入统计范围，目前村镇建设工程事故只是较大以上事故才能及时进入统计范围，其余死亡1~2人的很难上报。因此，要加强村镇建设工程责任主体和监管机构的事故上报职责，全面反映城乡建设工程的职业伤害状况。四是要将责任事故和非责任事故全部纳入统计范围，如因自身疾病、自然灾害等导致的事故也要统计，全面反映职业伤害事故发生的各类原因，以便在一线人员控制、工程选址等方面采取相应措施。五是要将合法工程和发现的非法工程事故全部纳入统计范围，全面反映政府规制覆盖情况，以有针对性的制定消除规制盲点的措施。事故统计范围扩大后，很可能会出现事故起数和死亡人数激增现象，政治统治者、规制者和社会公众也会有相应反应。但是，这一改革措施应该推进，因为这是真实反映建筑业职业安全情况，全面分析事故发生原因，有针对性的改进规制措施，真正保障工人生命权益的重要基础。在当前安全生产指标控制制度仍在运行的情况下，可以采取事故统计和指标确定分开的办法，即事故统计采用全口径、大范围的原则，确定当年死亡指标时则可以根据规制职责、事故性质、责任划分、现有规制范围等综合考虑认定。

（四）构建科学合理的规制绩效评估体系

规制绩效评估是规制过程中的重要一环，其意义无庸赘述。但目前在中国建筑业职业安全规制领域，应用政府绩效评估理论意义上的评估体系基本上还未建立运行，更谈不上有成形的评估指标体系。对于规制绩效的评价，主要是单纯地考察安全生产控制指标的落实情况，也就是以建筑市场主体的职业安全事故死亡人数来评判规制者的工作绩效。这一评价方法背后隐藏的政治经济传统，仍是政企不分的计划经济体制，即片面地以企业应该承担责任的市场表现，而不是以政府履行职责的情况来衡量规制机构的绩效。这将使得规制责任和企业责任更加难以分清，规制者总是比企业在职业安全方面更加着急，企业也难以摆脱对政府的依赖而成为自我规管的真正市场主体。另外，这一评价方法过于偏重结果导向。重视结果是新公共管理运动的一个重要理念，这对于规

---

① ［美］丹尼尔·W·哈尔平，［澳］罗纳德·W·伍德黑德著. 建筑管理. 关柯等译. 中国建筑工业出版社，2004：234-236.

制机构克服形式主义、避免简单地以处罚起数、出台法规个数、检查频次等中间投入作为工作重点，从而集中精力创造令"顾客满意"的结果有着很大的积极影响。但是如果矫枉过正，从一个极端走向另一个极端，对于规制绩效提高只能是弊远大于利。这很容易使得规制机构忽视过程的规范和努力，牺牲程序正义和应有的规制资源保障，产生短期行为，甚至助长瞒报、玩弄数字游戏现象。另一方面，在我国基层规制者还未掌握先进的规制理念和娴熟的规制技术的前提下，放松过程控制，只能产生建筑业职业安全形势失控的风险，不利于规制者行政执法能力的训练和提高。"在没有学会使用更广泛的方法真正引人注目地降低风险之前就减少执法行为将是一个陷阱"①。事实上，传统的过程导向的绩效评估方法并未完全过时，"那些衡量监管绩效的老方法具有非凡的生命力，而令人满意的替代方法依然如空中楼阁一般缥缈无踪"②。关键是不能畸轻畸重，偏废一方，而是要将规制绩效评估的结果导向与过程导向有机结合起来。有美国学者指出监管成效本来就应该包括4层，第一层是大多数社会监管形式的最终目标，包括公共安全、环境质量指标、工伤与疾病率和健康与福利指标；第二层包括监管机构以外群体的行为；第三层包括监管产出和生产率；第四层则包括监管机构的资源使用效率。这四层既有最终结果层面，又有中间过程层面，如表6-5③所示。

监管成效的类型   表6-5

第1层　作用、影响与结果（环境效果、健康影响、伤害与事故发生率的下降）

第2层　行为结果

　　a. 服从率或不服从率（重要性……）

　　b. 其他行为改变（采纳最佳措施、其他降低风险行为、超越服从、志愿行动等）

第3层　机构活动与产出

　　a. 执行（数字、严重性、案例处理、处罚等）

　　b. 检查（数字、性质、发现等）

　　c. 教育及其扩展

　　d. 合作伙伴关系（建立的数目、性质等）

　　e. 志愿项目的管理

　　f. 其他导致服从或导致行为变化的活动

第4层　资源效率，相对于以下各项的使用

　　a. 机构资源

　　b. 被监管群体的资源

　　c. 国家权力

---

① ［美］马尔科姆·K·斯帕罗著. 监管的艺术（第五版）. 周道许译. 中国金融出版社，2006：121.

② ［美］马尔科姆·K·斯帕罗著. 监管的艺术（第五版）. 周道许译. 中国金融出版社，2006：128-129.

③ ［美］马尔科姆·K·斯帕罗著. 监管的艺术（第五版）. 周道许译. 中国金融出版社，2006：130.

将结果导向与过程导向有机结合起来，应是建立中国建筑业职业安全规制绩效评估体系的一个可行途径。通过同时坚持这两个导向，既要求规制者关注降低建筑业职业安全事故死亡人数这个结果，又引导规制者加强执法力度，争取规制资源，规范行政程序。当然，在结果导向中，不能只关注绝对死亡人数，还要关注以工程建设规模、从业人员和工时为参照物的相对指标。在过程导向中，要注意体现规制风格的改进、定性与定量的结合等。

规制绩效评估指标体系是绩效评估体系的核心内容，本书作者（2008）给出一个初步的建筑业职业安全规制绩效指标体系框架[①]，主要是用于对省级规制者进行绩效评估的。体系包括事故指标和工作指标两部分，分别表征过程和结果导向，可供规制者在设计指标体系时参考完善。参见表6-6和表6-7。

建筑业职业安全规制绩效评估指标体系（工作指标）　　　　表6-6

基础指标	法规标准	有关建筑安全地方性法规个数	保障指标	责任计划	贯彻落实国家法规、政策情况
		有关建筑安全政府规章个数			安全生产委员会个数
		有关建筑安全地方技术标准个数			安全生产专题会议次数/年
	制度建设	安全生产形势分析制度			安全生产目标管理责任制
		事故预警通报制度			建筑安全年度计划
		事故约谈制度			建筑安全规划
		监督执法人员培训考核制度		监管力量	县级以上建筑安全监督机构个数
		建筑安全信用制度			监督执法人员人数/百万平方米
		其他制度			大专以上学历监督执法人员人数/总数
能力指标	依法行政	企业安全生产许可证审批监管			交通、通信、办公设备配置
		"三类人员"考核合格证审批监管			电子政务水平
		事故上报周期	措施指标	监督检查	检查频次
		落实事故结案批复情况			检查工程覆盖度
		暂扣或吊销安全许可证次数/事故起数			重大危险源监控率
	应急能力	建筑安全事故应急预案			安全生产隐患整改率
		应急预案演练次数			农民工安全培训合格人次
		事故应急救援		培训宣传	"三类人员"持证上岗率
		突发事件处置			特种作业人员持证上岗率
	工作作风	廉洁自律			安全生产宣传情况
		群众投诉办理率		专项工作	专项整治
		执法和服务态度			安全质量标准化
		办事效率			隐患排查

---

① 张强. 建筑安全工作绩效评估指标体系研究. 建筑经济，2008，4（5-8）.

相对指标	100 亿元建筑业总产值死亡率
	100 万平方米死亡率
	10 万建筑业从业人员死亡率
	100 万工时死亡率
绝对指标	事故起数
较大以上 事故指标	较大事故起数
	重大特大事故起数
专项指标	万台建筑起重机械设备死亡率
	高处坠落事故死亡人数比例
	施工坍塌事故死亡人数比例
	违规项目发生事故死亡人数比例

1. 工作指标

着重考察规制者为实现规制目标所采取的一系列过程控制措施和手段。其中，设置一级指标 4 个，分别为基础指标、能力指标、保障指标和措施指标。

基础指标。下设二级指标 2 个，即法规标准和制度建设。良好的法规标准是规制者实施规制活动的基本前提。为鼓励和引导地方规制者积极制定符合本地实际的法规规章和技术标准，选取了地方性法规、政府规章和地方标准数目作为三级指标。除法规之外，建立相应的工作制度对促进职业安全规制规范化也具有重要意义。在"制度建设"下设置的 6 项三级指标，均为住房和城乡建设部要求地方建立的，其中安全生产形势分析制度、事故预警通报制度、事故约谈制度是当前各级规制者最为重要和行之有效的制度。

能力指标。下设二级指标 3 个，即依法行政、应急能力和工作作风。依法行政指标主要包括行政许可、行政处罚和事故上报 3 个要素，并分解为 5 个三级指标，即安全生产许可证和"三类人员"考核合格证审批、事故上报周期、落实结案批复和暂扣安全生产许可证情况。之所以要将暂扣安全生产许可证的次数与事故起数联系起来，是因为绝大多数事故都是因为事故单位降低安全生产条件酿成的，而降低安全生产条件的后果就是要被处以暂扣或吊销安全生产许可证的处罚。应急能力指标主要检验规制者科学、有效处置事故的能力，以最大限度减少事故损失，同时提高规制部门良好的公信力和执行力。体系以 4 个三级指标来表征应急能力。工作作风指标主要是为了检验规制部门的群众满意度，下设的群众投诉办理率、执法服务态度、办事效率和廉洁自律等三级指标，可以促进规制者提高公共服务水平和业务水平。

保障指标。下设二级指标 2 个，即责任计划和监管力量。责任计划指的是职业安全计划规划的建立、制定和落实情况。根据有关规定，规制者必须成立以主要负责人为首的安全生产委员会，并定期召开专题会议，研究如何贯彻落实国家和上级规制者的方针、政策，同时要将规制任务层层分解到各级下级规制者。在"责任计划"下，设置了2个定量指标和4个定性指标。建立健全建筑安全监督管理机构，配备足够数量、符合要求的监督执法人员，并保证各项经费条件，对于做好规制工作的重要性不言而喻。另外，应用现代信息手段，发展电子政务，建立各项信息、监控和预警系统也是提高规制水平的必由之路。监管力量二级指标下设的5个三级指标即分别考察上述情况。

措施指标。下设二级指标3个，即监督检查、培训宣传和专项工作。检查是规制最为重要的一项手段，要想取得实效，需要达到相应的频次和覆盖度，其次还要保证查出的隐患及时得到整改。因此，设置了频次、覆盖度、监控率和整改率4个定量的三级指标。建筑行业的一线劳动者基本上为农民工，其安全意识和操作技能较差，必须加强对其培训教育。"三类人员"和特种作业人员是安全工作的关键岗位，保证其经过培训合格持证上岗对于强化安全管理意义重大。营造全社会和全行业的"关爱生命，关注安全"的氛围，离不开持续有效的宣传工作。在"专项工作"下，则选取了专项整治、安全质量标准化和隐患排查这3个当前开展时间最长、效果也最为显著的活动作为三级指标。

2. 业绩指标

主要关注事故的减少和控制情况，即职业安全规制的最终结果。下设相对指标、绝对指标、较大以上事故指标和专项指标4项一级指标。

相对指标。下设100亿元建筑业总产值死亡率、100万平方米死亡率和10万建筑业从业人员死亡率3个二级指标，分别考察以每100亿元建筑业总产值、每100万平方米在建工程和每10万建筑业从业人员为基数的事故死亡人数情况。这些指标在部分地方规制者的工作实践中都有应用，既有实践基础，又突出了建筑行业的特点。相对指标与绝对指标相比更为科学和客观，宜作为主要的评估指标。

绝对指标。下设事故起数和死亡人数2个二级指标。之所以把事故起数也作为二级指标，是因为有的事故虽然未造成人员伤亡，但也形成了造成人员伤亡的客观条件。因此，有效控制事故起数，对于控制人员伤亡实际上也具有重要意义。

较大以上事故指标。下设较大事故起数和重大特大事故起数2个二级指标。较大事故是指一次死亡3～9人的事故，重大事故是一次死亡10～29人的事故，特大事故是一次死亡30人及以上的事故。较大以上事故指标的设置与国务院安全生产委员会下达的全国安全生产控制考核指标是一致的。

专项指标。下设的4个二级指标，是建筑业职业安全事故控制中比较关注的几项内容。根据本书第四章分析，建筑起重机械设备是事故发生的重要部位之一，有效地控制此类事故，对于减少事故尤其是一次死亡3人以上事故将起到非常关键的作用。高处坠落和施工坍塌事故是事故的主要事故类型，大幅降低这两类事故，就能实现全国事故总量的大幅下降。另外，很多发生事故的工程项目都没有按规定履行基本建设程序，致使规制部门规制缺位。基于以上考虑，设置了万台建筑起重机械设备死亡率、高处坠落事故死亡人数比例、施工坍塌事故死亡人数比例和违规项目发生事故死亡人数比例4个二级指标。

当然，在确定了上述指标体系后，还要对其中各项指标的权重设置、工作指标和事故指标的有机整合、评估等次和综合结论的做出方式等进行进一步的研究和确定。此外，在评估过程中，要坚持透明、公开的原则，广泛地引入除规制者之外的规制相关者以及社会公众参与，最大限度增加评估结果的客观性、可信性和合法性。评估结果应当作为规制者职业发展过程中的重要基础资料，在评选先进、提拔使用干部时认真参考，并作为改进规制工作和规制资源配置的重要依据。应当把规制评估的过程当成引导规制者树立先进规制理念、追求卓越规制绩效和认真倾听规制相关者意见建议的过程。

四、优化规制环境

规制外部环境的改善对于规制绩效的提高至关重要。在不利的外部约束条件没有实质性改变的情况下，仅凭规制体系内部的改革只能是治标不治本。外部环境的负面影响将对规制体系改革所释放出的能量形成制约和压缩，致使规制绩效止步不前甚至出现波动反弹。这是因为，"许多制度安排是紧密相关的……某一特定制度安排的变迁，将引起其他相关制度安排的不均衡；反之，如果其他相关制度安排变迁的进程过于迟缓，或与该特定制度安排不相容，则该制度安排的变迁就会受阻、变形甚至完全失败"[1]。

（一）深入整顿和规范建筑市场秩序

建筑市场环境是建筑业职业安全规制所处的最直接的工作环境。尽管建筑业是城市经济各部门中最早进行市场化改革的行业，但是由于工程建设领域深受计划经济管理体制影响，部门利益、地方利益之间博弈不断，加之市场规制立法滞后、执法不力，尚未形成成熟、规范的建筑市场体系，市场秩序相当混乱，包括建设单位、施工单位、监理单位在内的市场主体行为很不规范。混乱的市场秩序不仅制约了建筑业的持续健康发展，还使得建筑领域成为贪污腐败的高发领域，更对建筑工人的职业安全产生了极大的负面效应。从事故案例来看，很多事故发生的原因都可以在建筑市场中找到根源。换句话说，现场的问题很多是由市场的问题造成的，对此，本书上一章已经进行了详细分析。因此，当务之急是加大整顿和规范市场秩序的工作力度，培育和发展统一、开放、竞争、有序的现代建筑市场，使得建筑活动各方主体真正成为尊重市场规

---

① 余晖著. 管制与自律. 浙江大学出版社，2008：13.

律、遵守市场规则、遵从从业道德的合格市场主体，从源头上建立保障工人职业安全的长效机制。

为此，一是要转变建筑市场规制理念。建筑市场规制的终极目标应当是为社会提供优质、安全、环保、价格合理的建筑产品，而工人职业安全是这一目标的有机组成部分。所以，从某种意义上说。建筑市场的规制是一种中间规制，应当服务于职业安全规制。建筑业的规制资源应当围绕终极目标进行配置和分工。一个重要的落实措施是建立市场与现场规制的联动机制，二者共享规制资源和信息，联合监督执法。市场规制时加重职业安全因素，为职业安全规制把好上游环节；现场规制结果和职业安全事故发生情况作为市场规制采取措施的重要依据，记入市场主体诚信记录，作为建筑市场准入清出的条件。二是要加快建筑市场规制立法。目前，除《建筑法》、《招投标法》和相关部门规章之外，建筑市场规制领域还缺乏专门的有针对性的行政法规。应当适应新的市场形势，完善细化建筑市场竞争规则，制定《建筑市场管理条例》，实现市场规制与职业安全规制的有机统一、连接贯通，为建筑市场规制提供更为有力的法律法规支撑。立法的重点应是明确建筑活动各方主体的义务和法律责任，设计市场规制与现场规制联动的制度机制。三是强化建筑市场各个环节的监督执法力度。重点规范建设单位市场行为，集中力量治理肢解发包、压缩合理工期、迫使施工方压价垫资等现象；立法明确建设单位应根据合同约定及时支付工程进度款，不按时支付的，施工单位有权顺延工期、暂停施工并要求建设单位赔偿停工损失。完善企业资质管理，核心是加强审批后的动态监管，确保"一级企业中标、一级企业进场"。可以仿照香港政府的做法，根据承包商的诚信和业绩，制定信誉企业等级名录，规定只有进入名录的承包商才可以承建政府投资工程。严格执行工程建设基本程序，征地、规划、设计、报建、招投标手续不全的，坚决不予发放施工许可证；对于擅自开工的，一旦发生安全事故，追究相应环节的管理责任。各类经济开发区、高校园区建设工程要全部纳入规制范围，必须统一规划、统一招标、统一职业安全规制；对于因封闭管理发生事故的，严查并追究地方相应负责人的责任。规范招投标行为，全面推行工程量清单计价招投标，加大职业安全业绩等投标条件分值，探索合理低价中标模式，防止简单最低价合理中标。严肃查处违法分包、转包和挂靠行为，规定总包单位必须对承包的建设工程派出满足工程管理需要的项目管理班子和技术、职业安全管理人员；建立健全专业承包和劳务分包二级有形市场；完善项目组织管理实施方式，加快推进设计施工总承包和政府投资项目代建制。四是促进建筑业企业产业组织合理化。提高产业集中度，加快现代企业制度改革和兼并重组，大力发展大型、骨干的建筑企业，增加企业规模效应。事实上，在连续三年小幅增长之后，2009年的建筑业企业数量开始回落，比上年同期减少 2812 个①。企业数量虽然减少，但是规模有一定扩大、实力有所增强。同时，也要防止产业资源过度集中，发展"小而专、小而精"的专业化和劳务型企业，形成以大企业为核心、众多中小企业专业化协作的分层竞争的企业组织结果形态，促进不同规模和类型建筑企业协调发展②。

除上述对建筑市场自身的整治外，本书上一章已经分析指出，腐败因素是造成建筑市场混乱的重要因素之一。整顿和规范建筑市场，必须进一步加大工程建设领域的反腐败力度。关键是要在防和惩两字上下功夫。防就是预防，要深入开展党风廉政教育，尤其是各类案例警示教育，促使各级领导干部时刻提高警惕，增强拒腐防变意识。同时，要完善各项制度，堵塞以权谋私、权钱交易的制度性漏洞，加强权力制约，规范行政行为。惩就是惩罚，对于工程建设领域的腐败案件，应当发现一起、查处一起。特别是要重点查处国家工作人员特别是领导干部插手工程建设谋取私利、造成人民生命财产损失的大案要案，严肃追究有关人员的行政责任、党纪责任和刑事责任，充分发挥震慑和警戒作用。2010 年 7 月 8 日，监察部和人力资源社会保障部联合发布了《违反规定插手干预工程建设行为处分规定》，对于插手工程建设的情形细化为干预工程建设项目决策、投标投标、土地使用权与矿业权审批出让、城乡规划管理、房地产开发与经营、工程建设实施和工程质量监督管理、安全生产、环境保护、物资采购和资金安排使用管理等 9 个方面，并对上述情形做出了详细的处分规定，具有较强的针对性和实际意义，应予切实的贯彻执行。

（二）大力推进建筑业科技创新

推动建筑业技术进步，是转变建筑业经济增长方式、提高建筑业发展质量和效益的根本途径，也是保障工人职业安全的必然要求。中国的建筑业科技水平虽然比较落后，但是可以充分发挥后发优势，采用技术发展的"蛙跳"模型，走跨越式发展的道路。建筑业技术体系一般包括 3 个要素：从事建筑技术活动的人、建筑生产设备和材料，以及建筑生产工艺。推动建筑业科技创新，也需要从这三个要素入手。首先，构筑建筑业人才体系，实施人才兴业战略。进一步完善建筑业职业资格制度和职业技能岗位培训制度，推进建筑工人技师考评制度改革，提高从业人员素质。通过市场供求关系和人员合理流动，优化建筑业人才结构，逐步提高工程技术人员在职工队伍中的比例。要逐步提高专业职业安全管理人员在企业中的地位和待遇，吸引人才从事职业安全工作。要把农民工纳入建筑业人才开发范围，着力提高其操作技能和安全意识。其次，加快技术改造步伐，促进施工机械设备的更新换代；开发和应用建筑新材料，

---

① 住房和城乡建设部计划财务与外事司，中国建筑业协会. 2009 年建筑业发展统计分析. 建设工作简报，2010，20.

② 关柯等著. 建筑业经济新论（上）. 重庆大学出版社，2007：107.

促进建筑产品安全、环保和节能。对于职业安全防护设备和机具而言，如脚手架、防护门、升降设施等，要大力促进其工具化、定型化、装配化，减少工人危险作业，从而降低事故几率。如推广使用附着式脚手架，在工厂制作各类构件，在施工现场进行组装，组装后附着在建筑物上，随着施工进度自行升降。再如对于临边和洞口的防护，可以将防护设施进行工具式改进，因为要经过技术人员的计算设计，大大增加其安全性，同时由于拆卸简单可以循环使用，又可以节约大量资金。最后，改革施工工艺，包括建筑生产的程序、方式、方法，以及管理方法、决策方法等。如住宅产业化就是将住宅产品采用工业化的形成模式，集中各种住宅产品的产品技术和工艺技术进行定制性生产。再如在建筑产品从设计到施工的全过程采用信息系统，包括 CAD 技术、多媒体技术和集成技术，对建筑产品形成的全过程进行重构，将使建筑产品形成的整体模式实现变革，使之在一定程度上趋近于制造业产品的生产特点①。这些工艺方法的改变，都可以大大减少因传统登高爬下和手工作业方式带来的事故风险。

为推进以上 3 个要素发展，政府应当制定建筑业科技进步中长期规划。根据建筑业现状和经济发展需要，合理确定技术创新目标，科学划分推进步骤和阶段，并明确政府、企业、社会等各方的责任，保证各项资源的有效落实。同时，要加强政策引导和支持。继续推广适用、安全、先进的新技术、新材料、新工艺和新设备，发布禁止使用、限制使用的落后技术、设备、工艺目录。如继续坚持住房和城乡建设部的建筑业十项新技术推广和国家级工法评选工作，引导企业采用先进的生产技术和工艺流程。建立并完善知识产权保护机制，进一步完善有利于建筑业技术创新的配套政策措施，建立有效的激励机制，构建以企业为主体的技术创新体系。如在企业资质标准中，应进一步体现企业管理技术、科技创新、资源节约和企业效益等内容，引导企业加强管理、降低资源消耗，提高企业以技术创新能力为主要内容的核心竞争力②。另外，保证资金投入是推动科技创新的关键环节。政府应加大财政补助力度，设置专项补贴资金，同时采用税收和金融杠杆，通过减免税收、低息贷款等办法，鼓励和资助企业从事技术开发活动。

（三）改革地方政府政绩考核制度

在理性经济人假设下，地方政府官员的最大利益诉求是通过卓越政绩获得在官僚系统中位阶的晋升以及青史留名。而目前对于政绩的衡量标准，更多地是看地方的经济发展速度，也就是 GDP 增长情况。这一政绩考核指挥棒，使得地方政府官员的行政行动和资源配置都紧紧围绕着如何去尽快提高本地经济

① 关柯等著. 建筑业经济新论（下）. 重庆大学出版社，2007：233.
② 建设部工程质量安全监督与行业发展司，建设部政策研究中心编著. 中国建筑业改革与发展研究报告（2007）——构建和谐与创新发展. 中国建筑工业出版社，2007：144.

发展水平而开展。经济发展情况当然是政绩考核的重要指标，尤其是在尚处发展中的中国更显必要。问题是不能过于偏重经济指标，以至于忽略甚至牺牲社会、人文、安全、生态等其他方面的发展要求。在 GDP 导向的政绩考核体系下，地方政府发展经济热衷于大规模兴建各类工业厂房、城市基础设施、住房等建设工程，因为这些工程既是经济增长的物质基础，也是经济发展水平提高的重要标志，是能够看得见、摸得着的政绩。为了最大限度地保证这些政绩工程、形象工程快速建成，地方政府往往会产生一些短期行为，与规制机构展开博弈，如在工程决策时不顾客观规律仓促上马、强行规定工程必须在某一时间前完工、明示或默许工程不履行基本建设程序、对某些开发园区工程封闭管理规避规制等等，这些行为对工程管理和生产组织带来了很大的负面影响，大大增加了发生职业安全事故的几率。实际上，经过连续几十年的快速发展后，在提高了综合国力和人民生活水平的同时，也留下许多积弊。中国现在已经到了转变经济增长方式、提高经济发展质量和效益的关键时刻，过去那种单纯追求发展速度的粗放发展方式已经难以为继，更不符合构建社会主义和谐社会和资源环保、环境友好型社会的需要。因此，应当改革地方政府政绩考核制度，综合平衡经济、政治、社会、生态和安全指标，转变地方政府的政绩观，抑制地方政府的建设冲动，减少地方政府的短期行为，使得中央政府与地方政府利益激励相容，真正实现科学发展，这对于建筑业职业安全也是具有关键意义的。彻底改革地方政府政绩考核制度，也许会对经济增长速度产生一定影响，但换来社会和谐、生态保护和职业安全是值得的。邓小平同志早就说过："速度过高，带来的问题不少，对改革和社会风气也有不利影响，还是稳妥一点好。一定要控制固定资产的投资规模，不要把基本建设的摊子铺大了。一定要首先抓好管理和质量，讲求经济效益和总的社会效益，这样的速度才过得硬"[①]。这一论述在今天仍具有极强的指导意义。

（四）在全行业全社会培育先进安全文化

文化是国家、民族、企业等群体在一定时期内形成的思想、理念、行为、风俗、习惯、代表人物，以及由这个群体整体意识所辐射出来的一切活动。安全文化是文化的重要组成部分，国际原子能机构将其定义为"最优先重视安全的价值观，它体现为组织和个人所具有的行为特征和态度的总和[②]"。中国建筑业职业安全事故多发，与落后的安全文化有着密切联系。可以想见，政府、企业和工人没有根深蒂固的安全理念，没有文化基因内在地约束其相关行为，再严格的外部规范机制也只能是暂时起效，难以达到本质安全水平。因此，应

---

① 邓小平. 在中国共产党全国代表会议上的讲话. (1985 年 9 月 23 日)，载《邓小平文选（第三卷）》，人民出版社，1993：143.

② 黄群慧等著. 中国工业化进程与安全生产. 中国财政经济出版社，2009：297.

当在整个建筑业乃至全社会培育先进的安全文化，营造浓厚的安全优先、生命至上的氛围，促进从业者和社会大众牢固树立安全意识，形成科学的安全习俗和行为习惯。对于政府和规制者而言，要使其正确处理好经济发展和职业安全的关系，始终把职业安全规制工作放在首位，纳入考核范围，优先配置资源，使得安全文化成为行政文化的重要组成部分。对于建筑市场各方主体而言，要使其认识到安全是一种投资，与企业发展和利润追求相容相促，体现企业的社会责任担当和信誉品牌，从而自觉自发地建立起自我约束、持续改进的职业安全管理机制，使得安全文化成为企业文化的重要组成部分。对于建筑工人而言，要使其意识到自己的生命是家庭幸福的基础，是自身最重要的权益，从而主动了解工作风险，提高安全意识和操作技能，敢于和善于拒绝违章作业和违章指挥，使得安全文化成为个体文化的重要组成部分。对于规制相关者及社会大众而言，要使其在自律机制和舆论方向上，以尊重人权、关爱生命为主题，形成强大的职业安全社会监督力量，使得安全文化成为社会文化的重要组成部分。安全文化与相关文化关系见图 6-1。必须认识到，先进的安全文化绝非一朝一夕即可形成，需要一个较长时间的培育过程。在这一过程中，政府和规制者应充分发动社会各方力量，运用多种载体和手段，持续不断地开展大量形式多样的宣传、教育、培训活动，同时在法制、科技、投入、激励、责任等方面进行制度性努力，让安全文化真正铭刻在人心、体现在行动。在安全文化培育推广方面，我国香港特区政府堪称不遗余力和卓有成效，本书对此已在第二章进行了介绍。香港政府通过各个层面各个途径的努力，使得安全文化不仅在建筑业从业人员中生根发芽，也对其他行业和普通民众产生了重要影响，应该成为重点借鉴参考的对象。

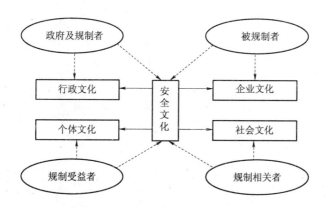

图 6-1　安全文化与其他相关文化的关系

最后，给出一个经过改革后的建筑业职业安全规制框架图，见图 6-2。该图全面描述了本章所提出改革对策的主要内容。

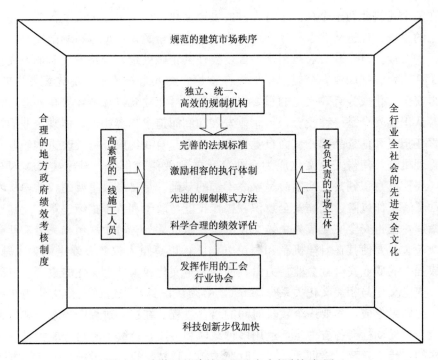

图 6-2　改革后的建筑业职业安全规制框架图

结　　语

随着工业化和城镇化的迅猛发展，人类的生产条件和生活质量得到显著提高，但同时也面临着越来越多的职业风险。这些职业风险所带来的社会成本是如此之大，以至于抵消了相当部分的物质文明成果收益。这还是其次，关键是这些职业风险已经成为生命不能承受之重，成为比战争还恐怖的凶残杀手。一方面，单纯的市场机制难以有效克服职业安全领域的市场失灵；另一方面，实现维护和保障人的生命权益是政府的天然义务。正基于此，职业安全规制成为现代政府的一项重要职责。与此同时，它也成为经济学、法学、行政学、政治学、工程科学等多种学科领域的前沿和热点课题。应当看到，职业安全规制研究的真正价值和生命力在于对具体行业进行分析，促进具体行业规制行为走向理性和高效。本书选取建筑业作为研究对象，是因为建筑业作为典型的高危行业，有着较强的职业安全规制研究和改革的理论与现实需求。另外，可以通过这一真实案例，探索具体行业规制问题的研究进路，梳理和预测中国政府治理模式的演进和变化趋势。

一、研究总结

本书在大量实证材料基础上，运用规制和行政学理论，选取制度分析、政策分析、案例分析等方法，对建筑业职业安全规制的正当性、历史演进、现状绩效、存在问题进行了全面分析，提出了系统改进规制体系的政策建议，力求为转型期的中国建筑业职业安全规制提供一个可行路径。现将本书的主要结论总结如下：

（一）关于建筑业职业安全规制的正当性

首先，建筑业具有不同于一般工业的生产方式和产业特征，这导致企业降低职业安全风险的内生激励不足，难以单凭自身力量有效降低职业安全风险，从而为政府职业安全规制的介入提供了产业需求基础。其次，建筑业职业安全领域存在外部性、内部性多种典型市场失灵现象。考察克服市场失灵的外部纠正机制，政府规制较之私人诉讼具有明显优势，因此政府介入建筑业职业安全领域具有充足的经济正当性。同时，政府公共管理活动的目标通常是多元的，除经济理由外，保障人的生命权、维护公平正义和社会和谐、巩固政府合法性也是基本考量因素，对建筑业实施职业安全规制也有非经济的正当性。最后，从西方主要发达国家的治理实践来看，通过积极的政府规制，建筑业职业安全事故都得到了有效控制，保障工人职业安全的规制目标具有较强的可达成性，这也可以视为规制正当性的实践证据。

（二）关于中国建筑业职业安全规制的历史变迁

自新中国成立以来，建筑业职业安全规制大致经历了起源草创、暂退调整、停顿倒退、重建转型、充实提高、完善发展的演进过程，这一过程是与国家宏观经济态势变化和建筑业改革发展紧密相连的。制度分析方法显示，中国建筑业职业安全规制变迁呈现出一个阶梯式上升的路径，该路径具有渐进性、强制性、滞后性的特点。从管控风格的角度，可以将规制过程划分为行政管理和依法规制两个阶段。通过进一步的分析可知，重大事故、政治领导、国家监察、大众传媒、示范效应、规制者激励等要素是中国建筑业职业安全规制变迁的动力因素，而路径依赖、规制者博弈、制度终止成本和政治运动是阻力因素。制度变迁分析帮助获得了以下启示：改变建筑活动市场主体对于职业安全的偏好状态极其重要；应充分发挥不同变迁主体作用；提倡使用多种政策工具；关键是要建立以预防为核心的职业安全规制长效机制。

（三）关于中国建筑业职业安全规制的现状和绩效

2003 年以来的中国建筑业职业安全规制体系可以用规制者体系、规制工具体系和规制执行体系 3 个子系来表征和阐述。目前规制的主要工具是法律规制、技术标准、行政许可、经济政策和信息披露，主要执行手段是监督执法、层级监督、指标控制、专项活动和事故处置。从事故数据统计分析来看，中国建筑业尤其是房屋建筑和市政工程领域的职业安全规制取得了很好成效，基本实现了历年年度设定的规制目标。但如果深入对事故结构进行分析，可以发现不同工程领域、不同地区的规制绩效很不均衡，较大及以上的恶性事故仍然时有发生。如果再考虑到工业化发展阶段与职业安全事故的关系规律、快速城镇化带来的工程建设任务压力、事故统计存在的缺陷等因素，中国建筑业职业安全形势仍然不容乐观。

（四）关于中国建筑业职业安全规制存在的问题

中国建筑业职业安全规制存在规制失灵现象，主要表现在规制相关者、规制过程和规制环境等主体或环节出现了很多亟待解决的问题，这也同时可以视为规制失灵的原因。规制相关者方面，包括规制者多元规制、规制竞争、政规合一；建设、施工、监理等被规制者市场行为不规范、安全责任不落实；建筑工人职业安全意识薄弱、维权行动资源少；行业协会、工会等规制相关者未充分发挥应有作用等。规制过程方面，包括规制制定环节的协调失灵、操作困境、技术落后、内容缺失、修订迟滞；规制执行环节的层级监督实效、监督执法乏力、检查方式粗放、政府利益博弈、规制问责失当、事故统计缺陷；规制评估环节的评估主体单一、评估内容过分偏重结果导向、评估过程透明度不高等。规制环境方面，包括特殊的政治、经济、文化环境给职业安全规制带来的挑战以及建筑市场结构、交易秩序、交易方法和行业科技水平对职业安全规制造成的不利影响等。

（五）关于中国建筑业职业安全规制改革的政策建议

面对规制失灵现象，不能简单地采取放松规制、降低规制的办法，更为紧迫和现实的是去改革规制体系，发展一种长效、持续的机制。明确规制目标、推进综合治理、坚持预防为主、关注成本效益、科学配置资源、明晰各方责任、重视激励相容、过程结果并重、促进公共治理、符合国情业情应当是这一体制的主要设计元素。具体的改革建议方案如下：再造规制者，基于大部制理念改革规制机构，实现对建筑业职业安全的统一、独立、科学规制；建立以建设单位为核心的被规制者体系，合理分配职业安全责任；推动行业协会、工会等规制相关者参与规制，成为多元的公共治理主体；促进农民工提高职业安全素质，成为新型产业工人。改进立法理念和技术，提高系统性、协调性和可操作性，完善规制法律法规和技术标准；建立激励相容的规制执行体系，激励建筑市场活动主体和规制者有效落实规制政策；革新规制模式和方法，实行分类分级规制，以巡查抽查为主，充分利用信息技术，改进事故统计方法；建立结果导向与过程导向相结合的规制评估体系，制定科学合理的指标体系。优化规制环境，深入整顿和规范建筑市场秩序、推进建筑业科技创新、改革地方政府政绩考核制度、在全行业全社会培育先进安全文化。

（六）关于政府治理模式的演进和变化趋势

中国建筑业职业安全规制变迁过程和改革路径反映了政府治理模式的演进和变化趋势。在行政管理阶段，政企不分，政府对包括职业安全在内的企业事务进行全面控制和规管，以行政性指令、命令以及运动式检查为主要管理工具。在依法规制阶段，政企逐渐分开，政府不再直接干涉企业的自主行为，而是依据法律法规对市场失灵行为进行规制，行政许可、监督检查、行政执法、行政处罚等是基本手段。上述两个阶段的发展反应了中国政府正在由全能型治理模式向规制型治理模式转变。但是，规制失灵现象提示，目前中国的规制型治理模式尚未成熟。走向理性的规制，需要在规制主体、规制技术、规制风格等方面进行一系列的改革，包括从政府包揽规制事务到多元主体共同治理，从以命令控制为主到激励相容为主，从事后查处到事前预防，从不惜成本代价到引入成本收益分析，从头痛医头脚痛医脚到综合治理等，见图 a。

（七）关于分析具体行业规制问题的路径

本书在分析建筑业职业安全规制具体过程和问题的同时，也发展了一种分析具体行业规制问题的路径。首先讨论规制的正当性。从具体行业的产业特性或行业特征入手分析该行业是否具备规制需求基础，再分析该行业是否具备纠正市场失灵的经济正当性和非经济正当性，比较规制和其他外部纠正机制的优劣，最后考察现实世界中是否有对该行业规制并有效达成规制目标的实例。在解决正当性后，对该行业的规制历史进行梳理分析，辨识规制变迁主体、特征

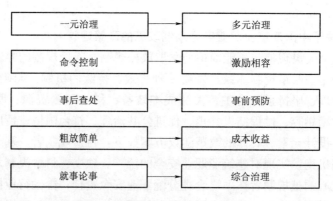

图 a　走向理性的规制型治理模式

和正负动力因素，总结规制变迁模式，为进一步的变迁提供启示。接着，对当前的规制体系进行解构分析，可以从规制者、规制工具、规制执行等子系入手；利用规制活动积累的数据资料，分析规制绩效，可以采用合适的计量分析方法。最后，分析规制存在问题，提出解决对策。在问题和对策分析部分，本书建立了一种规制相关者—规制过程—规制环境的分析框架，可以有效地涵盖和整合各项规制要素，方便地进行分析。本书发展的行业规制问题分析路径如图 b 所示。

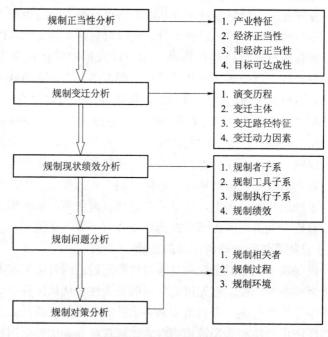

图 b　一个分析具体行业规制问题的研究路径

二、研究展望

可以预见，对包括建筑业在内具体行业职业安全规制的研究，将日益成为社会性规制研究领域的核心话题。在崇尚精细化研究的今天，也许本书中每一个重要词组都可以扩展为一篇博士论文的容量。限于资料掌握情况和作者水平，本书只是对建筑业职业安全规制作了一个非常初步的分析研究。而且，由于这一研究课题相对较新，本书更多地试图全面反映规制体系，对于一些重点话题可能深入不够。建筑业职业安全规制领域是一座学术富矿，尚有大量的研究空间，有待于包括作者在内的所有对此感兴趣的研究人员继续深入研究。以下是对于这一课题的研究展望，同时也是本论文研究的不足之处。

第一，从研究内容上来看，本书只研究了建筑业"职业安全"规制，而对于"职业健康"部分没有涉及。实际上，职业健康也是职业风险规制的重要组成部分。在西方发达国家的规制实践和研究中，早已将职业安全与健康并列，作为共同关切对象。这是因为，随着职业安全水平提高，伤亡事故逐渐减少，尘肺病、职业中毒、耳鼻喉口腔疾病、手臂振动症等职业病害的问题自然变得相对突出。另外，职业健康危害往往具有滞后效应，其带来的负面影响可能在若干年后才能表现出来，其真正代价可能比单纯的伤害事故更为严重。目前，中国建筑业职业安全仍然绝对优先于职业健康，职业健康占据规制者日程的很少部分。但是根据国外建筑业职业风险规制的历程，职业健康终将成为规制重点之一。所以，建筑业职业健康规制研究，应是当前和未来一段时期的风险规制研究的关注对象。

第二，从分析过程上来看，本书着重对建筑业职业安全规制相关者各自的现状、问题进行了深入研究，虽然对他们之间的互动和博弈也有论述，但着墨不多且没有安排成为专门的章节。在规制体系中，规制相关者相互之间的博弈过程及其相应的策略选择对规制绩效的影响很大，因为任何在一个经济社会系统中人和组织的行动因素都是关键的。但是，建筑业职业安全规制相关者之间的博弈关系相当复杂，既有分层博弈，又有嵌入规制；既有双方博弈，又有多方博弈，比如建设、交通、水利、安监等不同规制者之间的博弈、中央规制者和地方规制者之间的博弈，规制者与建设、施工、监理等被规制者之间的博弈、被规制者之间的博弈、被规制者与规制受益者之间的博弈等等。如果详细地进行规制相关者互动和博弈分析，此部分将占据论文的主要篇幅，可能在一定程度上影响论文体系。因此，只能将规制相关者的互动和博弈作为专门的研究课题在后续研究中跟进。

第三，从分析方法上来看，本书采取了制度分析、案例分析、比较分析等多种方法，但是对于计量分析方法未充分应用。其实，在分析建筑业职业安全规制绩效时，可以采用多元回归分析、数据包络分析（DEA）等方法。尤其是 DEA 方法，非常适合多元输入指标和多元输出指标情况下的系统效率分析，且不必转化为统一的量纲。使用 DEA 方法，关键是要掌握表征规制活动的数据和表征规制绩效的数据分别作为输入输出指标。表征绩效的数据可以用事故数据代替，这方面本书掌握较全。但是表征规制活动绩效的数据比较零星，难以收集全面历年行政执法、检查和处罚的累计数据，也难以收集某一年内全国所有省区市的规制活动数据。因此，本书不得不放弃了该方法的使用。在日后数据积累比较全面的时候，选取定量分析方法分析规制绩效将非常具有说服力。

第四，从资料占有上来看，本书对于建筑业中的房屋建筑和市政工程职业安全规制和事故资料，以及住房城乡建设系统的规制资料占有比较丰富，但对于铁道、交通、水利、信息、电力等工程的数据资料以及地方规制者的规制资料掌握较少，这不得不说是一个缺憾。因为，建筑业包括工程范围很广，房屋建筑和市政工程只是其中一部分；同时，地方规制者是建筑业职业安全规制的直接执行者，其在规制机制、规制方法、规制手段方面的探索创新也是推动规制制度变迁的重要动力。所以，后续研究应重点搜集、掌握和占有其他工程领域以及基层规制者的规制资料，以更加全面反映和分析不同工程类型、不同层级规制者的规制政策、规制问题、规制绩效和改进对策。

参考文献

一、中文文献

（一）译著

[1] [英] 艾伦·圣约翰·霍尔特. 施工安全原理 [M]. 吕文学等译. 北京：中国建筑工业出版社，2006.

[2] [英] 安东尼·奥格斯. 规制：法律形式与经济学理论 [M]. 骆梅英译. 中国人民大学出版社，2008.

[3] [美] 戴维·H·罗森布鲁姆，罗伯特·S·克拉夫丘克. 公共行政学：管理、政治和法律的途径 [M]. 张成福等译，北京：中国人民大学出版社，2002.

[4] [美] 戴维·奥斯本，特德·盖布勒. 改革政府：企业家精神如何改革着公营部门 [M]. 周敦仁等译. 上海：上海译文出版社，2006.

[5] [美] 丹尼尔·F. 史普博. 管制与市场 [M]. 余晖等译. 上海：格致出版社，上海三联书店，上海人民出版社，1999.

[6] [美] 丹尼尔·W. 哈尔平，[澳] 罗纳德·W·伍德黑德. 建筑管理 [M]. 关柯等译. 北京：中国建筑工业出版社，2004.

[7] [美] 道格拉斯·C·诺思. 制度、制度变迁与经济绩效 [M]. 杭行译. 上海：格致出版社，上海三联书店，上海人民出版社，2008.

[8] [美] 盖多·卡拉布雷西. 事故的成本——法律与经济的分析 [M]. 毕竞悦等译. 北京：北京大学出版社，2008.

[9] [英] 皇家特许建造学会. 业主开发与建设项目管理实用指南 [M]. 李世蓉等编译. 北京：中国建筑工业出版社，2009.

[10] [澳] 杰夫·泰勒，凯丽·伊斯特，罗伊·亨格尼. 职业安全与健康 [M]. 樊云晓. 北京：化学工业出版社，2008.

[11] [美] 凯斯·R·森斯坦. 权利革命之后：重塑规制国 [M]. 钟瑞华译. 中国人民大学出版社，2008.

[12] [美] 马尔科姆·K. 斯帕罗. 监管的艺术（第五版）[M]. 周道许译. 北京：中国金融出版社，2006.

[13] [美] 乔治·弗雷德里克森. 公共行政的精神 [M]. 张成福等译. 北京：中国人民大学出版社，2004.

[14] [美] 史蒂芬·布雷耶. 打破邪恶循环-政府如何有效规制风险 [M]. 宋华琳译. 北京：法律出版社，2009.

[15] [美] 史蒂芬·布雷耶. 规制及其改革 [M]. 李红雷等译. 北京：北京大学出版社，2008.

[16] [美] 托马斯·戴伊. 理解公共政策 [M]. 孙彩红译. 北京：北京大学出版社，2008.

[17] [美] W. 吉帕·维斯库斯，约翰 M. 弗农，小约瑟夫 E. 哈林顿. 反垄断与管制经济学 [M]. 陈甬军等译. 北京：机械工业出版社，2004.

[18] [美] 威廉·N·邓恩. 公共政策分析导论 [M]. 谢明等译. 北京：中国人民大学出版社，2002.

[19] [美] 约翰·法比安·维特. 事故共和国——残疾的工人、贫穷的寡妇与美国法的重构 [M]. 田雷译. 上海：上海三联书店，2008.

[20] [日] 植草益. 微观规制经济学 [M]. 朱绍文等译. 北京：中国发展出版社，1992.

（二）专著

[21] 陈富良. 放松规制与强化规制 [M]. 上海：上海三联书店，2001.

[22] 陈庆云. 公共政策分析 [M]. 北京：北京大学出版社，2006.

[23] 程恩福，胡乐明. 新制度经济学 [M]. 北京：经济日报出版社，2007.

[24] 程启智. 政府社会性管制理论及其应用研究 [M]. 北京：经济科学出版社，2008.

[25] 邓小平. 邓小平文选（第三卷）[M]. 北京：人民出版社，1993.

[26] 丁煌. 西方公共行政管理理论精要 [M]. 北京：中国人民大学出版社，2005.

[27] 董志强. 无知的博弈-有限信息下的生存智慧 [M]. 北京：机械工业出版社，2009.

[28] 范建亭. 中国建筑业发展轨迹与产业组织演化 [M]. 上海：上海财经大学出版社，2008.

[29] 方东平，黄吉欣，张剑. 建筑安全监督与管理——国内外的实践与进展 [M]. 北京：中国水利水电出版社，知识产权出版社，2005.

[30] 方东平，黄新宇，Jimmie Hinze. 工程建设安全管理（第二版）[M]. 北京：中国水利水电出版社，知识产权出版社，2006.

[31] 傅仁章. 中国建筑业的兴起（上、下）[M]. 北京：中国建筑工业出版社，1996.

[32] 傅蔚冈，宋华琳. 规制研究（第1辑）. 上海：格致出版社，上海人民出版社，2008.

[33] 关柯，张德群，张兴野. 建筑业经济新论（上、下）[M]. 重庆：重庆大学出版社，2007.

[34] 国家经济贸易委员会安全生产局. 中国安全生产年鉴（1979~1999）[M]. 北京：民族出版社，2000.

[35] 黄群慧，郭朝先，刘湘丽. 中国工业化进程与安全生产 [M]. 北京：中国财政经济出版社，2009.

[36] 建设部工程质量安全监督与行业发展司，建设部政策研究中心. 中国建筑业改革与发展研究报告（2005）——市场形势变化与企业变革 [M]. 北京：中国建筑工业出版社，2005.

[37] 建设部工程质量安全监督与行业发展司，建设部政策研究中心. 中国建筑业改革与发展研究报告（2006）——支柱产业作用与转型发展新战略 [M]. 北京：中国建筑工业出版社，2006.

[38] 建设部工程质量安全监督与行业发展司，建设部政策研究中心. 中国建筑业改革与发展研究报告（2007）——构建和谐与创新发展 [M]. 北京：中国建筑工业出版社，2007.

[39] 建设部建筑管理司，中国建筑文化中心. 新中国建筑业五十年（1949~1999）[M].

北京：中国三峡出版社，2000.

[40] 江苏省建设厅. 建设工程监理热点问题研究 ［M］. 北京：中国建筑工业出版社，2007.

[41] 康继军. 中国转型期的制度变迁与经济增长 ［M］. 北京：科学出版社，2009.

[42] 李德全. 工程建设监管 ［M］. 北京：中国发展出版社，2007.

[43] 李光德. 经济转型期中国食品药品安全的社会性管制研究 ［M］. 北京：经济科学出版社，2008.

[44] 李培林. 农民工——中国进城农民工的经济社会分析 ［M］. 北京：社会科学文献出版社，2003.

[45] 李月军. 社会规制：理论范式与中国经验 ［M］. 北京：中国社会科学出版社，2009.

[46] 刘恒. 典型行业政府规制研究 ［M］. 北京：北京大学出版社，2007.

[47] 刘铁民. 中国安全生产六十年 ［M］. 北京：中国劳动社会保障出版社，2009.

[48] 刘铁民. 中国安全生产若干科学问题 ［M］. 北京：科学出版社，2009.

[49] 罗云，田水承. 安全经济学 ［M］. 北京：中国劳动社会保障出版社，2007.

[50] 孟延春，吴伟. 转轨时期的政府规制：理论、模式与绩效 ［M］. 北京：经济科学出版社，2008.

[51] 莫勇波. 公共政策执行中的政府执行力问题研究 ［M］. 北京：中国社会科学出版社，2007.

[52] 彭敏. 当代中国的基本建设 ［M］. 北京：中国社会科学出版社，1989.

[53] 全国人大常委会办公厅秘书一局. 法律是人民的护身符——2003 年全国人大常委会《中华人民共和国建筑法》执法检查报告集 ［M］. 北京：中国民主法制出版社，2003.

[54] 尚春明，方东平. 中国建筑职业安全健康理论与实践 ［M］. 北京：中国建筑工业出版社，2007.

[55] 沈荣华. 政府间公共服务职责分工 ［M］. 北京：国家行政学院出版社，2007.

[56] 宋华琳，傅蔚冈. 规制研究第 2 辑——食品与药品安全的政府监管 ［M］. 上海：世纪出版集团，格致出版社，上海人民出版社，2009.

[57] 唐祖爱. 中国电力监管机构研究 ［M］. 北京：中国水利水电出版社，2008.

[58] 王弗，刘志先. 新中国建筑业纪事（1949～1989）［M］. 北京：中国建筑工业出版社，1989.

[59] 王健. 中国政府规制理论与政策 ［M］. 北京：经济科学出版社，2008.

[60] 王俊豪. 管制经济学原理 ［M］. 北京：高等教育出版社，2007.

[61] 王力争，方东平. 中国建筑业事故原因分析及对策 ［M］. 北京：中国水利水电出版社，知识产权出版社，2007.

[62] 王显政. 完善我国安全生产监督管理体系研究 ［M］. 北京：煤炭工业出版社，2005.

[63] 王云霞. 改善中国规制质量的理论、经验和方法 ［M］. 北京：知识产权出版社，2008.

[64] 吴立范. 政府主导作用与房地产商社会责任 ［M］. 广州：广东省出版集团，广东经济出版社，2008.

[65] 席涛. 美国管制：从命令-控制到成本——收益分析 [M]. 北京：中国社会科学出版社，2006.

[66] 肖桐. 当代中国的建筑业 [M]. 北京：中国社会科学出版社，1989.

[67] 肖兴志，宋晶. 政府监管理论与政策 [M]. 大连：东北财经大学出版社，2006.

[68] 肖兴志. 中国煤矿安全规制经济分析 [M]. 北京：首都经济贸易大学出版社，2009.

[69] 谢明. 政策分析概论 [M]. 北京：中国人民大学出版社，2004.

[70] 徐邦友. 自负的制度：政府管制的政治学研究 [M]. 上海：学林出版社，2008.

[71] 姚兵. 建筑管理学研究 [M]. 北京：北方交通大学出版社，2003.

[72] 姚兵. 建筑经营学研究 [M]. 北京：北京交通大学出版社，2007.

[73] 姚兵. 建筑经济学研究 [M]. 北京：北京交通大学出版社，2009.

[74] 姚兵. 论工程建设和建筑业管理 [M]. 北京：中国建筑工业出版社，1995.

[75] 余晖. 管制与自律 [M]. 杭州：浙江大学出版社，2008.

[76] 张会恒. 我国公用事业政府规制的有效性研究 [M]. 合肥：中国科学技术大学出版社，2007.

[77] 张仕廉，董勇，潘承仕. 建筑安全管理 [M]. 北京：中国建筑工业出版社，2005.

[78] 中华人民共和国统计局. 中国统计年鉴（2009） [M]. 北京：中国统计出版社，2010.

[79] 住房和城乡建设部工程质量安全监管司. 建筑施工安全事故案例分析 [M]. 北京：中国建筑工业出版社，2010.

[80] 住房和城乡建设部工程质量安全监管司. 励精图治继往开来——中国建设工程质量监督二十年 [M]. 北京：中国建筑工业出版社，2010.

[81] 住房和城乡建设部工程质量安全监管司，住房和城乡建设部政策研究中心. 中国建筑业改革与发展研究报告（2008）——秉承辉煌与迎接挑战 [M]. 北京：中国建筑工业出版社，2008.

[82] 住房和城乡建设部建筑市场监管司，住房和城乡建设部政策研究中心. 中国建筑业改革与发展研究报告（2009）——应对危机与促进发展 [M]. 北京：中国建筑工业出版社，2009.

（三）期刊文章

[83] 鲍玉德. 浅谈建筑安全管理存在的问题及管理措施 [J]，建筑安全，2008（1）：8-9.

[84] 曹东平，王广斌. 我国建筑生产安全监管的博弈分析与政策建议 [J]. 建筑经济，2007（11）：52-55.

[85] 曹书平. 中国建筑安全现状及展望 [J]. 中国安全科学学报，1995（10）：29-33.

[86] 陈章海. 试用系统控制探索施工安全的宏观管理 [J]. 建筑安全，1994（3）：30-32.

[87] 崔淑梅，徐卫东. 建筑安全监督与管理的手段与方法研究 [J]. 建筑安全，2008（10）：14-16.

[88] 董群忠. 试论建筑工程安全监督工作的扎口管理 [J]. 建筑安全，2003（3）：36-38.

[89] 冯元飞，赵维军. 英国施工企业职业健康安全管理述评 [J]. 水运工程，2006（3）：

22-25.

[90] 付京辉. 试述建筑工程安全生产监管中存在的问题及对策 [J]. 建筑安全, 2007 (8): 26-27.

[91] 高建军. 现代建筑安全管理制度的建立 [J]. 建筑安全, 1996 (2): 31-33.

[92] 辜峥. 建筑安全监督管理指标体系研究 [J]. 工业建筑, 2005 (35): 982-986.

[93] 郝生跃, 柴正兴. 完善我国建筑安全管理组织体系的思考 [J]. 中国软科学, 2006 (6): 13-19.

[94] 何永权, 王文铮. 论建筑业安全管理与政府监督 [J]. 建筑安全, 2001 (1): 35-37.

[95] 黄少安. 制度变迁主体角色转换假说及其对中国制度变革的解释 [J]. 经济研究, 1991 (6): 66.

[96] 建筑企业安全控制的博弈分析及政策建议 [J]. 建筑经济, 2006 (11): 67-69.

[97] 蒋长城, 顾荣华. 建筑安全事故管理的研究与探讨 [J]. 建筑安全, 2008 (9): 12-15.

[98] 姜敏. 对建设单位监管的思考: 加强质量安全监管一个都不能少 [N]. 中国建设报, 2009-12-5 (2).

[99] 焦娜, 李永欢. 浅析建筑业农民工的从业现状 [J]. 山西建筑, 2007 (3): 204.

[100] 雷华. 规制经济学理论研究综述 [J]. 当代经济科学, 2003 (6): 85-86.

[101] 李睿等. 北京地区建筑农民工工作和生活状况调查 [J]. 建筑经济, 2005 (8): 15.

[102] 刘明, 周辉. 浅论建筑施工安全管理的现状及发展方向 [J]. 建筑安全, 2007 (12): 10-12.

[103] 刘少华. 建筑施工伤亡事故现状、原因及其对策 [J]. 中国安全科学学报, 1996 (8): 58-61.

[104] 刘雪林, 赵长颖. 建筑施工安全生产管理中存在问题之我见 [J]. 建筑安全, 2009 (8): 9.

[105] 刘中强. 认真履行工程项目业主的职责实现项目目标 [J]. 建筑管理现代化, 2002 (1): 15-16.

[106] 孟燕华. 工会主动参与劳动安全卫生工作机制的研究 [J]. 中国劳动关系学院学报, 2007 (6): 60.

[107] 牛凯. 浅析建筑施工安全监管零距离 [J]. 建筑安全, 2008 (8): 43-44.

[108] 欧文. 德国建筑安全管理体制 [J]. 安全与健康, 2003 (21): 51.

[109] 孙颖. 浅议建设工程的安全监理 [J]. 建筑安全, 2009 (11): 4.

[110] 汤斌. 谈建筑安全监督管理 [J]. 建筑安全, 2000 (9): 35-37.

[111] 陶志勇. 我国煤矿安全问题与工会参与研究 [J]. 中国安全生产科学技术, 2007 (4): 81.

[112] 田元福, 李慧民. 我国建筑安全管理的现状及其思考 [J]. 中国安全科学学报, 2003 (12): 13-16.

[113] 王刚, 黄学斌. 促进我国建筑安全管理发展的构想与建议 [J]. 施工技术, 2002

（12）：39-41.

[114] 王力争. 我国建筑安全管理存在的主要问题及对策建议 [J]. 建筑安全，2006（7）：31-34.

[115] 王绍光. 煤矿安全生产监管：中国治理模式的转变 [J]. 比较第十三辑，2004（13）：110.

[116] 王勇胜. 当前建筑工程安全管理若干问题浅析 [J]. 建筑安全，2008（1）：10-11.

[117] 吴晓宇. 日本建筑安全管理分析研究 [J]. 建筑安全，2007（4）. 40-41.

[118] 乌云娜，刘家蕊. 建筑业全面安全管理研究 [J]. 建筑经济，2007（12）：40-42.

[119] 袁海林，金维兴，刘树枫，金昕. 论我国建筑安全生产的制度变迁 [J]. 建筑经济，2006（8）：23-25.

[120] 张飞涟，刘力，董武洲，张伟. 博弈论在建设项目安全管理中的应用 [J]. 系统工程，2002（11）：33-37.

[121] 张强. 建筑安全工作绩效评估指标体系研究 [J]. 建筑经济，2008（4）：5-8.

[122] 张亚辉. 对建设工程安全生产监理工作的几点探讨 [J]. 建筑安全，2009（12）：19-20.

[123] 中国海员建设工会. 直面农民工——建筑业农民工现状调查报告 [J]. 建筑，2005（2）：14-17.

[124] 周汉华. 监管制度的法律基础 [J]. 比较第二十六辑，2006（26）：79.

[125] 周志忍. 政府绩效管理研究：问题、责任与方向 [J]. 中国行政管理，2006（12）：13-15.

[126] 朱奇恒. 浅析我国现阶段建筑施工安全管理的难点及对策 [J]. 建筑安全，2007（11）：23-25.

[127] 邹吉忠. 论制度思维方式与制度分析方法 [J]. 哲学动态，2003（7）：8.

（四）内部资料

[128] 国家建筑工程总局劳动工资局. 建筑安全工作文件汇编（1979～1982 年）[Z].

[129] 加拿大安大略省劳工部职业安全健康处. 职业健康与安全条例手册 [Z].

[130] 建设部. 建筑安全工作文件汇编（1986～2007 年）[Z].

[131] 建设部办公厅. 中华人民共和国建设部组织机构沿革（1952～2003 年）[Z].

[132]（清华—金门斯堪雅）建筑安全研究中心. 中国大陆、香港特区及其他国家安全生产政策、法规与管理体系比较研究 [Z].

[133] 全国人大常委会.《中华人民共和国安全生产法》执法检查文件汇编 [Z].

[134] "中华民国工业安全卫生协会". 营造业劳工安全卫生管理员训练教材 [Z].

[135] 住房和城乡建设部. 建筑安全工作文件汇编（2008～2009 年）[Z].

二、英文文献

[136] Arie Gottfried, Giuseppe M. Di Giuda, Giuseppe Rusconi. Safety Costs-Legislation and Practice. Proceedings of CIB W99 International Conference on Global Unity for Safety and Health in Construction. Beijing, 2006. 75-81.

[137] Baxendale T, Jones O. Construction Design and Management Safety Regulations in Pratice—Progress on Implementation. International Journal of Project Management,

2000, 18: 33-40.

[138] Blair E H. Achieving a Total Safety Paradigm through Authentic Caring and Quality. Professional Safety, Journal of American Society of Safety Engineers, 1996, 41 (5).

[139] Coble R J, Haupt T C. Minimum International Safety and Health Standards in Construction. ISBN: 1-886431-07-8. CIB Working Commission99: Florida, 1999, 68-75.

[140] Dominic Mak. Managing a Shared Responsibility—From Strict Enforcement to Partnership. Proceedings of CIB W99 International Conference on Global Unity for Safety and Health in Construction. Beijing, 2006, 110-116.

[141] Ebohon O J, Haupt T C, Smallwood J J, Rwelamila P D. Enforcing Health and Safety Measures in the Construction Industry: Command and Control Versus Economic and Other Policy Instruments. Safety and Health on Construction Sites. ISBN: 1-886431-07-8. CIB Working Commission99: Florida, 1999, 102-110.

[142] Edwin Sawacha, Shamill Naoum, Daniel Fong. Factors affecting safety performance on construction sites. International Journal of Project Management Vol17, No5, 1999: 309-315.

[143] Gloria I. Carvajal, Eugenio Pellicer. The Risk-Accident Cycle: Trends in Research Applied to the Construction Industry. Proceedings of CIB W99 International Conference on Global Unity for Safety and Health in Construction. Beijing, 2006, 652-659.

[144] Haupt T C, Coble R J. A Performance Approach to Construction Worker Safety and Health—A Survey of International Legislative Trends. In: Singh, eds. Proceedings of Creative Systems in Structural and Construction Engineering. Balkema, ROTTERDAM, 2001, 381-386.

[145] Hinze J W, Figone L A. Subcontractor safety as influenced by general contractors on large projects. Source Document 39, Construction Industry Inst, Univ of Washington, Seattle, Wash, 1988.

[146] Hinze J W, Figone L A. Subcontractor safety as influenced by general contractors on small and medium sized projects. Source Document 38, Construction Industry Inst, Univ of Washington, Seattle, Wash, 1988.

[147] Hinze J W, Harrison C. Safety programs in large construction firms. Journal of Construction Division, 1978, 107 (3): 455-467.

[148] Hinze J W. Construction Safety: Plateaus of Success and Mountains of Opportunity. Proceedings of CIB W99 International Conference on Global Unity for Safety and Health in Construction. Beijing, 2006, 12-19.

[149] Kevin S. Berg. Synergy for Success Effective Construction Safety and Health Management. Proceedings of CIB W99 International Conference on Global Unity for Safety and Health in Construction. Beijing, 2006, 34-37.

[150] Levitt R E, Samelson N M. Construction Safety Management. 2nd ed. New York:

John Wiley and Sons Inc，1993，36-38.

[151] MacCollum D V. Construction Safety Planning. ISBN 0471286699. John Wiley and Sons，1995：21-25.

[152] MacCollum D V. Time for Change in Construction Safety. Professional Safety，Feb. 1990：17-20.

[153] Martin Loosemore，Nicholas Andonakis. Subcontractor Barriers to Effective with OHS Compliance in the Australian Construction Industry. Proceedings of CIB W99 International Conference on Global Unity for Safety and Health in Construction. Beijing，2006，61-67.

[154] Ngowi A B，Rwelamia P D. Holistic Approach to Occupational Health and Safety and Enviromental Inmpacts. In：Haupt，TheoC，Rwelamila P D，eds. Proceedings of Health and Safety in Construction：Current and Future Challenges. Pentech：Cape Town，1997，151-161.

[155] Paulson B C. Safety program for volunteer—based construction projects. In：Coble R，Hinze J and Haupt T C，eds Construction Safety and Health Mangement. New Jersey：Prentice Hall，2000，1-22.

[156] Samelson N M，Levitt R E. Owner's guidelines for selecting safe contractoes. Journal of Construction Dvision，1982，108（4）：617-623.

[157] Smallwood J，Haupt T C. Safety and health team building. In：Coble R，Hinze J，Haupt T C，eds Construction Safety and Health Management. New Jersey：Prentice Hall，2000，115-144.

三、网络资源

[158] 国家安全生产监督管理总局网站. http：//www. chinasafety. gov. cn.

[159] 美国职业安全健康局网站. http：//www. osha. gov.

[160] 香港特别行政区劳工及福利局网站. http：//www. lwb. gov. hk.

[161] 英国健康与安全执行局网站. http：//www. hse. gov. uk.

[162] 中华人民共和国住房和城乡建设部网站. http：//www. mohurd. gov. cn.